ZOOLOGIE
DE PLINE

TRADUCTION NOUVELLE

PAR

M. AJASSON DE GRANDSAGNE

AVEC DES RECHERCHES SUR LA DÉTERMINATION DES ESPÈCES
DONT PLINE A PARLÉ

PAR M. LE Bon G. CUVIER

TOME SECOND.

PARIS
IMPRIMERIE DE C. L. F. PANCKOUCKE
MEMBRE DE L'ORDRE ROYAL DE LA LÉGION D'HONNEUR
RUE DES POITEVINS, N° 14

M DCCC XXXI.

HISTOIRE NATURELLE

DE PLINE.

LIVRE NEUVIÈME.

C. PLINII SECUNDI

HISTORIARUM MUNDI

LIBER IX.

Quare maxima in mari animalia.

I. 1. Animalium, quæ terrestria appellavimus, hominum quadam consortione degentia, indicata natura est. Ex reliquis minimas esse volucres convenit. Quamobrem prius æquorum, amnium, stagnorumque dicentur.

2. Sunt autem complura in iis, majora etiam terrestribus. Causa evidens, humoris luxuria. Alia sors alitum, quibus vita pendentibus. In mari autem tam late supino, mollique ac fertili nutrimento accipiente causas genitales e sublimi, semperque pariente natura, pleraque etiam monstrifica reperiuntur, perplexis, et in semet aliter atque aliter nunc flatu, nunc fluctu convolutis seminibus, atque principiis : vera ut fiat vulgi opinio quid-

HISTOIRE NATURELLE

DE PLINE.

LIVRE IX.

DESCRIPTION DES ANIMAUX AQUATIQUES.

Pourquoi la mer nourrit les plus grands animaux.

I. 1. J'AI fait connaître la nature des animaux que nous avons appelés terrestres, et qui vivent dans une sorte de société avec l'homme. Les plus petits parmi les autres sont, sans contredit, les volatiles. Je vais donc passer d'abord aux animaux qui peuplent les mers, les rivières et les étangs.

2. Plusieurs d'entre eux sont plus grands même que les animaux terrestres. L'humide qui surabonde dans leur élément en est évidemment la cause. Il n'en est pas ainsi des oiseaux qui vivent suspendus dans les airs. La mer recevant dans son immense étendue les germes que la nature, toujours active et féconde, répand du haut du ciel, leur fournit une nourriture douce et propre à les développer; et c'est aussi dans son sein que se forment la plupart des monstres, parce que ces germes se mêlent et se confondent ensemble, agités en tous sens

quid nascatur in parte naturæ ulla, et in mari esse
præterque multa, quæ nusquam alibi. Rerum quidem,
non solum animalium simulacra esse, licet intelligere
intuentibus uvam, gladium, serras : cucumim vero et colore et odore similem : quo minus miremur equorum
capita in tam parvis eminere cochleis.

Indici maris belluæ.

II. 3. Plurima autem et maxima in Indico mari animalia, e quibus balenæ quaternum jugerum, pristes du-
cenum cubitorum : quippe ubi locustæ quaterna cubita
impleant : anguillæ quoque in Gange amne tricenos pedes. Sed in mari belluæ circa solstitia maxime visuntur. Tunc illic ruunt turbines, tunc imbres, tunc dejectæ
montium jugis procellæ ab imo vertunt maria, pulsatas-
que ex profundo belluas cum fluctibus volvunt : et alias
tanta thynnorum multitudine, ut Magni Alexandri classis haud alio modo, quam hostium acie obvia contrarium agmen adversa fronte direxerit : aliter sparsis non
erat evadere : non voce, non sonitu, non ictu, sed fra-
gore terrentur, nec nisi ruina turbantur. Cadara appel-

par les vents et par les flots ; en sorte que cette opinion
du vulgaire, que tout ce qui naît dans les autres parties
de la nature se trouve aussi dans la mer, avec une infinité d'autres productions qui n'existent point ailleurs,
paraît conforme à la vérité. En effet, on peut reconnaître
que la mer ne borne pas ses imitations aux êtres animés,
mais les étend encore à tous les autres objets, quand on y
observe la grappe, l'épée, la scie, le concombre avec
la couleur et l'odeur du concombre terrestre. Ne soyons
donc plus étonnés que la tête du faible limaçon ait de la
ressemblance avec celle du cheval.

Monstres de l'océan Indien.

II. 3. La mer des Indes produit et le plus d'animaux
et les plus grands : des baleines de quatre arpens, des
scies de deux cents coudées, des langoustes de quatre
coudées. On trouve dans le Gange des anguilles de trente
pieds. Mais c'est principalement vers le temps des solstices que paraissent ces êtres monstrueux. Alors les
vents, les orages, les tempêtes, se précipitant du sommet des montagnes, agitent les mers dans toute leur
profondeur, et roulent avec les vagues ces animaux
énormes, qu'ils enlèvent du fond des abîmes. Les
thons se trouvent quelquefois en si grande quantité,
que la flotte d'Alexandre-le-Grand se rangea contre
eux en bataille comme contre une armée ennemie. Séparés, les vaisseaux n'auraient pu s'ouvrir un passage.
Les cris, le bruit, les coups ne les épouvantent pas ;
ils ne sont effrayés que par un fracas éclatant, et pour

latur Rubri maris peninsula ingens. Hujus objectu vastus efficitur sinus, duodecim dierum et noctium remigio enavigatus Ptolemæo regi, quando nullius auræ recipit afflatum. Hujus loci quiete præcipua ad immobilem magnitudinem belluæ adolescunt. Gedrosos, qui Arabin amnem accolunt, Alexandri Magni classium præfecti prodidere, in domibus fores maxillis belluarum facere, ossibus tecta contignare, ex quibus multa quadragenum cubitorum longitudinis reperta. Exeunt et pecori similes belluæ ibi in terram, pastæque radices fruticum remeant : et quædam equorum, asinorum, taurorum capitibus, quæ depascuntur sata.

Quæ in quoque oceano maximæ.

III. 4. Maximum animal in Indico mari pristis, et balæna est : in Gallico oceano physeter, ingentis columnæ modo se attollens, altiorque navium velis diluviem quamdam eructans. In Gaditano oceano arbor in tantum vastis dispansa ramis, ut ex ea causa fretum numquam intrasse credatur. Apparent et rotæ appellatæ a similitudine, quaternis distinctæ radiis, modiolos earum oculis duobus utrimque claudentibus.

les dissiper, il faut qu'on les accable. Dans la mer Rouge
se trouve une grande péninsule nommée Cadara. Elle
forme, en se prolongeant dans les eaux, un vaste golfe
que le roi Ptolémée fut douze jours et douze nuits à traverser à la rame, parce qu'aucun vent ne s'y fait sentir.
Dans ce lieu calme et tranquille, les poissons grossissent
au point de n'être plus qu'une masse inerte. Ceux qui
commandaient les flottes d'Alexandre ont rapporté que
les Gédroses, qui habitent les bords du fleuve Arabis,
faisaient des portes à leurs maisons avec des mâchoires
de poissons, et des solives avec les os, dont plusieurs
avaient quarante coudées de long. Là, des troupeaux
marins viennent à terre se nourrir de racines d'arbris-
seaux, puis retournent à la mer; et quelques-uns, qui
ont des têtes de cheval, d'âne, de taureau, paissent les
champs ensemencés.

Des êtres les plus grands qu'enfante chaque mer.

III. 4. Les plus grands animaux de la mer des Indes sont
la pristis (la scie) et la baleine. Dans l'océan Gallique, c'est
le souffleur, qui, s'élevant comme une haute colonne au
dessus même des voiles des vaisseaux, vomit une énorme
quantité d'eau. Dans l'Océan de Cadix se trouve l'arbre
dont les rameaux s'étendent tellement, que l'on croit que
c'est par cette raison qu'il n'est jamais entré dans le
détroit. On y voit aussi ces poissons à qui leur forme a
fait donner le nom de roues. Ils ont quatre rayons, et
leurs yeux sont placés aux deux extrémités du moyeu.

De Tritonum et Nereidum figuris. De elephantorum marinorum
figuris.

IV. 5. Tiberio principi nuntiavit Olisiponensium le-
gatio ob id missa, visum, auditumque in quodam specu
concha canentem Tritonem, qua noscitur forma : et Nereidum falsa non est, squamis modo hispido corpore,
etiam qua humanam effigiem habent. Namque hæc in
eodem spectata litore est, cujus morientis etiam ganni-
tum tristem accolæ audivere longe. Et divo Augusto
legatus Galliæ complures in litore apparere exanimes
Nereidas scripsit. Auctores habeo in equestri ordine
splendentes, visum ab his in Gaditano oceano marinum
hominem, toto corpore absoluta similitudine : ascen-
dere navigia nocturnis temporibus, statimque degravari,
quas insederit, partes : et si diutius permaneat, etiam
mergi. Tiberio principe, contra Lugdunensis provinciæ
litus simul trecentas amplius belluas reciprocans desti-
tuit oceanus, miræ varietatis et magnitudinis, nec pau-
ciores in Santonum litore : interque reliquas elephantos,
et arietes, candore tantum cornibus adsimulatis, Nereidas vero multas. Turranius prodidit expulsam belluam
in Gaditana litora, cujus inter duas pinnas ultimæ caudæ
cubita sexdecim fuissent, dentes ejusdem cxx maximi
dodrantium mensura, minimi semipedum. Belluæ, cui

Figures des Tritons et des Néréides ; figures des éléphans marins.

IV. 5. Une députation de Lisbonne vint annoncer à l'empereur Tibère que dans une grotte on avait vu, sous la forme connue, et entendu un Triton qui jouait des airs avec une conque. La forme des Néréides n'est point non plus une fable, seulement elles sont hérissées d'écailles, même dans la partie qui a la figure humaine. Car on en vit une qui vint mourir sur le même rivage, et dont les glapissemens plaintifs furent au loin entendus des habitans. Le commandant de la Gaule écrivit aussi à Auguste qu'on voyait sur le rivage beaucoup de Néréides mortes. Des chevaliers romains de la plus haute considération m'ont assuré avoir vu, dans la mer de Cadix, un homme marin parfaitement conformé, qui montait la nuit sur les barques, faisait pencher la partie sur laquelle il se plaçait, et même la submergeait s'il y restait long-temps. Sous Tibère, la mer, en se retirant, laissa sur le rivage de la province lyonnaise plus de trois cents animaux d'une variété et d'une grosseur prodigieuse. Elle n'en laissa pas moins sur les côtes de la Saintonge, et entre autres des éléphans, des beliers marins, dont les cornes étaient seulement indiquées par des marques blanches, et plusieurs Néréides. Turranius écrit que la mer jeta sur les rivages de Cadix un poisson, dont la queue avait à son extrémité seize coudées de largeur; ses dents, au nombre de cent vingt, avaient, les plus grosses, neuf pouces de longueur, et les plus petites six. Entre les autres merveilles que Scaurus exposa dans son édilité, il

dicebatur exposita fuisse Andromeda, ossa Romæ, apportata ex oppido Judææ Joppe, ostendit inter reliqua miracula in ædilitate sua M. Scaurus, longitudine pedum XL, altitudine costarum Indicos elephantos excedente, spinæ crassitudine sesquipedali.

De balænis; de orcis.

V. 6. Balænæ et in nostra maria penetrant. In Gaditano oceano non ante brumam conspici eas tradunt, condi autem statis temporibus in quodam sinu placido et capaci, mire gaudentes ibi parere. Hoc scire orcas, infestam his belluam, et cujus imago nulla repræsentatione exprimi possit alia, quam carnis immensæ dentibus truculentæ. Irrumpunt ergo in secreta, ac vitulos earum, aut fetus, vel etiamnum gravidas lancinant morsu, incursuque, ceu Liburnicarum rostris fodiunt. Illæ ad flexum immobiles, ad repugnandum inertes, et pondere suo oneratæ, tunc quidem et utero graves, pariendive pœnis invalidæ; solum auxilium novere in altum profugere, et se toto defendere oceano. Contra, orcæ occurrere laborant, seseque opponere et caveatas angustiis trucidare, in vada urgere, saxis illidere. Spectantur ea prœlia, ceu mari ipsi sibi irato, nullis in sinu ventis, fluctibus vero ad anhelitus ictusque, quantos nulli turbines volvant. Orca et in portu Ostiensi visa est, op-

fit voir le squelette du monstre, auquel on disait qu'Andromède avait été exposée. On l'avait apporté de Joppé, ville de Judée. Sa longueur était de quarante pieds; les côtes étaient plus hautes qu'un éléphant indien; l'épine avait un pied et demi d'épaisseur.

Baleines, orques.

V. 6. Les baleines pénètrent jusque dans nos mers. On dit qu'elles ne paraissent pas avant l'hiver dans la mer de Cadix, et qu'à des temps réglés elles se cachent dans un golfe spacieux et tranquille, où elles se plaisent singulièrement à faire leurs petits. C'est ce que n'ignorent pas les orques, qui leur font une guerre acharnée, et qu'on ne peut mieux se représenter que comme une énorme masse de chair armée de dents terribles : ils se précipitent dans ces retraites , déchirent les jeunes baleines, les baleineaux, et même les mères si elles n'ont pas encore mis bas, en fondant sur elles et les perçant comme ferait l'éperon d'une galère liburnique. Les baleines, sans flexibilité pour se retourner, sans courage pour se défendre, accablées par leur propre poids, et alors encore surchargées par le fardeau qu'elles portent, ou affaiblies par les souffrances de l'enfantement, ne connaissent d'autre ressource que de fuir et de se faire un rempart de l'océan tout entier. Les orques s'efforcent de les arrêter, de s'opposer à leur passage, de les acculer dans une anse pour les y égorger, de les pousser sur les bas-fonds, de les froisser contre les rochers.

pugnata a Claudio principe. Venerat tunc exædificante eo portum, invitata naufragiis tergorum advectorum e Gallia, satiansque se per complures dies, alveum in vado sulcaverat, adtumulata fluctibus in tantum, ut circumagi nullo modo posset : et dum saginam persequitur, in litus fluctibus propulsa, emineret dorso multum supra aquas carinæ vice inversæ. Prætendi jussit Cæsar plagas multiplices inter ora portus : profectusque ipse cum prætorianis cohortibus populo romano spectaculum præbuit, lanceas congerente milite e navigiis assultantibus, quorum unum mergi vidimus, reflatu belluæ oppletum unda.

An spirent pisces ; an dormiant?

VI. Ora balænæ habent in frontibus : ideoque summa aqua natantes, in sublime nimbos efflant.

7. Spirant autem confessione omnium et paucissima

Ces combats sont vraiment un spectacle : il semble que la mer soit furieuse contre elle-même. Sans qu'aucun vent se fasse sentir dans le détroit, les flots, poussés par le souffle et le choc des combattans, s'agitent et se soulèvent avec plus de force que dans la plus violente tempête. On a vu jusque dans le port d'Ostie un orque auquel l'empereur Claude livra combat. Il était venu, lorsque ce prince faisait travailler à ce port, attiré par le naufrage d'un vaisseau qui apportait des cuirs de la Gaule. Il s'était repu de ces cuirs pendant plusieurs jours, s'étant fait sous les eaux une espèce de canal dans lequel il se trouvait enfermé par le sable entassé autour de lui, de manière qu'il ne pouvait se dégager. Un jour, en poursuivant sa proie, il fut poussé par les flots sur le rivage, et son dos se montrait au dessus des eaux comme une carène renversée. L'empereur fit tendre une multitude de filets à l'entrée du port, et s'étant lui-même avancé à la tête des cohortes prétoriennes, il donna aux Romains le spectacle d'un combat livré à ce monstre par des soldats montés sur des barques, d'où ils faisaient pleuvoir une grêle de traits ; et j'ai vu moi-même une de ces barques submergée par l'eau dont le souffle de l'orque l'avait remplie.

Les poissons respirent-ils ? dorment-ils ?

VI. Les baleines ont sur la tête des évents au moyen desquels, en nageant à la surface de la mer, elles poussent en l'air comme des nuées de l'eau qu'elles ont avalée.

7. Tout le monde convient que ces animaux respirent

alia in mari, quæ internorum viscerum pulmonem habent, quoniam sine eo nullum animal putatur spirare :
nec piscium branchias habentes, anhelitum reddere, ac
per vices recipere existimant, quorum hæc opinio est :
nec multa alia genera etiam branchiis carentia : in qua
sententia fuisse Aristotelem video, et multis persuasisse
doctrinæ indaginibus. Nec me protinus huic opinioni
eorum accedere haud dissimulo : quoniam et pulmonum
vice aliis possunt alia spirabilia inesse viscera, ita vo-
lente natura : sicut et pro sanguine est multis alius humor. In aquas quidem penetrare vitalem hunc halitum
quis miretur, qui etiam, reddi ab his eum cernat : et
in terras quoque tanto spissiorem naturæ partem, penetrare, argumento animalium, quæ semper defossa vivunt, ceu talpæ? Accedunt apud me certe efficacia, ut
credam etiam omnia in aquis spirare naturæ suæ sorte :
primum sæpe adnotata piscium æstivo calore quædam
anhelatio, et alia tranquillo velut oscitatio : ipsorum
quoque, qui sunt in adversa opinione, de somno piscium confessio : quis enim sine respiratione somno locus? Præterea bullantium aquarum sufflatio, Lunæque
effectu concharum quoque corpora augescentia. Super
omnia est, quod esse auditum et odoratum piscibus,
non erit dubium : ex aeris utrumque materia. Odorem
quidem non aliud, quam infectum aera, intelligi possit.

dans la mer, ainsi que quelques autres peu nombreux qui
ont un poumon; car on pense que sans ce viscère aucun
animal ne peut respirer. Les partisans de cette opinion
refusent le mouvement alternatif de la respiration aux
poissons qui ont des ouïes, et même à beaucoup d'espèces qui n'en ont pas; et je vois que ce sentiment a été
celui d'Aristote, qui l'a appuyé de plusieurs observations
savantes. J'avoue que ce n'est pas le mien, parce que la
nature a pu donner à certains animaux d'autres organes
qui suppléent le poumon, comme elle a donné à plusieurs
un autre fluide au lieu de sang. Doit-on s'étonner que
l'air respirable pénètre dans l'eau, quand on voit qu'il
en sort? Et les animaux qui vivent ensevelis sous la terre,
comme la taupe, ne prouvent-ils pas que l'air pénètre
même dans cet élément beaucoup plus compacte que
l'eau? D'autres raisons puissantes me déterminent à
croire que tous les poissons respirent dans l'eau, chacun suivant sa nature. D'abord, on a souvent remar-
qué en eux une certaine anhélation pendant les chaleurs de l'été, et une espèce de bâillement quand l'eau
est tranquille. Les personnes mêmes qui sont d'un
sentiment contraire conviennent que les poissons dorment. Or, le sommeil est-il possible sans respiration? Je
puis ajouter l'élévation de ces petites bulles qui se forment sur l'eau, et l'accroissement des coquillages produit par l'influence de la lune. Mais ce qui est le plus
décisif, c'est qu'on ne peut douter que les poissons ne
soient doués de l'ouïe et de l'odorat; et l'air est la matière essentielle de ces deux sensations. L'odeur, en effet,
n'est que l'air chargé de particules étrangères. Au reste,

Quamobrem de his opinetur, ut cuique libitum erit. Branchiæ non sunt balænis, nec delphinis. Hæc duo genera fistulis spirant, quæ ad pulmonem pertinent, balænis a fronte, delphinis a dorso. Et vituli marini, quos vocant phocas, spirant ac dormiunt in terra. Item testudines, de quibus mox plura.

De delphinis.

VII. 8. Velocissimum omnium animalium, non solum marinorum, est delphinus, ocior volucre, acrior telo, ac nisi multum infra rostrum os illi foret, medio pæne in ventre, nullus piscium celeritatem ejus evaderet. Sed adfert moram providentia naturæ, quia nisi resupini atque conversi non corripiunt : quæ causa præcipue velocitatem eorum ostendit. Nam quum fame conciti, fugientem in vada ima persecuti piscem, diutius spiritum continuere, ut arcu emissi, ad respirandum emicant : tantaque vi exsiliunt, ut plerumque vela navium transvolent. Vagantur fere conjugia : pariunt catulos decimo mense, æstivo tempore, interim et binos : nutriunt uberibus, sicut balæna : atque etiam gestant fetus infantia infirmos. Quin et adultos diu comitantur, magna erga partum caritate. Adolescunt celeriter, decem annis putantur ad summam magnitudinem pervenire : vivunt et tricenis : quod cognitum præcisa cauda

chacun peut adopter l'opinion qui lui plaira. La baleine et le dauphin n'ont point d'ouïes. Tous les deux respirent par un canal qui aboutit au poumon, et qui se voit, chez les baleines sur le front, chez les dauphins sur le dos. Les veaux marins, qu'on nomme phoques, respirent et dorment sur la terre : il en est de même des tortues, dont je parlerai bientôt plus au long.

Des dauphins.

VII. 8. Le dauphin surpasse en vitesse tous les poissons, et même tous les animaux. L'oiseau est moins prompt, la flèche moins rapide, et, s'il n'avait la gueule beaucoup au dessous du museau, presque au milieu du ventre, nul poisson n'échapperait à sa poursuite. Mais la nature prévoyante lui a opposé une difficulté, puisqu'il ne peut saisir sa proie que renversé et tourné sur le dos; et c'est même ce qui fait encore ressortir son incroyable agilité. Car, lorsque pressé par la faim, et poursuivant le poisson qui fuit au fond des abîmes, il a longtemps retenu son haleine, il s'élance comme un trait pour respirer hors de l'eau, et bondit d'une telle force que souvent il passe au dessus des voiles des vaisseaux. Les dauphins vont ordinairement par couples. La femelle met bas au dixième mois, et pendant l'été. Sa portée est quelquefois de deux petits. Elle les allaite, comme la baleine; et même elle les porte sur son dos, tant qu'ils ne sont pas en état de nager. Elle les accompagne encore long-temps après qu'ils sont devenus adultes, et montre pour eux une grande tendresse. Ces animaux croissent

in experimentum. Abduntur tricenis diebus circa Canis ortum, occultanturque incognito modo : quod eo magis mirum est, si spirare in aqua non queunt. Solent in terram erumpere incerta de causa : nec statim tellure tacta moriuntur, multoque ocius fistula clausa. Lingua est his contra naturam aquatilium mobilis, brevis atque lata, haud differens suillæ. Pro voce gemitus humano similis, dorsum repandum, rostrum simum. Qua de causa nomen Simonis omnes miro modo agnoscunt, maluntque ita appellari.

Quos amaverint.

VIII. Delphinus non homini tantum amicum animal, verum et musicæ arti, mulcetur symphoniæ cantu, et præcipue hydrauli sono. Hominem non expavescit, ut alienum : obviam navigiis venit, adludit exsultans, certat etiam, et quamvis plena præterit vela. Divo Augusto principe, Lucrinum lacum invectus, pauperis cujusdam puerum, ex Baiano Puteolos in ludum literarium itantem, quum meridiano immorans appellatum eum Simonis nomine, sæpius fragmentis panis, quem ob id fere-

promptement. On dit qu'ils ont acquis toute leur grandeur à dix ans. Ils en vivent trente, comme on s'en est assuré en coupant la queue à de jeunes dauphins. Ils disparaissent pendant trente jours, vers le lever de la canicule : on ignore de quelle manière ils se cachent. Mais la chose devient plus difficile à concevoir, s'il est vrai qu'ils ne puissent respirer dans l'eau. Ils s'élancent assez souvent à terre, sans qu'on en connaisse la cause. Ils ne meurent pas aussitôt qu'ils sont à sec ; mais ils expirent bien plus vite, lorsque le conduit de leur respiration est fermé. Leur langue, contre l'ordinaire des animaux aquatiques, est mobile, courte, large, semblable à celle du porc. Leur voix ressemble à un gémissement humain. Leur dos est voûté ; leur nez retroussé (*simus*) fait qu'on les appelle Simons ; et ce nom qu'ils reconnaissent, leur fait plaisir.

Hommes qui ont été l'objet de l'amour des dauphins.

VIII. Le dauphin n'est pas seulement ami de l'homme, il aime aussi la musique. La symphonie lui plaît beaucoup, surtout celle des instrumens hydrauliques. L'homme ne lui semble pas étranger, et il n'en a pas peur. Il vient au devant des vaisseaux, se joue en sautant à l'entour, lutte avec eux de vitesse, et les devance quoiqu'ils voguent à pleines voiles. Sous l'empire d'Auguste, un dauphin, qui était entré dans le lac Lucrin, conçut la plus vive affection pour l'enfant d'un pauvre. Cet enfant faisait souvent le voyage de Baïes à Pouzzol pour se rendre aux écoles. En se reposant à l'heure de midi, il avait ac-

bat, adlexisset, miro amore dilexit. Pigeret referre, ni
res Mæcenatis et Fabiani, et Flavii Alfii, multorumque
esset literis mandata. Quocumque diei tempore inclama-
tus a puero, quamvis occultus atque abditus, ex imo ad-
volabat : pastusque e manu præbebat ascensuro dorsum,
pinnæ aculeos velut vagina condens : receptumque Puteolos per magnum æquor in ludum ferebat, simili modo
revehens pluribus annis : donec morbo extincto puero,
subinde ad consuetum locum ventitans, tristis et mæ-
renti similis, ipse quoque (quod nemo dubitaret) desiderio exspiravit.

Alius intra hos annos in Africo litore Hipponis Diar-
rhyti, simili modo ex hominum manu vescens, præbens-
que se tractandum, et adludens natantibus, impositos-
que portans, unguento perunctus a Flaviano proconsule
Africæ, et sopitus (ut apparuit) odoris novitate, fluc-
tuatusque similis exanimi, caruit hominum conversa-
tione, ut injuria fugatus, per aliquot menses : mox re-
versus in eodem miraculo fuit. Injuriæ potestatum in
hospitales, ad visendum venientium, Hipponenses in necem ejus compulerunt.

Ante hæc similia de puero in Iasso urbe memorantur,
cujus amore spectatus longo tempore, dum abeuntem

coutumé le dauphin à venir au nom de Simon, en lui
jetant quelques morceaux de pain qu'il apportait pour
lui donner. Je n'oserais rapporter ce fait, s'il n'était con-
signé dans les écrits de Mécène, de Fabianus, de Fla-
vius Alfius, et de beaucoup d'autres. A quelque heure
du jour que l'enfant l'appelât, fût-il caché au fond des
eaux, il accourait aussitôt, et, après avoir reçu de sa
main la portion qui lui était destinée, il lui présentait
son dos, cachant ses pointes comme dans un fourreau,
puis il le portait à Pouzzol à travers la mer, et le ra-
menait ainsi de son école. Cela dura plusieurs années,
jusqu'à la mort de l'enfant, qu'une maladie emporta. Le
dauphin continua de venir au rendez-vous; mais il avait
l'air triste et chagrin : il mourut bientôt lui-même, et
personne ne douta que ce ne fût du regret de ne plus
voir son jeune ami.

Dans ces dernières années, sur le rivage d'Hippone Diar-
rhyte, en Afrique, un autre dauphin prenait également sa
nourriture de la main des hommes, se laissait manier,
jouait avec les nageurs, et les portait sur son dos. Flavia-
nus, proconsul d'Afrique, l'ayant frotté d'essence, cette
odeur, nouvelle pour lui, l'assoupit, et il flotta quelque
temps sur l'eau comme s'il eût été mort. Plusieurs mois il
s'abstint de la société des hommes, comme s'il en eût été
éloigné par un outrage. Il revint enfin, et présenta le même
spectacle. Les habitans d'Hippone le tuèrent, déterminés
par les vexations qu'ils avaient à supporter de la part
des hommes puissans que la curiosité attirait chez eux.

On cite des faits semblables arrivés auparavant dans
la ville d'Iassus. Un dauphin s'était arrêté long-temps à

in litus avide sequitur, in arenam invectus exspiravit.
Puerum Alexander Magnus Babylone Neptuni sacerdo-
tio praefecit, amorem illum numinis propitii fuisse in-
terpretatus. In eadem urbe Iasso Hegesidemus scribit et
alium puerum Hermiam nomine, similiter maria pere-
quitantem, quum repentinae procellae fluctibus exanima-
tus esset, relatum : delphinumque causam leti fatentem
non reversum in maria, atque in sicco exspirasse. Hoc
idem et Naupacti accidisse Theophrastus tradit. Nec
modus exemplorum. Eadem Amphilochi et Tarentini de
pueris delphinisque narrant. Quæ faciunt, ut credatur
Arionem quoque citharædicæ artis interficere nautis in
mari parantibus, ad intercipiendos ejus quæstus, eblan-
ditum, ut prius caneret cithara, congregatis cantu delphinis, quum se jecisset in mare, exceptum ab uno Tæ-
narium in litus pervectum.

Quibus in locis societate cum hominibus piscentur.

IX. Est provinciæ Narbonensis et in Nemausiensi agro
stagnum Latera appellatum, ubi cum homine delphini
societate piscantur. Innumera vis mugilum stato tempore angustis faucibus stagni in mare erumpit, obser-

considérer un enfant pour lequel il avait conçu de l'amour : le voyant s'éloigner du rivage, il le suivit avec trop d'ardeur, et s'engagea si avant sur la grève qu'il y expira. Alexandre-le-Grand fit cet enfant prêtre de Neptune, à Babylone, regardant comme un gage de la bienveillance du dieu l'affection que ce dauphin lui avait témoignée. Hégésidème écrit que, dans la même ville d'Iassus, un enfant nommé Hermias, traversant la mer sur un dauphin, périt par une tempête imprévue. Le dauphin le rapporta au rivage, et, s'imputant sa mort, il ne retourna point à la mer, et mourut sur le sable. Théophraste dit que la même chose est arrivée à Naupacte. Je ne finirais pas si je voulais citer tous les exemples. Les habitans d'Amphiloque et ceux de Tarente racontent des aventures semblables d'enfans et de dauphins. Tout cela donne de la vraisemblance à l'histoire du musicien Arion. Il était en pleine mer, et les matelots s'apprêtaient à le massacrer, pour s'emparer des richesses qu'il avait acquises par son talent. Il obtint d'eux la permission de chanter une dernière fois en s'accompagnant de la lyre. Les dauphins étant accourus à ses doux accens, il se jeta dans les flots, où l'un d'eux le reçut et le porta au rivage de Ténare.

Lieux où les dauphins aident les hommes à pêcher.

IX. Dans la province Narbonaise, au territoire de Nîmes, est un étang nommé Latéra, où les dauphins s'associent avec l'homme pour la pêche. A certaine époque de l'année, une innombrable quantité de muges

vata æstus reciprocatione. Qua de causa prætendi non
queunt retia, æque molem ponderis nullo modo tolera-
tura, etiamsi non solertia insidietur tempori. Simili ratione in altum protinus tendunt, quod vicino gurgite
efficitur, locumque solum pandendis retibus habilem ef-
fugere festinant. Quod ubi animadvertere piscantes (con-
currit autem multitudo temporis gnara, et magis etiam
voluptatis hujus avida), totusque populus e litore quanto
potest clamore conciet Simonem ad spectaculi eventum.
Celeriter delphini exaudiunt desideria, Aquilonum flatu
vocem prosequente, Austro vero tardius ex adverso re-
ferente. Sed tum quoque improviso in auxilium advolant. Properare apparet acies, quæ protinus disponitur
in loco, ubi conjectus est pugnæ: opponunt sese ab alto;
trepidosque in vada urgent. Tum piscatores circumdant
retia, furcisque sublevant : mugilum nihilominus velo-
citas transilit. At illos excipiunt delphini, et occidisse
ad præsens contenti, cibos in victoriam differunt. Opere
prœlium fervet, includique retibus se fortissime urgentes
gaudent : ac ne idipsum fugam hostium stimulet, inter
navigia et retia, natantesve homines, ita sensim elabun-
tur, ut exitum non aperiant. Saltu, quod est alias blan-
dissimum his, nullus conatur evadere, ni summittantur
sibi retia. Egressus protinus ante vallum prœliatur. Ita
peracta captura, quos interemere, diripiunt. Sed enixio-

profitent d'un reflux pour s'élancer vers la mer par l'é-
troite embouchure de l'étang; on ne peut tendre alors
les filets, qui, indépendamment des obstacles créés par
le moment qu'ils ont eu l'adresse de choisir, ne seraient
pas capables de soutenir une masse aussi pesante. Par
l'effet du même instinct, ils se dirigent aussitôt vers
des cavités profondes que forme un gouffre voisin,
et se hâtent de fuir le seul lieu propre à tendre les
filets ; mais la multitude qui, connaissant l'époque de
cette migration, est accourue au plaisir de cette pêche,
fait, aussitôt qu'on les aperçoit, retentir au loin l'ap-
pel de Simon. Les dauphins entendent bientôt qu'on a
besoin d'eux : le vent du nord porte rapidement la voix
de leur côté, au lieu que le vent du midi la retarde.
Dans tous les cas, ils ne font pas long-temps attendre leur
secours. On croirait voir accourir une armée qui prend
à l'instant même ses positions dans le lieu où l'action
va s'engager. Ils ferment la mer aux muges, qui, dans
leur épouvante, se rejettent dans les bas-fonds. Alors
les pêcheurs étendent leurs filets à l'entour, et les soulèvent avec des fourches. Les muges néanmoins les franchissent d'un saut agile ; mais ils sont arrêtés par les
dauphins, qui, se bornant pour l'instant à les tuer, attendent pour les manger que la victoire soit achevée.
Leur ardeur se soutient, et, pressant l'ennemi avec courage, ils se laissent volontiers enfermer avec lui ; et pour
que leur présence ne le fasse pas fuir, ils se glissent adroi-
tement entre les barques, les filets et les nageurs, de
manière à ne lui ouvrir aucun passage. Aimant naturellement à sauter, aucun ne le fait alors pour s'échapper,

ris operæ, quam in unius diei præmium, conscii sibi, opperiuntur in posterum : nec piscibus tantum, sed intrita panis e vino satiantur.

Alia circa eos mira.

X. Quæ de eodem genere piscandi in Iassio sinu Mucianus tradit, hoc differunt, quod ultro, neque inclamati præsto sint, partesque e manibus accipiant, et suum quæque cymba e delphinis socium habeat, quamvis noctu, et ad faces. Ipsis quoque inter se publica est societas. Capto a rege Cariæ, alligatoque in portu, ingens reliquorum convenit multitudo, mæstitia quadam quæ posset intelligi, miserationem petens, donec dimitti rex eum jussit. Quin et parvos semper aliquis grandior comitatur, ut custos. Conspectique sunt jam defunctum portantes, ne laceraretur a belluis.

De tursionibus.

XI. 9. Delphinorum similitudinem habent, qui vocantur tursiones. Distant et tristitia quidem aspectus : abest enim illa lascivia, maxime tamen rostris canicularum maleficentiæ adsimulati.

et ils attendent qu'on baisse le filet devant eux. Sortis de l'enceinte, ils recommencent le combat. Quand la pêche est finie, ils dévorent ceux qu'ils ont tués ; mais sentant que le salaire d'un jour n'a pas acquitté leur service, ils se présentent le lendemain, et se rassasient non-seulement de poissons, mais encore de pain trempé dans du vin.

Autres merveilles sur les dauphins.

X. Le récit que fait Mucien d'une semblable pêche dans le golfe d'Iassus diffère en ce que, suivant lui, les dauphins viennent d'eux-mêmes, et sans être appelés ; qu'ils reçoivent leur part de la main des hommes ; et que chaque barque a le sien qui l'accompagne, quoique la pêche se fasse de nuit et aux flambeaux. Ils forment aussi entre eux une société politique. Un dauphin ayant été pris par le roi de Carie, et enchaîné dans le port, les autres vinrent en grand nombre, et cherchèrent, par des signes de tristesse très-intelligibles, à exciter la commisération, jusqu'à ce que le roi lui eût rendu la liberté. Les petits sont même toujours accompagnés d'un plus grand, qui est comme leur gardien. On en a vu porter le corps d'un autre dauphin, pour le dérober à la voracité des animaux marins.

Des tursions.

XI. 9. Les tursions ont de la ressemblance avec les dauphins. Ils en diffèrent par leur air morne et triste ; ils n'ont pas la gaîté pétulante du dauphin, mais ils ressemblent surtout au chien de mer par leur gueule redoutable.

De testudinibus. Quæ genera aquatilium testudinum, et quomodo
capiantur.

XII. 10. Testudines tantæ magnitudinis Indicum mare
emittit, ut singularum superficie habitabiles casas integant, atque insulas Rubri præcipue maris his navigent
cymbis. Capiuntur multis quidem modis, sed maxime
evectæ in summa pelagi antemeridiano tempore blan-
dito, eminente toto dorso per tranquilla fluitantes : quæ
voluptas libere spirandi, in tantum fallit oblitas sui, ut
solis vapore siccato cortice, non queant mergi, invitæ-
que fluitent, opportunæ venantium prædæ. Ferunt et
pastum egressas noctu, avideque saturatas lassari : atque
ut remeaverint matutino, summa in aqua obdormis-
cere : id prodi stertentium sonitu. Tum adnatare, levi-
terque, singulis ternos : a duobus in dorsum verti, a
tertio laqueum injici supinæ, atque ita e terra a pluribus trahi. In Phœnicio mari haud ulla difficultate capiuntur, ultroque veniunt stato tempore anni in amnem
Eleutherum effusa multitudine. Dentes non sunt testu-
dini, sed rostri margines acuti, superna parte inferio-
rem claudente pyxidum modo. In mari conchyliis vivunt,
tanta oris duritia, ut lapides comminuant : in terram
egressæ, herbis. Pariunt ova avium ovis similia, ad cen-
tena numero : eaque defossa extra aquas, et cooperta

Des tortues. Diverses espèces de tortues de mer, et manière de les prendre.

XII. 10. La mer des Indes produit de si grandes tortues, que d'une seule écaille les habitans de ce pays couvrent une de leurs cabanes. Ces écailles leur servent de nacelles pour passer aux îles de la mer Rouge. Les tortues se pêchent de plusieurs manières, mais surtout lorsque, un peu avant midi, flattées par la chaleur, elles flottent à la surface de la mer, leur dos s'élevant tout entier au dessus des eaux tranquilles. Ce plaisir de respirer en liberté fait qu'elles s'oublient alors elles-mêmes, et bientôt leur écaille séchée par l'ardeur du soleil ne permet plus qu'elles s'enfoncent ; elles flottent malgré elles, et deviennent la proie de qui veut les saisir. On dit encore que, la nuit, les tortues sortent de la mer pour pâturer, et qu'après s'être repues avec avidité, elles s'en retournent le matin, bien fatiguées, et s'endorment sur l'eau. Le bruit qu'elles font en ronflant les trahit. Alors trois hommes nagent doucement vers chacune d'elles ; deux la renversent sur le dos ; le troisième lui passe une corde, et d'autres hommes sur le rivage la tirent à terre. Dans la mer Phénicienne, on les prend sans difficulté : car, à certaine époque de l'année, elles viennent en très-grand nombre dans le fleuve Éleuthère. La tortue n'a point de dents ; mais les bords de sa gueule sont tranchants, et la partie supérieure de sa mâchoire ferme sur l'inférieure comme le couvercle d'une boîte. Dans la mer, elles vivent de coquillages. Telle est la dureté de leurs

terra, ac pavita pectore et complanata, incubant noctibus. Educunt fetus annuo spatio. Quidam oculis, spectandoque ova foveri ab iis putant : feminas coitum fugere, donec mas festucam aliquam imponat aversæ. Troglodytæ cornigeras habent, ut in lyra, adnexis cornibus latis, sed mobilibus, quorum in natando remigio, se adjuvant : Chelyon id vocatur, eximiæ testudinis, sed raræ : namque scopuli præacuti Chelonophagos terrent. Troglodytæ autem, ad quos adnatant, ut sacras, adorant. Sunt et terrestres, quæ ob id in operibus Chersinæ vocantur, in Africæ desertis, qua parte maxime sitientibus arenis squalent roscido, ut creditur, humore viventes. Neque aliud animal provenit.

Quis primus testudinem secare instituerit.

XIII. 11. Testudinum putamina secare in laminas, lectosque et repositoria his vestire, Carvilius Pollio insti-

mâchoires, qu'elles brisent les pierres. Lorsqu'elles vont à terre, elles se nourrissent d'herbes. Elles pondent des œufs semblables à ceux des oiseaux, jusqu'au nombre de cent ; elles les déposent hors de l'eau, dans un creux qu'elles recouvrent de terre, battent et aplanissent cette terre avec leur poitrine, et couvent pendant la nuit. Il faut aux petits un an pour éclore. Quelques auteurs pensent qu'elles échauffent leurs œufs de leurs regards, et que la femelle se refuse à l'accouplement, jusqu'à ce que le mâle lui mette quelque fétu sur le dos. On voit chez les Troglodytes des tortues qui ont des cornes comme une lyre, mais larges et mobiles ; elles s'en aident comme de rames pour nager. Cette espèce se nomme *Chelyon*. L'écaille en est très-belle, mais elle est rare, parce que les rochers aigus où il faut la chercher effraient les Chélonophages, et que les Troglodytes, chez qui ces tortues abordent, les révèrent comme sacrées. Il y a aussi des tortues terrestres, que l'on trouve dans la partie la plus desséchée des déserts de l'Afrique, et distinguées d'après cela, dans les ouvrages en écaille, sous le nom de chersines. On croit qu'elles y vivent de la rosée du ciel. C'est la seule espèce d'animaux qu'on y rencontre.

Qui a inventé l'art de couper l'écaille de la tortue en plusieurs feuilles.

XIII. 11. Carvilius Pollion, homme d'un caractère prodigue, et d'une rare sagacité pour les inventions du

tuit, prodigi et sagacis ad luxuriæ instrumenta ingenii.

Digestio aquatilium per species.

XIV. 12. Aquatilium tegumenta plura sunt. Alia corio et pilis integuntur, ut vituli, et hippopotami. Alia corio tantum, ut delphini : cortice, ut testudines : silicum duritia, ut ostreæ et conchæ : crustis, ut locustæ : crustis et spinis, ut echini : squamis, ut pisces : aspera cute, ut squatina, qua lignum et ebora poliuntur : molli, ut mu_ænæ : alia nulla, ut polypi.

Quæ pilo vestiantur, aut careant : et quomodo pariant. De vitulis marinis, sive phocis.

XV. 13. Quæ pilo vestiuntur animal pariunt, ut pristis, balæna, vitulus. Hic parit in terra : pecudum more secundas partus reddit. Initu canum modo cohæret : parit nonnumquam geminis plures : educat mammis fetum. Non ante duodecimum diem deducit in mare, ex eo subinde assuefaciens. Interficiuntur difficulter nisi capite eliso. Ipsis in sono mugitus : unde nomen vituli. Accipiunt tamen disciplinam, voceque pariter et visu popu-

luxe, imagina le premier de couper en lames les écailles de tortues, et d'en revêtir les lits et les buffets.

Distribution des animaux aquatiques en espèces.

XIV. 12. Tous les animaux aquatiques n'ont pas les mêmes tégumens. Les uns sont couverts de cuir et de poil, comme le veau marin et l'hippopotame ; les autres, seulement d'un cuir, comme le dauphin ; d'une sorte d'écorce, comme la tortue ; d'une coquille aussi dure que le caillou, comme l'huître et la conque ; d'une croûte, comme la langouste ; de croûtes et de piquans, comme l'oursin ; d'un tissu de lames écailleuses, comme les poissons ; d'une peau rude et inégale, comme la squatine, dont la dépouille sert à polir le bois et l'ivoire ; d'une peau molle, comme la murène ; d'autres enfin n'ont pas même de peau, comme les polypes.

De ceux qui ont des poils ou qui n'en ont point ; comment ils se reproduisent. Des veaux marins ou phoques.

XV. 13. Ceux qui sont vêtus de poil, sont vivipares, comme la scie, la baleine et le veau marin. La femelle du veau marin fait ses petits à terre. L'enfantement est suivi d'un arrière-faix, comme chez les quadrupèdes. Dans l'accouplement, elle reste attachée au mâle à la manière des chiens. Quelquefois elle met bas plus de deux petits, et les allaite. Ce n'est qu'au douzième jour qu'elle les conduit à la mer, et elle les habitue dès-lors à vivre dans l'eau. Il est difficile de les tuer, à moins qu'on ne leur

lum salutant : incondito fremitu, nomine vocati, respondent. Nullum animal graviore somno premitur. Pinnis, quibus in mari utuntur, humi quoque vice pedum serpunt. Pelles eorum, etiam detractas corpori, sensum æquorum retinere tradunt, semperque æstu maris recedente inhorrescere : præterea dextræ pinnæ vim soporiferam inesse, somnosque allicere subditam capiti.

14. Pilo carentium duo omnino animal pariunt, delphinus ac vipera.

Quot genera piscium.

XVI. Piscium sunt species septuaginta quatuor, præter crustis intecta, quæ sunt triginta. De singulis alias dicemus. Nunc enim naturæ tractantur insignium.

Qui maximi pisces.

XVII. 15. Præcipua magnitudine thynni : invenimus talenta quindecim pependisse. Ejusdem caudæ latitudinem duo cubita et palmum. Sunt et in quibusdam amnibus haud minores : silurus in Nilo, esox in Rheno,

brise la tête. Leur cri est une espèce de mugissement qui leur a fait donner la dénomination de veau. Ils sont cependant susceptibles d'éducation, apprennent à saluer de la voix et de la tête, et répondent par un murmure confus quand on les appelle. Nul animal ne dort d'un plus profond sommeil. Leurs nageoires, qui leur servent à se conduire dans la mer, leur tiennent aussi lieu de pieds pour se traîner sur la terre. On prétend que leurs peaux, même après avoir été enlevées et détachées de l'animal, conservent une sorte de sympathie avec les mouvemens de la mer, et que le poil se redresse toutes les fois que la marée baisse. On attribue aussi une vertu soporifique à leur nageoire droite, et l'on dit que, placée sous la tête, elle provoque au sommeil.

14. Parmi les animaux aquatiques dénués de poil, deux seulement sont vivipares : le dauphin et la vipère.

Combien il y a d'espèces de poissons.

XVI. Il y a soixante-quatorze espèces de poissons, sans compter les crustacés qui en forment trente. Je parlerai dans la suite de chacune en particulier : je m'occupe ici des plus remarquables.

Quels sont les poissons les plus grands.

XVII. 15. Le thon est un poisson de la première grandeur. On en a vu un qui pesait quinze talens. Sa queue avait de largeur deux coudées et un palme. Il y a dans quelques fleuves des poissons non moins grands,

attilus in Pado, inertia pinguescens, ad mille aliquando
libras, catenato captus hamo, nec nisi boum jugis ex-
tractus. Atqui hunc minimus piscis appellatus clupea,
venam quamdam ejus in faucibus mira cupidine appetens, morsu exanimat. Silurus grassatur, ubicumque est,
omne animal appetens, equos natantes sæpe demergens.
Præcipue in Mœno Germaniæ amne protelis boum, et
in Danubio marris extrahitur, porculo marino similli-
mus : et in Borysthene memoratur præcipua magnitudo, nullis ossibus spinisve intersitis, carne prædulci.
In Gange Indiæ platanistas vocant, rostro delphini et
cauda, magnitudine autem xv cubitorum. In eodem esse
Statius Sebosus haud modico miraculo affert, vermes
branchiis binis, sexaginta cubitorum, cæruleos, qui nomen a facie traxerunt. His tantas esse vires, ut elephantos ad potum venientes, mordicus comprehensa manu
eorum abstrahant.

Thynni, cordylæ, pelamides: membratim ex his salsura. Melandrya, apolecti, cybia.

XVIII. Thynni mares sub ventre non habent pinnam.
Intrant e magno mari Pontum verno tempore gregatim,

tels que le silure dans le Nil, l'ésox dans le Rhin, l'attilus dans le Pô : ce dernier s'engraisse par l'inaction, et pèse quelquefois jusqu'à mille livres. On le prend avec un hameçon attaché à une chaîne. Il faut un attelage de bœufs pour le tirer à terre. Cependant un très-petit poisson qu'on nomme clupée le fait périr par sa morsure, en s'attachant avec une ardeur extraordinaire à une veine de sa gorge. Le silure exerce ses ravages partout où il se trouve ; il attaque tous les animaux, et souvent attire au fond de l'eau les chevaux qui nagent. C'est surtout dans le Mein, rivière de la Germanie, et dans le Danube, qu'il faut employer la force des bœufs et des crampons de fer pour tirer à terre un poisson qui a beaucoup de ressemblance avec le cochon marin. Il y a dans le Borysthène un poisson énorme qui n'a point d'os ni d'arêtes, et dont la chair est très-délicate. Les Indiens nomment plataniste un poisson du Gange, long de quinze coudées, et qui a le museau et la queue du dauphin. Stace Sébose fait mention de vers prodigieux qu'on trouve dans le même fleuve. Ils ont deux ouïes, soixante coudées de longueur, et sont de couleur bleue. Leur forme leur a fait donner ce nom. Ils sont d'une force telle, que, lorsqu'un éléphant vient boire, ils lui saisissent la trompe, et de leur morsure l'entraînent dans l'eau.

Les thons, les cordyles, les pélamides ; salaisons qu'on fait de certaines parties de ces poissons. Les mélandryes, les apolectes, les cybies.

XVIII. Les thons mâles n'ont point de nageoires sous le ventre. Au printemps, ils passent en troupes de la

nec alibi fetificant. Cordyla appellantur partus, qui fetas redeuntes in mare autumno comitantur : limosæ vero, aut e luto pelamides incipiunt vocari : et quum annuum excessere tempus, thynni. Hi membratim cæsi, cervice et abdomine commendantur, atque clidio, recenti dumtaxat, et tum quoque gravi ructu : cetera parte plenis pulpamentis sale adservantur. Melandrya vocantur, cæsis quercus assulis simillima. Vilissima ex his, quæ caudæ proxima, quia pingui carent : probatissima, quæ faucibus : at in alio pisce circa caudam exercitatissima. Pelamides in apolectos particulatimque consectæ, in genera cybiorum dispartiuntur.

Amiæ : scombri.

XIX. Piscium genus omne præcipua celeritate adolescit, maxime in Ponto. Causa, multitudo amnium dulces inferentium aquas. Amiam vocant, cujus incrementum singulis diebus intelligitur. Cum thynnis hæc et pelamides in Pontum ad dulciora pabula intrant gregatim cum suis quæque ducibus, et primi omnium scombri, quibus est in aqua sulphureus color, extra qui ceteris. Hispaniæ cetarias hi replent, thynnis non commeantibus.

grande mer dans le Pont-Euxin, et ne fraient pas ailleurs. Les petits, qui accompagnent leurs mères lorsque, en automne, elles retournent dans la mer, sont appelés cordyles. On commence ensuite à les appeler limoneux ou pélamides, nom qui a le même sens ; et lorsqu'ils ont plus d'un an, on les nomme thons. On les coupe par tranches, et les parties les plus estimées sont le cou, le ventre, et la gorge ; mais il faut les manger frais, encore alors causent-ils des rapports désagréables. Le reste se conserve mariné. On appelle mélandryes les morceaux qui ont la forme de copeaux de chêne. On met peu de prix aux morceaux voisins de la queue, parce qu'ils sont maigres. Ceux qui sont près de la gorge sont les plus recherchés ; mais, dans les autres poissons, on donne la préférence aux parties voisines de la queue. On coupe les pélamides en apolectes et autres morceaux, que l'on subdivise en cybium de toute espèce.

Amias, scombres.

XIX. Toutes les espèces de poissons croissent très-vite, surtout dans la mer du Pont. La cause en est dans le grand nombre de rivières qui viennent y porter des eaux douces. On nomme amia un poisson qui prend chaque jour un accroissement sensible. Les amias entrent par troupes dans le Pont avec les pélamides et les thons, pour y chercher une nourriture plus douce. Chaque troupe a son chef. Les maquereaux, qui, dans l'eau, ont la couleur du soufre, et celle des autres poissons quand ils en sont dehors, sont les premiers à entrer dans

Qui non sint pisces in Ponto : qui intrent, et qui alias redeant.

XX. Sed in Pontum nulla intrat bestia piscibus malefica, præter vitulos et parvos delphinos. Thynni dextra ripa intrant, exeunt læva. Id accidere existimatur,
quia dextro oculo plus cernant, utroque natura hebete.
Est in euripo Thracii Bosphori, quo Propontis Euxino
jungitur, in ipsis Europam Asiamque separantis freti
angustiis, saxum miri candoris, a vado ad summa per-
lucens, juxta Chalcedonem in latere Asiæ. Hujus aspectu repente territi, semper adversum Byzantii promontorium, ex ea causa appellatum Aurei Cornus, præ-
cipiti petunt agmine. Itaque omnis captura Byzantii est,
magna Chalcedonis penuria mille passibus medii inter-
fluentis euripi. Opperiuntur autem Aquilonis flatum,
ut secundo fluctu exeant e Ponto, nec nisi intrantes
portum Byzantium capiuntur. Bruma non vagantur:
ubicumque deprehensi, usque ad æquinoctium, ibi hibernant. Iidem sæpe navigia velis euntia comitantes,
mira quadam dulcedine per aliquot horarum spatia
et passuum millia a gubernaculis spectantur, ne
tridente quidem in eos sæpius jacto territi. Quidam
eos qui hoc e thynnis faciant, pompilos vocant.

cette mer. Les réservoirs d'Espagne en sont remplis. Les thons ne viennent pas jusque-là.

Poissons qu'on ne trouve jamais dans le Pont ; poissons qui y entrent et qui en reviennent.

XX. Il n'entre dans le Pont aucun animal nuisible aux poissons, excepté les veaux marins et les petits dauphins. Les thons suivent la rive droite lorsqu'ils entrent ; à leur retour ils suivent la gauche ; on en attribue la cause à ce que ces animaux, qui ont naturellement la vue faible, voient pourtant un peu mieux de l'œil droit que de l'œil gauche. Dans le Bosphore de Thrace, qui réunit la Propontide au Pont-Euxin, à l'endroit même où le détroit qui sépare l'Europe de l'Asie est le plus resserré, existe un rocher d'une surprenante blancheur, qui se fait voir depuis le fond jusqu'à la surface de l'eau. Il est auprès de Chalcédoine sur la côte d'Asie. A son aspect, les thons effrayés se jettent en foule vers le cap de Byzance, qui est à l'opposite, et qu'on a par cette raison nommé le cap de la Corne-d'Or. Aussi toute la pêche du thon se fait à Byzance, tandis qu'on n'en prend pas un à Chalcédoine, qui n'en est séparée que par un détroit de mille pas. Ils attendent l'aquilon pour sortir du Pont avec un flot favorable, et la pêche n'a lieu que lorsqu'ils entrent dans le port de Byzance. Pendant l'hiver ils ne voyagent point. En quelque endroit que cette saison les surprenne, ils y séjournent jusqu'à l'équinoxe. Souvent ils accompagnent les vaisseaux qui vont à la voile, et c'est un spectacle fort agréable, que de les voir, du haut de la poupe, suivre pendant quelques heures et l'espace de

Multi in Propontide æstivant : Pontum non intrant.
Item soleæ, quum rhombi intrent : nec sepia est, quum
loligo reperiatur. Saxatilium, turdus et merula desunt :
sicut conchylia, quum ostreæ abundent. Omnia autem
hibernant in Ægeo. Intrantium Pontum soli non remeant trichiæ. Græcis enim in plerisque nominibus uti
par erit, quando aliis atque aliis eosdem diversi appel-
lavere tractus. Sed hi soli Istrum amnem subeunt : ex
eo subterraneis ejus venis in Adriaticum mare defluunt :
itaque et illic descendentes, nec umquam subeuntes e
mari visuntur. Thynnorum captura est a Vergiliarum
exortu ad Arcturi occasum : reliquo tempore hiberno
latent in gurgitibus imis, nisi tepore aliquo evocati,
aut pleniluniis. Pinguescunt et in tantum, ut dehis-
cant. Vita longissima his biennio.

Quare pisces extra aquam exsiliant.

XXI. Animal est parvum, scorpionis effigie, aranei
magnitudine. Hoc se, et thynno, et ei qui gladius vocatur, crebro delphini magnitudinem excedenti, sub pinna
adfigit aculeo : tantoque infestat dolore, ut in naves

plusieurs milles, sans que le trident, lancé sur eux à plusieurs reprises, les épouvante. Quelques-uns nomment pompiles les thons qui suivent ainsi les vaisseaux. Beaucoup de poissons passent l'été dans la Propontide, et n'entrent pas dans le Pont. Telles sont les soles : les turbots y entrent. On y voit aussi le calmar, mais jamais la sèche. Parmi les saxatiles, le tourd et le merle ne s'y trouvent pas, non plus que les poissons à coquilles, au lieu que les huîtres y abondent. Tous passent l'hiver dans la mer Égée. Mais de ceux qui entrent dans le Pont, les seuls qui n'en reviennent pas sont les trichias. Je fais observer ici que chaque pays ayant donné aux mêmes espèces des noms différens, je crois devoir me servir des noms grecs. Les trichias sont les seuls qui entrent dans le Danube ; de là ils descendent à la mer Adriatique par des conduits souterrains ; mais on ne les voit jamais remonter de cette mer. La pêche des thons se fait depuis le lever des pléiades jusqu'au coucher de l'arcture. Le reste de l'hiver, ils se tiennent cachés au fond des abîmes, à moins qu'un temps doux ou la pleine lune ne les invite à en sortir. Ils engraissent au point de se fendre. Leur vie la plus longue est de deux ans.

Pourquoi les poissons sautent hors de l'eau.

XXI. Il est un petit animal de la forme du scorpion, et de la grandeur de l'araignée, qui s'attache sous la nageoire du thon et d'un autre poisson qu'on nomme épée, souvent plus grand que le dauphin. En les piquant de son aiguillon, il leur cause une douleur si vive qu'ils

sæpenumero exsiliant. Quod et alias faciunt aliorum
vim timentes, mugiles maxime, tam præcipuæ velocitatis, ut transversa navigia interim superjactent.

Esse auguria ex piscibus.

XXII. 16. Sunt et in hac parte naturæ auguria, sunt
et piscibus præscita. Siculo bello ambulante in litore
Augusto, piscis e mari ad pedes ejus exsiliit : quo argumento vates respondere, Neptunum patrem adoptante
tum sibi Sex. Pompeio (tanta erat navalis rei gloria) :
« Sub pedibus Cæsaris futuros, qui maria tempore illo
tenerent. »

In quo genere piscium mares non sint.

XXIII. Piscium feminæ majores quam mares. In
quodam genere omnino non sunt mares, sicut in erythinis et chanis. Omnes enim ovis gravidæ capiuntur.
Vagantur gregatim fere cujusque generis squamosi.
Capiuntur ante solis ortum : tum maxime piscium fal-
litur visus. Noctibus, quies : et illustribus æque, quam
die, cernunt. Aiunt et si teratur gurges, interesse capturæ : itaque plures secundo tractu capi quam primo.
Gustu olei maxime, dein modicis imbribus gaudent,

se jettent fréquemment dans les vaisseaux. Cela arrive à d'autres, lorsqu'ils fuient des ennemis redoutables, et surtout aux muges, dont la légèreté est si grande, qu'ils sautent quelquefois par dessus les navires.

Augures tirés des poissons.

XXII. 16. Les augures se retrouvent aussi dans cette partie de la nature, et les poissons eux-mêmes ont la prescience de l'avenir. Pendant la guerre de Sicile, Auguste se promenant sur le rivage, un poisson s'élança de la mer, et vint tomber à ses pieds. C'était le temps où Sextus Pompée, fier de ses victoires navales, se donnait Neptune pour père. Les augures consultés répondirent que «ceux qui tenaient alors l'empire de la mer seraient mis aux pieds de César. »

Espèces de poissons qui n'ont point de mâles.

XXIII. Parmi les poissons, les femelles sont plus grandes que les mâles. Dans certaines espèces, il n'y a point de mâles : tels sont les érythins et les chanis ; car tous les individus que l'on prend sont remplis d'œufs. Les poissons à écailles vont presque toujours en troupes. On les prend avant le lever du soleil : c'est le moment où ils voient le moins. Ils reposent la nuit ; et lorsqu'elle est claire, ils discernent les objets aussi bien que pendant le jour. On dit que la pêche est plus abondante, lorsqu'on agite le fond de l'eau, et que par cette raison le second coup de filet est plus heureux que le premier.

alunturque. Quippe et arundines, quamvis in palude prognatæ, non tamen sine imbre adolescunt : et alias ubicumque pisces in eadem aqua assidui, si non adfluat, exanimantur.

Qui calculum in capite habeant; qui lateant hieme; et qui hieme non capiantur, nisi statis diebus.

XXIV. Prægelidam hiemem omnes sentiunt, sed maxime qui lapidem in capite habere existimantur, ut lupi, chromes, sciænæ, pagri. Quum asperæ hiemes fuere, multi cæci capiuntur. Itaque his mensibus jacent speluncis conditi, sicut in terrestrium genere retulimus. Maxime hippurus et coracinus hieme non capti, præterquam statis diebus paucis, et iisdem semper : muræna et orphus, conger, percæ, et saxatiles omnes. Terra quidem, hoc est, vado maris excavato condi per hiemes torpedinem, psettam, soleamque tradunt.

Qui æstate lateant; qui siderentur pisces.

XXV. Quidam rursus æstus impatientia, mediis fervoribus sexagenis diebus latent, ut glaucus, aselli, auratæ. Fluviatilium silurus Caniculæ exortu sideratur,

Ils aiment singulièrement l'huile : les pluies modérées les réjouissent et les font croître. Les roseaux eux-mêmes, quoiqu'ils naissent dans les marais, ne croissent point sans pluie. Les poissons qui demeurent constamment dans la même eau périssent, s'il n'y entre pas une eau nouvelle.

Poissons qui ont une pierre dans la tête ; autres qui se tiennent cachés l'hiver ; autres qu'on ne prend pas l'hiver, excepté à certains jours.

XXIV. Tous les poissons se ressentent de l'âpreté des hivers, surtout ceux qu'on dit avoir une pierre dans la tête, comme les loups, les chromis, les sciènes et les pagres. Après les hivers rigoureux, on en prend beaucoup qui sont aveugles. Aussi pendant cette saison ils se tiennent cachés dans leurs retraites, comme je l'ai dit de quelques animaux terrestres. L'hippure et le coracin ne se prennent pas l'hiver, si ce n'est pendant un petit nombre de jours déterminés, qui sont toujours les mêmes. On ne prend pas non plus la murène, l'orphe, le congre, la perche, ni aucun saxatile. On dit que pendant l'hiver la torpille, la psetta et la sole se cachent dans la terre, c'est-à-dire dans des trous qu'elles creusent au fond de la mer.

Poissons qui se cachent l'été, ou qui sont influencés par les astres.

XXV. D'autres au contraire ne peuvent supporter les chaleurs, et se cachent soixante jours pendant les ardeurs de l'été, comme le glauque, l'ânon et la dorade.

et alias semper fulgure sopitur. Hoc et in mari accidere cyprino putant. Et alioqui totum mare sentit exor-
tum ejus sideris : quod maxime in Bosphoro apparet.
Alga enim et pisces superferuntur, omniaque ab imo
versa.

De mugile.

XXVI. 17. Mugilum natura ridetur, in metu capite
abscondito, totos se occultari credentium. Iisdem tamen tanta salacitas, ut in Phœnice, et Narbonensi pro-
vincia, coitus tempore e vivariis marem linea longinqua
per os ad branchias religata emissum in mare, eademque linea retractum, feminæ sequantur ad litus, rursusque feminam mares partus tempore.

De acipensere.

XXVII. Apud antiquos piscium nobilissimus habitus
acipenser, unus omnium squamis ad os versis, contra
quam in nando meant, nullo nunc in honore est : quod
quidem miror, quum sit rarus inventu. Quidam eum
elopem vocant.

Parmi les poissons de rivière, le silure est fortement affecté par le lever de la canicule, et d'ailleurs la foudre
l'assoupit toujours. On croit que les mêmes effets ont
lieu dans le cyprin. Au surplus le lever de la canicule
se fait sentir à la mer entière, et cela se remarque surtout dans le Bosphore; car les poissons et l'algue marine y sont portés à la surface des eaux, et tout est
dans la confusion la plus entière.

Du muge.

XXVI. 17. Il y a quelque chose de risible dans la nature des muges : quand ils ont peur, ils se cachent la tête
croyant qu'on ne les aperçoit plus. Ils sont d'ailleurs si
ardens en amour que, dans la Phénicie et la province
Narbonaise, on lâche à la mer, au temps de l'accouplement, un mâle attaché à une longue ficelle qui passe de
la bouche aux ouïes; puis on le retire par cette même
ficelle, et les femelles le suivent jusqu'au rivage. Dans la
saison du frai, la femelle est pareillement suivie par les
mâles.

De l'acipenser.

XXVII. L'acipenser, le seul des poissons dont les
écailles soient tournées vers la tête, et celui que les anciens plaçaient au premier rang, ne jouit plus aujourd'hui d'aucune estime. J'en suis étonné, car il est rare.
Quelques auteurs le nomment élops.

De lupo ; de asello.

XXVIII. Postea præcipuam auctoritatem fuisse lupo, et asellis, Cornelius Nepos, et Laberius poeta mimorum, tradidere. Luporum laudatissimi, qui appellantur lanati, a candore mollitiaque carnis. Asellorum duo genera : callariæ, minores : et bacchi, qui non nisi in alto capiuntur, ideo prælati prioribus. At in lupis, in amne capti præferuntur.

De scaro ; de mustela.

XXIX. Nunc scaro datur principatus, qui solus piscium dicitur ruminare, herbisque vesci, non aliis piscibus, mari Carpathio maxime frequens. Promontorium Troadis Lecton sponte numquam transit. Inde advectos Tiberio Claudio principe, Optatus Elipertius præfectus classis, inter Ostiensem et Campaniæ oram sparsos disseminavit. Quinquennio fere cura est adhibita, ut capti redderentur mari. Postea frequentes inveniuntur Italiæ in litore, non antea ibi capti. Admovitque sibi gula sapores piscibus satis, et novum incolam mari dedit, ne quis peregrinas aves Romæ parere miretur.

Proxima est mensa jecori dumtaxat mustelarum,

Du loup ; de l'ânon.

XXVIII. Cornelius Nepos et Laberius, poète comique, nous ont transmis que la préférence se porta ensuite sur le loup et l'ânon. Les loups les plus recherchés sont ceux qu'on nomme lanati, à cause de leur chair blanche et tendre. Il y a deux espèces d'ânon, le callaria qui est la plus petite espèce, et le bacchus qui ne se prend qu'en pleine mer, et qui, par cette raison, est le plus estimé. Mais les loups pêchés dans les rivières sont jugés les meilleurs.

Du scare ; de la mustèle.

XXIX. Aujourd'hui le scare prédomine. On dit que c'est le seul poisson ruminant; qu'il se nourrit d'herbes, et ne mange point les autres poissons. Il abonde surtout dans la mer Carpathienne. Jamais il ne passe de lui-même au delà du promontoire de Lecte en Troade. Sous l'empereur Claude Tibère, Optatus Elipertius, comman-dant de la flotte, en fit apporter de cette mer, et les répandit le long des côtes, depuis Ostie jusqu'à la Cam-panie. Pendant cinq ans on eut soin que ceux qui étaient pris fussent rendus à la mer. Depuis ce temps on en trouve beaucoup sur les rivages de l'Italie, où l'on n'en voyait pas auparavant. Quand, pour augmenter les ri-chesses de la table, la gastronomie sème des poissons et donne de nouveaux habitans à une mer, faut-il s'étonner de voir les oiseaux étrangers se reproduire dans Rome?

Le mets le plus délicat, après le scare, est le foie de

quas mirum dictu) inter Alpes quoque lacus Rhætiæ Brigantinus æmulas marinis generat.

Mullorum genera ; et de sargo comite.

XXX. Ex reliqua nobilitate, et gratia maxima est et copia mullis, sicut magnitudo modica : binasque libras ponderis raro admodum exsuperant, nec in vivariis piscinisque crescunt. Septentrionalis tantum hos, et proxima occidentis parte gignit oceanus. Cetero eorum genera plura. Nam et alga vescuntur, et ostreis, et limo, et aliorum piscium carne : barba gemina insigniuntur inferiori labro. Lutarium ex iis vilissimi generis appellant. Hunc semper comitatur sargus nomine alius piscis, et cœnum fodiente eo, excitatum devorat pabulum. Nec litoralibus gratia. Laudatissimi conchylium sapiunt. Nomen his Fenestella a colore mulleorum calciamentorum datum putat. Pariunt ter anno. His certe toties fetura apparet. Mullum exspirantem versicolori quadam et numerosa varietate spectari, proceres gulæ narrant, rubentium squamarum multiplici mutatione pallescentem, utique si vitro spectetur inclusus. M. Apicius ad omne luxus ingenium mirus, in sociorum garo (nam ea quoque res cognomen invenit) necari eos præcellens putavit, atque e jecore eorum alecem excogitare

mustèle. Un fait remarquable, c'est que le lac de Brigan-
tia en Rhétie, au milieu des Alpes, produit des mustèles
qui ne le cèdent pas à celles de la mer.

Des diverses espèces de mulles ; du sarge qui les accompagne.

XXX. Des autres poissons qui ont quelque ré-
putation, le meilleur et le plus commun est le mulle.
Sa grosseur est médiocre, rarement il pèse plus de deux
livres. Il ne croît ni dans les rivières, ni dans les réservoirs. On ne le trouve que dans l'océan Septentrional,
et dans la partie qui est le plus à l'occident. Au surplus
il y en a de plusieurs espèces. Les uns vivent d'algue,
d'autres, d'huîtres ; d'autres se nourrissent de limon, et
d'autres enfin de la chair des autres poissons. Ce qui les
caractérise, c'est un double barbillon à la lèvre inférieure.
Le moins estimé est celui qu'on nomme vaseux (M. Lu-
tarius). Il est toujours accompagné d'un autre poisson
nommé sarge, qui, tandis que le mulle fouille la vase,
dévore toute la nourriture qu'il en a fait sortir. On fait
peu de cas de ceux qu'on pêche sur les côtes. Les plus
recherchés ont la saveur des poissons à coquilles. Fenestella pense que le nom de *mullus* leur est venu de la
couleur de la chaussure appelée en latin *mulleus*. Ils
fraient trois fois l'an : du moins voit-on paraître leurs petits à trois époques. Les coryphées de la table prétendent qu'un mulle expirant se nuance en mille manières
différentes, et que si on le place dans un bocal, on voit
le rouge éclatant de ses écailles pâlir et s'éteindre par
une infinité de dégradations successives. M. Apicius,

provocavit : id enim est facilius dixisse, quam quis vicerit.

Mirabilia piscium pretia.

XXXI. Asinius Celer e consularibus, hoc pisce prodigus, Caio principe unum mercatus octo millibus nummum : quæ reputatio aufert transversum animum ad contemplationem eorum, qui in conquestione luxus coquos emi singulos pluris quam equos, quiritabant. At nunc coci triumphorum pretiis parantur, et coquorum pisces. Nullusque prope jam mortalis æstimatur pluris, quam qui peritissime censum domini mergit.

18. Mullum lxxx librarum in mari Rubro captum Licinius Mucianus prodidit. Quanti mercatura eum luxuria, suburbanis litoribus inventum ?

Non ubique eadem genera placere.

XXXII. Est et hæc natura, ut alii alibi pisces principatum obtineant : coracinus in Ægypto : zeus, idem faber appellatus, Gadibus : circa Ebusum salpa, obsce-

homme admirablement ingénieux pour tous les raffine-
mens du luxe, a pensé que la meilleure manière d'ap-
prêter le mulle était de le faire mourir dans la saumure,
qu'on appelle garum des alliés (*garum sociorum*); car cela
même a obtenu un surnom. Il proposa un prix à celui
qui inventerait une saumure nouvelle avec le foie de ce
poisson. Il est plus facile de rappeler cette proposition,
que le nom de celui qui mérita le prix.

Prix énormes de quelques poissons.

XXXI. Asinius Celer, consulaire, a donné sous
Caligula un exemple de prodigalité, en payant un mulle
huit mille sesterces. Cela donne à penser à ceux qui,
dans leurs déclamations contre le luxe, se plaignaient de
ce qu'on achetait les cuisiniers plus cher que les chevaux. Aujourd'hui un cuisinier coûte autant qu'un
triomphe, un poisson autant qu'un cuisinier; et déjà nul
mortel ne paraît d'un plus haut prix que l'esclave qui
connaît le mieux l'art de ruiner son maître.

18. Licinius Mucianus rapporte qu'on pêcha dans la
mer Rouge un mulle du poids de quatre-vingt livres. S'il
eût été pris sur nos rivages, combien le luxe l'aurait payé !

Variété de saveur des espèces suivant les lieux.

XXXII. Il arrive aussi que certains poissons se trouvent meilleurs dans un pays que dans un autre, comme
le coracin en Égypte, le zéus, qu'on nomme aussi faber,

nus alibi, et qui nusquam percoqui possit, nisi ferula verberatus : in Aquitania salmo fluviatilis marinis omnibus praefertur.

De branchiis; de squamis.

XXXIII. Piscium alii branchias multiplices habent, alii simplices, alii duplices. His aquam emittunt acceptam ore. Senectutis indicium squamarum duritia, quæ non sunt omnibus similes. Duo lacus Italiæ in radicibus Alpium, Larius et Verbanus appellantur, in quibus pisces omnibus annis Vergiliarum ortu exsistunt, squamis conspicui crebris atque præacutis, clavorum caligarium effigie : nec amplius, quam circa eum mensem, visuntur.

Vocales, et sine branchiis pisces.

XXXIV. 19. Miratur et Arcadia suum exocœtum, appellatum ab eo, quod in siccum somni causa exeat. Circa Clitorium vocalis hic traditur, et sine branchiis : idem aliquibus adonis dictus.

Qui in terram exeant. Tempora capturæ.

XXXV. Exeunt in terram : et qui marini mures vocantur, et polypi, et muraenae. Quin et in Indiæ fluminibus certum genus piscium, ac deinde resilit : nam in

à Cadix; et près d'Ébuse, la saupe, poisson immonde ailleurs, et que nulle part on ne peut faire cuire sans l'avoir frappé à coups de baguette. Dans l'Aquitaine le saumon de rivière est préféré à tous les poissons de mer.

Des ouïes, des écailles.

XXXIII. Parmi les poissons, les uns ont les ouïes formées de plusieurs lames, chez d'autres elles sont simples, et chez d'autres elles sont doubles. Ils rejettent par ces ouvertures l'eau entrée par la bouche. La dureté des écailles est l'indice de la vieillesse. Elles ne sont pas semblables dans tous. Au pied des Alpes, en Italie, sont deux lacs, le Larius (lac de Côme) et le Verbanus (lac Majeur), où chaque année, au lever des pléiades, paraissent des poissons revêtus d'écailles serrées et très-pointues, qui ressemblent à des clous de bottines. On ne les voit jamais qu'à cette époque.

Poissons doués de la voix ; poissons sans ouïes.

XXXIV. 19. L'Arcadie aussi admire son exocet, ainsi nommé parce qu'il sort de l'eau pour dormir. On dit que vers le fleuve Clitorius, ce poisson a de la voix et point d'ouïes. Quelques-uns le nomment adonis.

Poissons qui viennent à terre. Instans favorables à la pêche.

XXXV. Ceux qui viennent à terre sont les polypes, les murènes, et ce qu'on appelle rats marins. Il en est de même d'une espèce de poissons qui se trouvent dans les

stagna et amnes transeundi plerisque evidens ratio est , ut tutos fetus edant, quia non sint ibi qui devorent partus, fluctusque minus sæviant. Has intelligi ab iis causas, servarique temporum vices, magis miretur, si quis reputet quoto cuique hominum nosci, uberrimam esse capturam sole transeunte Piscium signum.

Digestio piscium in figuras corporis. Rhomborum et passerum differentia. De longis piscibus.

XXXVI. 20. Marinorum alii sunt plani, ut rhombi, soleæ, ac passeres, qui a rhombis situ tantum corporum differunt. Dexter resupinatus est illis, passeri lævus. Alii longi, ut muræna, conger.

De piscium pinnis, et natandi ratione.

XXXVII. Ideo pinnarum quoque fiunt discrimina, quæ pedum vice sunt datæ piscibus : nullis supra quaternas : quibusdam binæ, aliquibus nullæ. In Fucino tantum lacu piscis est, qui octonis pinnis natat. Binæ omnino, longis et lubricis, ut anguillis et congris. Nullæ, ut mu12ænis, quibus nec branchiæ. Hæc omnia flexuoso corporum impulsu ita mari utuntur, ut serpentes terra. In sicco quoque repunt, ideo etiam viva-

fleuves de l'Inde, et qui vivent alternativement sur la
terre et dans l'eau. La plupart des poissons ne passent
dans les étangs et les rivières que pour y frayer plus en
sûreté, parce qu'il ne s'y trouve point d'animaux à craindre pour leurs petits, et que les flots y sont moins agités.
L'on sera bien plus frappé de cet instinct, et de leur
exactitude à saisir certaines époques, si l'on pense combien peu d'hommes savent que la pêche la plus abondante
se fait lorsque le soleil passe au signe des Poissons.

Classification des poissons d'après les formes du corps. Différence
des turbots et des plies. Des poissons longs.

XXXVI. 20. Parmi les poissons de mer, les uns sont
plats, comme le turbot, la sole et la plie qui ne diffère du
turbot que par la position latérale de son corps. Celui-ci
se tient sur le côté droit, et la plie sur le côté gauche. Les
autres sont longs, comme la murène et le congre.

Nageoires et manière de nager des poissons.

XXXVII. De là aussi une différence dans les nageoires,
que la nature a données aux poissons au lieu de pieds.
Aucun n'en a plus de quatre; quelques-uns en ont deux,
d'autres n'en ont point. Dans le lac Fucin seulement se
trouve un poisson qui en a huit. Les poissons longs et
glissans n'en ont que deux, comme l'anguille et le congre.
Quelques-uns en sont absolument dépourvus, comme les
murènes, qui manquent également d'ouïes. Tous ces poissons vont dans la mer en se repliant, comme les serpens

ciora talia. Et e planis aliqua non habent pinnas, ut pastinacæ : ipsa enim latitudine natant. Et quæ mollia appellantur, ut polypi, quoniam pedes illis pinnarum vicem præstant.

Anguillæ.

XXXVIII. 21. Anguillæ octonis vivunt annis. Durant et sine aqua senis diebus aquilone spirante : austro, paucioribus. At hiemem eædem in exigua aqua non tolerant, nec in turbida : ideo circa Vergilias maxime capiuntur, fluminibus tum præcipue turbidis. Pascuntur noctibus. Exanimes piscium solæ non fluitant.

22. Lacus est Italiæ Benacus in Veronensi agro Mincium amnem transmittens, ad cujus emersus annuo tempore Octobri fere mense, autumnali sidere, ut palam est, hiemato lacu, fluctibus glomeratæ volvuntur, in tantum mirabili multitudine, ut in excipulis ejus fluminis, ob hoc ipsum fabricatis, singulorum millium globi reperiantur.

Murænæ.

XXXIX. 23. Muræna quocumque mense parit, quum ceteri pisces stato pariant. Ova ejus citissime crescunt. In sicco litore lapsas vulgus coitu serpentium impleri

sur la terre. Ils rampent de même étant à sec ; aussi ces animaux sont-ils plus vivaces. Quelques-uns des poissons plats sont aussi sans nageoires, telles sont les pastenagues : leur seule largeur les soutient sur l'eau. Ceux qu'on appelle mollusques comme les polypes, n'en ont pas non plus : leurs pieds leur en tiennent lieu.

Anguilles.

XXXVIII. 21. Les anguilles vivent huit ans. Elles peuvent vivre six jours hors de l'eau par un vent du nord, mais moins long-temps par un vent du midi. Elles ne supportent pas l'hiver, si elles ne sont dans une eau abondante et claire. Aussi les prend-on vers le lever des pléiades, lorsque l'eau des rivières est plus trouble. Elles vont la nuit chercher leur nourriture. C'est le seul poisson qui ne flotte pas étant mort.

22. Près de Vérone, en Italie, est le lac Bénaco, que le Mincio traverse. Chaque année, au mois d'octobre, dans le temps où ce lac ressent l'impression de la constellation automnale, les anguilles roulent agglomérées vers l'endroit par où sort le Mincio, en si prodigieuse quantité, qu'on en trouve des boules d'un mille ensemble dans les enceintes pratiquées à cet effet dans le fleuve.

Murènes.

XXXIX. 23. La murène produit tous les mois, au lieu que les autres poissons ne fraient qu'à une époque de l'année. Ses œufs prennent un accroissement très-

putat. Aristoteles smyrum vocat marem, qui generat. Discrimen esse, quod muræna varia et infirma sit, smyrus unicolor et robustus, dentesque extra os habeat. In Gallia septentrionali murænis omnibus dextra in maxilla septenæ maculæ, ad formam Septentrionis, aureo colore fulgent, dumtaxat viventibus, pariterque cum anima extinguuntur. Invenit in hoc animali documenta sævitiæ Vedius Pollio eques romanus ex amicis divi Augusti, vivariis earum immergens damnata mancipia, non tamquam ad hoc feris terrarum non sufficientibus, sed quia in alio genere totum pariter hominem distrahi, spectari non poterat. Ferunt aceti gustu præcipue eas in rabiem agi. Tenuissimum his tergus : contra anguillis crassius : eoque verberari solitos tradit Verrius prætextatos : et ob id mulctam his dici non institutam.

Planorum piscium genera.

XL. 24. Planorum piscium alterum est genus, quod pro spina cartilaginem habet, ut raiæ, pastinacæ, squatinæ, torpedo : et quos bovis, lamiæ, aquilæ, ranæ nominibus Græci appellant. Quo in numero sunt squali

rapide. Le vulgaire pense qu'elle vient sur le rivage s'accoupler avec le serpent. Aristote donne le nom de smyre au mâle, qui produit la fécondité. Suivant lui, le mâle et la femelle diffèrent en ce que celle-ci est faible et de couleurs variées, au lieu que le mâle est vigoureux, d'une seule couleur, et ses dents sont saillantes. Dans la Gaule septentrionale, toutes les murènes ont, au côté droit de la mâchoire, sept taches de couleur d'or, qui représentent la constellation de la grande Ourse. Ces taches sont éclatantes pendant que vit la murène, et s'effacent à sa mort. La voracité de cet animal fit concevoir un nouveau genre de cruauté à Vedius Pollion, chevalier romain, l'un des favoris d'Auguste. Il faisait jeter dans un vivier de murènes les esclaves qu'il avait condamnés; non que la férocité des bêtes terrestres ne pût servir sa fureur, mais elles ne lui auraient pas offert le spectacle d'un homme déchiré tout à la fois dans toutes les parties de son corps. On dit que le vinaigre les rend plus furieuses. Leur peau est très-mince; celle des anguilles, au contraire, est épaisse. Verrius écrit qu'on se servait de peaux d'anguilles pour châtier les enfans des citoyens, et que, moyennant cela, la loi n'avait pas prononcé d'amende contre eux.

Poissons plats : leurs espèces.

XL. 24. Il y a une sorte de poissons plats qui ont des cartilages au lieu d'arêtes; tels sont la raie, la pastenague, l'ange, la torpille, et ceux que les Grecs ont nommés bœuf, lamia, aigle, grenouille. Il faut mettre de ce nombre les squales, quoiqu'ils n'aient pas la forme

quoque, quamvis non plani. Hæc Græce in universum σελάχη appellavit Aristoteles primus, hoc nomine eis imposito : nos distinguere non possumus, nisi cartilaginea appellare libeat. Omnia autem carnivora sunt talia, et supina vescuntur, ut in delphinis diximus. Et quum ceteri pisces ova pariant, hoc genus solum, ut ea quæ cete appellant, animal parit, excepta quam ranam vocant.

Echeneis, et veneficia ejus.

XLI. 25. Est parvus admodum piscis adsuetus petris, echeneis appellatus : hoc carinis adhærente naves tardius ire creduntur, inde nomine imposito : quam ob causam amatoriis quoque veneficiis infamis est, et judiciorum ac litium mora : quæ crimina una laude pensat, fluxus gravidarum utero sistens, partusque continens ad puerperium. In cibos tamen non admittitur. Pedes eum habere arbitratur Aristoteles, ita posita pinnarum similitudine. Mucianus muricem esse, latiorem purpura, neque aspero, neque rotundo ore, neque in angulos prodeunte rostro, sed simplice concha, utroque latere sese colligente : quibus inhærentibus, plenam ventis stetisse navem, portantem a Periandro, ut castrarentur nobiles pueri : conchasque quæ id præstiterint, apud Gnidiorum Venerem coli. Trebius Niger pedalem esse, et crassitudine quinque digitorum naves morari : præter-

plate. Aristote les a tous compris sous la dénomination générale de sélaques. Je ne puis mieux les désigner que par le nom de cartilagineux. Ils sont tous carnivores, et se renversent, comme je l'ai dit du dauphin, pour saisir leur proie. Tous les poissons étant ovipares, ceux-ci cependant, à l'exception de la grenouille de mer, sont vivipares comme les cétacés.

Échénéis. Enchantemens auxquels il sert.

XLI. 25. Il existe un poisson très-petit, accoutumé à vivre dans les rochers, et qu'on nomme échénéis. On croit que, s'attachant à la carène des vaisseaux, il retarde leur course; et c'est de là que lui vient son nom. D'après cette même opinion, on l'emploie à composer des poisons pour éteindre l'amour, pour prolonger les procès et ralentir l'action de la justice. Il rachète toute sa malignité par l'heureuse propriété qu'il a d'arrêter les pertes des femmes enceintes, et de conduire l'enfant à terme. Toutefois il n'est pas admis au nombre des alimens. Aristote, trompé par la forme de ses nageoires, lui a supposé des pieds. Mucien parle d'un murex plus large que la pourpre, dont la tête n'est ni raboteuse ni ronde, dont le bec n'est point anguleux. Sa coquille est simple, et se replie en dedans de chaque côté. Il dit qu'un tel poisson s'étant attaché à un vaisseau qui portait les ordres de Périandre, pour qu'on fît eunuques des enfans d'une naissance distinguée, le vaisseau qui voguait à pleines voiles demeura tout à coup immobile: il ajoute que les

ea hanc esse vim ejus adservati in sale, ut aurum, quod deciderit in altissimos puteos, admotus extrahat.

Qui pisces colorem mutent.

XLII. 26. Mutant colorem candidum mænæ, et fiunt æstate nigriores. Mutat et phycis, reliquo tempore candida, vere varia. Eadem piscium sola nidificat ex alga, atque in nido parit.

Qui volitent extra aquam. De hirundine. De pisce qui noctibus lucet. De cornuto. De dracone marino.

XLIII. Volat hirundo, sane perquam similis volucri hirundini : item milvus.

27. Subit in summa maria piscis ex argumento appellatus lucerna, linguaque ignea per os exerta, tranquillis noctibus relucet. Attollit e mari sesquipedanea fere cornua, quæ ab his nomen traxit. Rursus draco marinus captus, atque immissus in arenam, cavernam sibi rostro mira celeritate excavat.

De piscibus sanguine carentibus. Qui piscium molles appellentur.

XLIV. 28. Piscium quidam sanguine carent, de qui-

coquilles qui rendirent ce bon office à l'humanité sont honorées dans le temple de Vénus à Cnide. Trebius Niger dit que ce murex a un pied de long et cinq doigts d'épaisseur, qu'il retarde les vaisseaux, et que, gardé dans le sel, il a encore la vertu d'attirer l'or qui est tombé dans les puits les plus profonds.

Des poissons qui changent de couleur.

XLII. 26. Le ména quitte sa couleur blanche, et devient noir pendant l'été. La couleur du phycis change aussi; blanc tout le reste de l'année, il est varié au printemps. C'est le seul poisson qui se fasse un nid d'algue, où il dépose ses œufs.

Poissons volans. L'hirondelle. Le poisson qui brille la nuit. Le
poisson cornu. Le dragon marin.

XLIII. L'hirondelle, poisson qui a beaucoup de ressemblance avec l'hirondelle oiseau, vole, ainsi que le milan de mer.

27. On voit s'élever à la surface des eaux un poisson qu'on nomme lanterne, parce que, tirant une langue enflammée, il brille dans les nuits tranquilles. Un autre poisson élève au dessus de la mer ses cornes longues d'un pied et demi, ce qui l'a fait nommer cornu. Le dragon marin, pris et jeté sur le sable, se creuse un trou avec une promptitude incroyable, au moyen de son museau.

Des poissons qui n'ont point de sang. Quels sont les poissons mous.

XLIV. 28. Je vais parler de quelques poissons qui

bus dicemus. Sunt autem tria genera : In primis quæ
mollia appellantur : deinde contecta crustis tenuibus :
postremo testis conclusa duris. Mollia sunt, loligo, sepia, polypus, et cetera ejus generis. His caput inter pedes et ventrem : pediculi octoni omnibus. Sepiæ et loli-
gini pedes duo ex his longissimi et asperi, quibus ad
ora admovent cibos, et in fluctibus se, velut ancoris,
stabiliunt : cetera, cirri, quibus venantur.

De sepia; de loligine; de pectunculis.

XLV. 29. Loligo etiam volitat, extra aquam se effe-
rens, quod et pectunculi faciunt sagittæ modo. Sepia-
rum generis mares varii et nigriores, constantiæque
majoris. Percussæ tridente feminæ auxiliantur : at femina icto mare fugit. Ambo autem, ubi sensere se ap-
prehendi, effuso atramento, quod pro sanguine his est,
infuscata aqua absconduntur.

De polypis.

XLVI. Polyporum multa genera : terreni majores,
quam pelagii : omnes brachiis, ut pedibus ac manibus,
utuntur : cauda vero, quæ est bisulca et acuta, in
coitu. Est polypis fistula in dorso, qua transmittunt

n'ont pas de sang. Ils forment trois classes. La première est composée de ceux qu'on appelle animaux mous ; la seconde des crustacés ; les testacés forment la troisième. Les animaux mous sont le calmar, la sèche, le polype, et autres de ce genre. Ils ont la tête placée entre les pieds et le ventre. Tous ont huit pieds. La sèche et le calmar ont deux de leurs pieds très-longs et raboteux, avec lesquels ils portent leur nourriture à la bouche, et se tiennent comme ancrés au milieu des flots. Ils se servent des autres comme de filets pour attraper leur proie.

La sèche ; le calmar ; les pétoncles.

XLV. 29. Le calmar vole aussi, s'élançant hors de l'eau, ainsi que le pétoncle, à la manière d'une flèche. Parmi les sèches, le mâle est d'une couleur variée et plus foncée. Il a aussi plus de courage. Quand sa femelle a été frappée du trident, il vient à son secours ; si c'est le mâle qui a été blessé, la femelle s'enfuit. Tous deux, quand ils s'aperçoivent qu'on veut les prendre, obscurcissent l'eau en répandant une liqueur noire qui leur tient lieu de sang, et se dérobent ainsi à la vue.

Les polypes.

XLVI. Il y a plusieurs sortes de polypes. Ceux de terre sont plus grands que ceux de mer. Leurs bras leur servent à tous de pieds et de mains. Dans l'accouplement ils se joignent par la queue, qui est fourchue et pointue. Ils ont sur le dos un conduit par lequel ils rejettent l'eau de la

mare : eamque modo in dextram partem, modo in sinistram transferunt. Natant obliqui in caput, quod prædurum est sufflatione viventibus. Cetero per brachia velut acetabulis dispersis, haustu quodam adhærescunt : tenent supini, ut avelli non queant. Vada non apprehendunt : et grandibus minor tenacitas. Soli mollium in siccum exeunt, dumtaxat asperum; lævitatem odere. Vescuntur conchyliorum carne, quorum conchas complexu crinium frangunt : itaque præjacentibus testis cubile eorum deprehenditur. Et quum alioqui brutum habeatur animal, ut quod ad manum hominis adnatat, in re quodammodo familiari callet. Omnia in domum comportat : dein putamina erosa carne egerit, adnatantesque pisciculos ad ea venatur. Colorem mutat ad similitudinem loci, et maxime in metu. Ipsum brachia sua rodere falsa opinio est. Id enim a congris evenit ei : sed renasci, sicut colotis et lacertis caudas, haud falsum.

De navigatore polypo.

XLVII. Inter præcipua autem miracula est, qui vocatur nautilos, ab aliis pompilos. Supinus in summa æquorum pervenit, ita se paulatim subrigens, ut emissa omni per fistulam aqua, velut exoneratus sentina, facile

mer, et qu'ils font passer tantôt à droite, tantôt à gauche.
Ils nagent en portant obliquement la tête, partie qu'ils
ont dure et gonflée tant qu'ils vivent. Le long de leurs
bras se trouvent de petites ventouses au moyen desquelles,
par une sorte de succion, ils s'attachent à tous les corps,
et, renversés, s'y tiennent avec tant de force qu'on ne peut
les en arracher. Ils ne s'attachent point au fond de la mer,
et les plus grands y adhèrent encore moins que les autres.
Seuls de tous les animaux mous, ils viennent sur le rivage, mais il leur faut un terrain rude et raboteux. Ils
évitent ce qui est lisse et doux. Ils se nourrissent de la
chair des coquillages, dont ils brisent les coquilles en les
pressant entre leurs bras. Aussi leur retraite est-elle indiquée par les coquilles éparses à l'entour. Cet animal,
d'ailleurs stupide au point de nager vers la main de
l'homme, est très-intelligent pour ce que j'appellerai
son ménage. Il porte toute sa proie dans sa demeure, et
lorsqu'il a rongé la chair, il jette les débris au dehors,
et saisit les petits poissons qui s'en approchent. Il prend la
couleur des lieux où il est, surtout lorsqu'il a peur. On
croit sans fondement qu'il se ronge les bras. Ce sont les
congres qui les lui mangent. Ce qui est vrai, c'est que les
bras lui repoussent comme la queue aux colotes et aux
lézards.

Le polype navigateur.

XLVII. Le polype nommé nautile par les uns et pompile par les autres, est une des principales merveilles de
la nature. Il s'élève à la surface de la mer renversé sur
le dos, et pousse peu à peu, par un conduit, l'eau dont

naviget. Postea prima duo brachia retorquens, membranam inter illa miræ tenuitatis extendit. Qua velificante in aura, ceteris subremigans brachiis, media cauda, ut gubernaculo, se regit. Ita vadit alto, liburnicarum ludens imagine, et, si quid pavoris interveniat, hausta se mergens aqua.

* Polyporum genera : solertia. *

XLVIII. 3o. Polyporum generis est ozæna, dicta a gravi capitis odore, ob hoc maxime murænis eam consectantibus. Polypi binis mensibus conduntur. Ultra bimatum non vivunt. Pereunt autem tabe semper, feminæ celerius, et fere a partu. Non sunt prætereunda et L. Lucullo proconsule Bæticæ comperta de polypis, quæ Trebius Niger e comitibus ejus prodidit : avidissimos esse concharum : illas ad tactum comprimi, præcidentes brachia eorum, ultroque escam ex prædante capere. Carent conchæ visu, omnique sensu alio, quam cibi et periculi. Insidiantur ergo polypi apertis : impositoque lapillo extra corpus, ne palpitatu ejiciatur : ita securi grassantur, extrahuntque carnes : illæ se contrahunt, sed frustra, discuneatæ. Tanta solertia animalium hebetissimis quoque est. Præterea negat ullum esse atrocius animal ad conficiendum hominem in aqua. Luctatur enim complexu, et sorbet acetabulis, ac numeroso suctu

il est chargé, et ainsi débarrassé de son lest, il vogue à l'aise, écarte ses deux premiers bras, et étend une membrane d'une finesse admirable. Pendant que cette voile reçoit le vent, il rame par dessous avec ses autres bras, et sa queue lui sert de gouvernail. Il s'avance et joue sur les eaux comme une liburnique légère. Au moindre danger, il se remplit d'eau et coule à fond.

* Des diverses espèces de polypes : leur adresse. *

XLVIII. 3o. Dans la classe des polypes est l'ozéna, ainsi nommé de l'odeur forte de sa tête. C'est cette odeur principalement qui le fait suivre par les murènes. Les polypes se cachent pendant deux mois. Ils ne vivent pas au delà de deux ans. Ils périssent toujours par une putréfaction spontanée, les femelles plus vite que les mâles, et le plus souvent après avoir produit. Je ne dois pas omettre les observations faites sur les polypes lors du proconsulat de L. Lucullus dans la Bétique, et que Trebius Niger, un des Romains de sa suite, nous a transmises. Les polypes recherchent les coquillages avec avidité. Ceux-ci se referment au moindre attouchement, et, leur coupant les bras, ils font leur repas de celui même qui les voulait manger. Les coquillages ne voient point; ils ne sentent que les alimens et les dangers. Les polypes cherchent donc à les surprendre lorsqu'ils sont ouverts. Ils posent une petite pierre dans l'écaille, ayant soin qu'elle ne touche pas le corps, de peur que l'animal ne fasse quelque mouvement qui la repousse. Alors ils s'approchent sans rien craindre et tirent la chair. Le coquillage veut se refermer,

dum trahit, quum in naufragos urinantesve impetum
cepit. Sed si invertatur, elanguescit vis : exporrigunt
enim se resupinati. Cetera, quæ idem retulit, monstro
propiora possunt videri. Carteiæ in cetariis adsuetus
exire e mari in lacus eorum apertos, atque ibi salsamenta
populari (mire omnibus marinis expetentibus odorem
quoque eorum : qua de causa et nassis illinuntur.) : convertit in se custodum indignationem assiduitate furti.
Immodicæ his sepes erant objectæ : sed has transcende-
bat per arborem : nec deprehendi potuit, nisi canum
sagacitate. Hi redeuntem circumvasere noctu, concitique
custodes expavere novitatem. Primum omnium magnitudo inaudita erat : deinde color muria obliti, odore diri.
Quis ibi polypum exspectasset, aut ita cognosceret? cum
monstro dimicare sibi videbantur. Namque et afflatu
terribili canes agebat, nunc extremis crinibus flagella-
tos, nunc robustioribus brachiis clavarum modo incus-
sos, ægreque multis tridentibus confici potuit. Ostendere
Lucullo caput ejus, dolii magnitudine, amphorarum
quindecim capax, atque (ut ipsius Trebii verbis utar)
« barbas, quas vix utroque brachio complecti esset,
clavarum modo torosas : longas pedum tricenum : acetabulis, sive caliculis urnalibus, pelvium modo : dentes
magnitudini respondentes. » Reliquiæ adservatæ miraculo pependere pondo DCC. Sepias quoque et loligines

mais en vain, puisque la pierre est comme un coin qui le tient ouvert. Telle est l'intelligence des êtres même les plus stupides. Trebius dit encore qu'il n'y a point d'animal plus redoutable pour la vie de l'homme dans le sein des eaux. Quand il se jette sur quelque naufragé ou sur un plongeur, il s'attache à lui, le pompe en quelque sorte par ses ventouses, et, l'entraînant avec lui, il exprime tout le sang par cette multitude de suçoirs dont ses bras sont garnis. Le polype retourné perd sa force. Dans cette position, ses bras s'étendent et ne serrent plus. Ce qu'ajoute le même auteur semble tenir du prodige. A Cartéia, un polype, accoutumé à sortir de la mer, venait dans les réservoirs dévorer les salaisons (car l'odeur des salaisons attire tous les animaux marins; aussi les pêcheurs ont-ils soin d'en frotter leurs nasses) : ses larcins continuels appelèrent sur lui la colère des gardiens. Ils avaient élevé des palissades extrêmement hautes; mais le polype les franchissait à l'aide d'un arbre, et l'on ne put le découvrir que par la sagacité des chiens. Ceux-ci l'entourèrent une nuit pendant qu'il retournait à la mer. Les gardiens accoururent; mais la nouveauté du spectacle les pénétra d'effroi. Sa grandeur était monstrueuse. La saumure dont il était trempé avait changé sa couleur. Il répandait une odeur détestable. Pouvait-on s'attendre à trouver là un polype, et comment le reconnaître ? Ils croyaient combattre un monstre. Son souffle terrible repoussait les chiens. Tantôt il les frappait de l'extrémité de ses filamens comme de coups de fouet, tantôt il les frappait avec ses bras les plus robustes, comme avec des massues. On eut de la peine à le tuer, et il fallut y employer plu-

ejusdem magnitudinis expulsas in litus illud, idem auctor est. In nostro mari loligines quinum cubitorum capiuntur, sepiæ binum. Neque his bimatu longior vita.

De navigatore nauplio.

XLIX. Navigeram similitudinem et aliam in Propontide visam sibi prodidit Mucianus : concham esse acatii modo carinatam, inflexa puppe, prora rostrata : in hac condi nauplium, animal sepiæ simile, ludendi societate sola. Duobus hoc fieri generibus : tranquillo enim vectorem demissis palmulis ferire, ut remis. Si vero flatus invitet, easdem in usu gubernaculi porrigi, pandique buccarum sinus auræ. Hujus voluptatem esse, ut ferat : illius, ut regat : simulque eam descendere in duo sensu carentia : nisi forte tristi (id enim constat) omine navigantium, humana calamitas in causa est.

sieurs tridens. On apporta sa tête à Lucullus. Elle avait la
grandeur d'un baril de quinze amphores ; et, pour citer
les propres expressions de Trebius, « les barbes de ce polype, présentées aussi à ce général, pouvaient à peine
être embrassées par un homme ; elles étaient noueuses
comme des massues ; leur longueur était de trente pieds ; .
les ventouses ressemblaient à des bassins, et avaient la capacité d'une urne. Les dents répondaient à la grandeur
de l'animal. » Ses restes qui furent conservés comme une
merveille pesaient sept cents livres. Le même auteur rapporte que des sèches et des calmars de la même grandeur ont été jetés sur ce rivage-là. Dans notre mer on
prend des calmars de cinq coudées, et des sèches de deux :
ceux-là même ne vivent pas plus de deux ans.

Le nauplius navigateur.

XLIX. Mucien dit avoir vu dans la Propontide d'autres appareils de navigation : c'est une conque en forme
de navire, avec sa poupe recourbée et sa proue garnie
d'un éperon, dans laquelle un nauplius, animal ressem-
blant à la sèche, se renferme dans le désir seulement d'a-
voir un compagnon de ses jeux. Cela s'exécute par deux
animaux de genre différent. Dans un temps calme, le nauplius frappe la mer de ses bras qui lui servent de rames.
Si le vent est favorable, il les étend en gouvernail, et
ouvre sa bouche pour recevoir le vent. L'un se plaît à
porter, l'autre à gouverner ; et ce plaisir se développe
simultanément dans deux êtres, insensibles d'ailleurs, à
moins que, peut-être, le présage funeste qu'ils indiquent

Crusta intecti : de locustis.

L. Locustæ crusta fragili muniuntur, in eo genere quod caret sanguine. Latent mensibus quinis. Similiter cancri, qui eodem tempore occultantur, et ambo veris principio senectutem anguium more exuunt renovatione tergorum. Cetera in undis natant : locustæ reptantium modo fluitant : si nullus ingruat metus, recto meatu : cornibus, quæ sunt propria rotunditate præpilata, ad latera porrectis : iisdem erectis in pavore oblique in latera procedunt. Cornibus inter se dimicant. Unum hoc animalium, nisi vivum ferventi aqua incoquatur, fluida carne non habet callum.

31. Vivunt petrosis locis : cancri, mollibus. Hieme aprica litora sectantur : æstate in opaca gurgitum recedunt. Omnia ejus generis hieme læduntur, autumno et vere pinguescunt, et plenilunio magis, quia noctem sidus tepido fulgore mitificat.

Cancrorum genera : de pinnothere, echinis, cochleis, pectinibus.

LI. Cancrorum genera, carabi, astaci, maiæ, paguri,

ne soit pour quelque chose dans leur plaisir, car il est certain que leur aspect pronostique des désastres à l'homme.

Les crustacés ; les langoustes.

L. Parmi les animaux qui n'ont point de sang, les langoustes sont revêtues d'une écaille fragile. Elles se tiennent cachées pendant cinq mois. Il en est de même des cancres. Comme les serpens, ces deux espèces rajeunissent au commencement du printemps par le renouvellement de leur écaille. Les autres poissons nagent au sein des eaux : les langoustes flottent à la surface, et glissent comme les reptiles. Si nul danger ne les menace, elles s'avancent en droite ligne, étendant des deux côtés des cornes dont la rondeur s'effile en soies. Elles les dressent quand elles ont peur, et s'avancent obliquement. C'est avec leurs cornes qu'elles se battent entre elles. Seules entre tous les animaux, elles n'ont qu'une chair molle et fluide, à moins qu'on ne les cuise toutes vives dans l'eau bouillante.

31. Les langoustes se plaisent sur les fonds pierreux ; les cancres, sur les fonds mous. L'hiver, ils cherchent les rivages exposés au soleil ; l'été, ils se retirent au fond des abîmes. Tous les animaux de ce genre souffrent de l'hiver ; ils s'engraissent au printemps et en automne, surtout à la pleine lune, parce que la douce chaleur de cet astre rend les nuits plus tempérées.

Diverses classes de cancres : le pinnothère, les hérissons, les cochlées, les peignes.

LI. Les genres des cancres sont les crabes, les asta-

heracleotici, leones, et alia ignobiliora. Carabi cauda a ceteris cancris distant. In Phœnice ἱππεῖς vocantur, tantæ velocitatis, ut consequi non sit. Cancris vita longa, pedes octoni, omnes in obliquum flexi. Feminæ primus pes duplex, mari simplex. Præterea bina brachia denticulatis forcipibus. Superior pars in primoribus his movetur : inferiore immobili. Dextrum brachium omnibus majus. Universi aliquando congregantur : os Ponti evincere non valent : quamobrem regressi circumeunt, apparetque tritum iter.

Pinnotheres autem vocatur minimus ex omni genere, ideo opportunus injuriæ. Huic solertia est inanium ostrearum testis se condere : et quum adcreverit, migrare in capaciores.

Cancri in pavore etiam retrorsum pari velocitate redeunt. Dimicant inter se, ut arietes, adversis cornibus incursantes. Contra serpentium ictus medentur. Sole Cancri signum transeunte, et ipsorum, quum exanimati sint, corpus transfigurari in scorpiones narratur, in sicco.

Ex eodem genere sunt echini, quibus spinæ pro pedibus. Ingredi est his, in orbem volvi : itaque detritis sæpe aculeis inveniuntur. Ex his echinometræ appellantur,

ques, les maia, les pagures, les héracléotiques, les lions, et d'autres moins connus. Les crabes diffèrent des autres cancres par leur queue. Il y en a que les Phéniciens nomment hippés (cavaliers), parce qu'ils courent si vite qu'on ne peut les atteindre. Les cancres vivent long-temps. Ils ont huit pattes qui toutes fléchissent obliquement. Le premier pied de la femelle est double; celui du mâle est simple. Ils ont en outre les deux bras en forme de tenailles dentelées. La partie supérieure seule est mobile. Ils ont tous le bras droit plus long que l'autre. Quelquefois ils se réunissent en troupes; mais, ne pouvant forcer l'entrée du Pont-Euxin, ils reviennent sur leurs pas et font un circuit par terre, où ils laissent des traces de leur passage.

On nomme pinnothère le plus petit de tous les cancres, et par conséquent le moins capable de se défendre. Il a l'adresse de se loger dans les coquilles d'huîtres qu'il trouve vides, et, à mesure qu'il grossit, il passe dans une coquille plus grande.

Les cancres, lorsqu'ils ont peur, marchent en arrière aussi vite qu'en avant. Ils se battent entre eux comme les beliers, en se heurtant de leurs cornes. Ils sont un spécifique contre la morsure des serpens. On prétend que, lorsque le soleil passe le signe du Cancer, les cancres, même morts, se transforment en scorpions sur la grève desséchée.

De la classe des crustacés sont aussi les oursins, à qui les piquans tiennent lieu de pieds. Pour eux, marcher c'est rouler comme une boule. C'est pourquoi l'on

quorum longissimæ spinæ, calyces minimi. Nec omnibus
idem vitreus color. Circa Toronem candidi nascuntur,
spina parva. Ova omnium amara, quina numero. Ora
in medio corpore in terram versa. Tradunt sævitiam
maris præsagire eos, correptisque opperiri lapillis, mobi-
litatem pondere stabilientes, nolunt volutatione spinas
atterere. Quod ubi videre nautici, statim pluribus ancoris navigia infrenant.

32. In eodem genere cochleæ, aquatiles, terrestres-
que, exserentes se domicilio, binaque ceu cornua protendentes contrahentesque: oculis carent: itaque corniculis prætentant iter.

33. Pectines in mari ex eodem genere habentur, re-
conditi et ipsi in magnis frigoribus, ac magnis æstibus :
unguesque velut igne lucentes in tenebris, etiam in ore
mandentium.

Concharum genera.

LII. Firmioris jam testæ murices, et concharum genera : in quibus magna ludentis naturæ varietas, tot
colorum differentiæ, tot figuræ, planis, concavis, longis,
lunatis, in orbem circumactis, dimidio orbe cæsis, in
dorsum elatis, lævibus, rugatis, denticulatis, striatis :

en trouve souvent dont les piquans sont usés. On nomme échinomètres ceux dont les épines sont les plus longues et le coffre le plus petit. Ils ne sont pas tous de couleur verdâtre. Près de Torone, il en naît de blancs, dont les épines sont petites. Tous ont cinq œufs qui sont d'un goût amer. Ils ont la bouche placée au milieu du corps, . et tournée vers la terre. On dit qu'ils présagent les fureurs de la mer; que, pour y résister, ils se font un lest en se chargeant de petites pierres, et se préservent ainsi d'un roulement qui froisserait leurs épines. Quand les nautonniers les voient prendre ces précautions, ils s'empressent de fixer leurs bâtimens à plusieurs ancres.

32. A la même classe encore appartiennent les cochlées aquatiques et terrestres, qui s'avancent hors de leurs coquilles, en allongeant et raccourcissant deux espèces de cornes, avec lesquelles ils tâtonnent et sondent leur chemin; car ils n'ont point d'yeux.

33. On y comprend aussi les peignes, qui se tiennent également cachés pendant les grands froids et les grandes chaleurs; et les ongles, qui brillent la nuit comme du feu, même dans la bouche de ceux qui les mangent.

Des genres de coquillages.

LII. Viennent à présent les murex, dont les têts sont plus durs, et les divers genres de coquillages. C'est ici qu'on admire la variété des jeux de la nature. Quelle profusion de couleurs! Quelle diversité dans les formes! plats, concaves, longs, échancrés en croissant, arrondis en globe, coupés en demi-globe, cintrés, unis,

vertice muricatim intorto, margine in mucronem emisso, foris effuso, intus replicato. Jam distinctione virgulata, crinita, crispa : cuniculatim, pectinatim divisa : imbricatim undata, cancellatim reticulata : in obliquum, in rectum expansa : densata, porrecta, sinuata : brevi nodo ligatis, toto latere connexis, ad plausum apertis, ad buccinum recurvis. Navigant ex his Veneriæ, præbentesque concavam sui partem, et auræ opponentes, per summa æquorum velificant. Saliunt pectines, et extra volitant, seque et ipsi carinant.

Quanta luxuriæ materia sit in mari.

LIII. 34. Sed quid hæc tam parva commemoro, quum populatio morum atque luxuria non aliunde major, quam e concharum genere proveniat? Jam quidem ex tota rerum natura damnosissimum ventri mare est, tot modis, tot mensis, tot piscium saporibus, quibus pretia capientium periculo fiunt.

35. Sed quota hæc portio est reputantibus purpuras, conchylia, margaritas? Parum scilicet fuerat in gulas condi maria, nisi manibus, auribus, capite, totoque corpore a feminis juxta virisque gestarentur. Quid mari cum

ridés, dentelés, striés ; leur sommet se contourne en spirale, leur bord s'allonge en pointe, se renverse en dehors, se replie en dedans. Il y en a de rayés, de chevelus, de crêpés, de cannelés ; divisés comme les dents d'un peigne, ondulés comme les vagues, ou croisés en réseaux, étendus en ligne droite ou oblique, serrés, prolongés, tortueux. Tantôt les coquilles tiennent par un simple nœud, tantôt par tout un côté ; les unes offrent une ample ouverture, les autres se recourbent en forme de cor. Celles qu'on nomme conques de Vénus voguent à la surface de la mer en présentant à l'action du vent leur partie concave qui sert de voile. Les peignes sautent et voltigent au dessus de l'eau, et se dirigent aussi avec leur coquille comme dans une barque.

Combien la mer fournit d'élémens au luxe.

LIII. 34. Mais pourquoi m'arrêter à ces observations frivoles, quand je dois considérer dans ces coquillages la source la plus féconde du luxe et de la corruption des mœurs. Sans ces présens funestes, déjà la mer est de tous les élémens le plus nuisible à la santé de l'homme, par les mets si nombreux et si variés que nous offrent tous ces poissons, d'autant plus estimés que leur prise a coûté plus de périls.

35. Mais que sont des tables somptueuses comparées à la pourpre, aux coquillages et aux perles ? Ce n'était pas assez que la mer assouvît notre voracité ; il fallait encore que les femmes et même les hommes chargeassent de ses dépouilles leurs mains, leurs oreilles, leur tête, tout leur

vestibus? Quid undis fluctibusque cum vellere? Non recte recipit hæc nos rerum natura, nisi nudos. Esto, sit tanta ventri cum eo societas, quid tergori? Parum est, nisi qui vescimur periculis, etiam vestiamur : adeo per totum corpus, anima hominis quæsita maxime placent.

De margaritis : quomodo nascantur, et ubi.

LIV. Principium ergo culmenque omnium rerum pretii, margaritæ tenent. Indicus maxime has mittit oceanus, inter illas belluas tales tantasque, quas diximus, per tot maria venientes, tam longo terrarum tractu, e tantis solis ardoribus : atque Indis quoque in insulas petuntur, et admodum paucas. Fertilissima est Taprobane et Stoidis, ut diximus in circuitu mundi : item Perimula promontorium Indiæ. Præcipue autem laudantur circa Arabiam in Persico sinu maris Rubri.

Origo atque genitura conchæ, est haud multum ostrearum conchis differens. Has ubi genitalis anni stimulaverit hora, pandentes sese quadam oscitatione, impleri roscido conceptu tradunt, gravidas postea niti, partumque concharum esse margaritas, pro qualitate roris ac-

corps. Quel rapport y a-t-il entre la mer et nos vêtemens,
entre les flots et les toisons qui servent à nous couvrir?
Ne quitte-t-on pas ses habits pour entrer dans cet élément?
Que la mer contribue à nous nourrir, soit ; mais comment
peut-elle être appelée à nous couvrir? Cependant, ainsi
que nos mets, il faut que nos vêtemens soient le prix des
dangers ; tant nous trouvons de plaisir à satisfaire tous
les besoins de notre corps, aux dépens même de la vie
de nos semblables !

Des perles : comment elles se forment ; où elles se trouvent

LIV. Les perles tiennent donc le premier rang parmi
les choses précieuses. Elles viennent principalement de
l'océan Indien. C'est en passant au milieu de cette multitude d'animaux monstrueux dont j'ai parlé, c'est en fran-
chissant tant de mers et tant de terres, c'est en bravant
les feux d'un soleil brûlant qu'on les apporte chez nous ;
encore les Indiens ne peuvent-ils en tirer que d'un très-
petit nombre d'îles. Les plus fertiles sont Taprobane et
Stoïs, comme nous l'avons dit dans la description du
monde, ainsi que Perimula, promontoire de l'Inde. Mais
les perles les plus estimées se pêchent vers l'Arabie, dans
le golfe Persique, formé par la mer Rouge.

La coquille où se forment les perles diffère peu des
écailles d'huîtres. On dit que, stimulées par l'influence de
la saison nouvelle, les coquilles s'ouvrent par une sorte de
bâillement, et se remplissent d'une rosée féconde. Les
perles sont le fruit que bientôt elles mettent au jour ;
elles diffèrent suivant la qualité de cette rosée. Pure, elle

cepti : si purus influxerit, candorem conspici : si vero turbidus, et fetum sordescere : eumdem pallere, cælo minante conceptum : ex eo quippe constare, cælique eis majorem societatem esse, quam maris : inde nubilum trahi colorem, aut pro claritate matutina serenum. Si tempestive satientur, grandescere et partus. Si fulguret, comprimi conchas, ac pro jejunii modo minui. Si vero etiam tonuerit, pavidas ac repente compressas, quæ vocant physemata efficere, speciem modo inani inflatam sine corpore : hos esse concharum abortus. Sani quidem partus multiplici constant cute, non improprie callum ut existimari corporis possit : itaque et purgantur a peritis. Miror ipso tantum eas cælo gaudere, sole rubescere, candoremque perdere, ut corpus humanum. Quare præcipuum custodiunt pelagiæ, altius mersæ, quam ut penetrent radii. Flavescunt tamen et illæ senecta, rugisque torpescunt : nec nisi in juventa constat ille, qui quæritur, vigor. Crassescunt etiam in senecta, conchisque adhærescunt : nec his avelli queunt, nisi lima. Quibus una tantum est facies, et ab ea rotunditas, aversis planities, ob id tympania nominantur. Cohærentes vidimus in conchis, hac dote unguenta circumferentibus. Cetero in aqua mollis unio, exemptus protinus durescit.

produit des perles très-blanches ; trouble, les perles sont d'une couleur sale. Elles sont pâles, lorsqu'elles ont été conçues sous un ciel orageux; car elles tirent leur origine du ciel, et tiennent plus de lui que de la mer. De là vient qu'elles sont claires ou obscures, suivant l'état matinal du ciel. La coquille convenablement nourrie produit des . perles plus grosses. Elle se referme quand il fait des éclairs, et, lorsqu'elle jeûne, ses perles diminuent. Si le tonnerre gronde, elle se resserre de frayeur, et ne produit alors qu'une apparence de perle, qu'une bulle remplie d'air et sans solidité. C'est un avortement. Les perles qui viennent heureusement à terme sont un composé de plusieurs peaux, que l'on pourrait regarder comme une callosité du corps de l'animal : des mains habiles savent les nettoyer. Ce qui m'étonne, c'est qu'aimant autant l'influence du ciel, elles roussissent au soleil et perdent leur blancheur comme la peau de l'homme. Celles qui restent assez enfoncées dans la mer pour que les rayons solaires ne puissent les atteindre, conservent leur blancheur primitive. Toutefois elles jaunissent elles-mêmes et se rident en vieillissant, et ce n'est que dans la jeunesse qu'elles ont cette vivacité qui fait leur prix. Les perles s'épaississent aussi par le temps; elles s'attachent à la coquille, et l'on ne peut les en séparer qu'avec la lime. On nomme tympanies celles qui ont une face ronde et l'autre plate. J'ai vu des coquilles, avec leurs perles adhérentes, dont on avait fait, à cause de cette richesse même, des boîtes à essence. Au reste, les perles sont molles tant qu'elles sont dans l'eau et durcissent aussitôt qu'elles en sont tirées.

Quomodo inveniantur.

LV. Concha ipsa quum manum videt, comprimit sese, operitque opes suas, gnara propter illas se peti : manumque, si præveniat, acie sua abscindit, nulla justiore pœna : et aliis munita suppliciis : quippe inter scopulos major pars invenitur : sed in alto quoque comitantur marinis canibus : nec tamen aures feminarum arcentur. Quidam tradunt, sicut apibus, ita concharum examinibus singulas magnitudine et vetustate præcipuas, esse veluti duces, miræ ad cavendum solertiæ : has urinantium cura peti : illis captis, facile ceteras palantes retibus includi. Multo deinde obrutis sale in vasis fictilibus, erosa carne omni, nucleos quosdam corporum, hoc est, uniones decidere in ima.

Quæ genera unionum.

LVI. Usu atteri non dubium est, coloremque indiligentia mutare. Dos omnis in candore, magnitudine, orbe, lævore, pondere, haud promptis rebus, in tantum ut nulli duo reperiantur indiscreti : unde nomen unionum romanæ scilicet imposuere deliciæ. Nam id apud Græcos non est, ne apud Barbaros quidem inventores ejus aliud,

De la pêche des perles.

LV. Lorsque la coquille voit la main de l'homme, elle se ferme et cache son trésor, sachant bien que c'est pour le lui ravir qu'on la recherche. Quand elle sait prévenir la main du ravisseur, elle la coupe de son tranchant, juste punition, mais non la seule dont elle le menace. En effet, la plupart de ces coquilles se trouvent entre des écueils; et, en pleine mer, elles sont escortées de chiens marins. Tout cela n'empêche pas que les femmes ne portent des perles à leurs oreilles. Suivant quelques auteurs, chaque troupe de coquilles, comme les essaims d'abeilles, a un chef, remarquable par sa grandeur et son ancienneté, et d'une adresse admirable pour se garantir des dangers. Les plongeurs mettent tout leur soin à saisir ce chef. Quand une fois il est pris, les autres coquilles dispersées sont aisément renfermées dans le filet. On les couvre ensuite de sel dans des vases d'argile; et quand la chair est corrodée, les espèces de noyaux de leurs corps, c'est-à-dire les perles, tombent au fond du vase.

Diverses espèces de perles.

LVI. Nul doute qu'elles ne s'usent par le service, et que leur couleur ne s'altère par le défaut de soin. Tout leur mérite consiste dans la blancheur, la grosseur, la rondeur, le poli et la pesanteur, qualités qui se trouvent si rarement réunies, qu'on ne voit jamais deux perles parfaitement semblables. Aussi tiennent-elles de la délicatesse romaine le nom d'*unio* (sans pareille); car les

quam margaritæ. Et in candore ipso magna differentia : clarior in Rubro mari repertis : Indicos specularium lapidum squama adsimulat, alias magnitudine præcellentes. Summa laus coloris est exaluminatos vocari. Et procerioribus sua gratia est, elenchos appellant fastigata longitudine, alabastrorum figura in pleniorem orbem desinentes. Hos digitis suspendere, et binos ac ternos auribus, feminarum gloria est. Subeunt luxuriæ ejus nomina, et tædia, exquisita perdito nepotatu : siquidem quum id fecere, crotalia appellant, ceu sono quoque gaudeant, et collisu ipso margaritarum : cupiuntque jam et pauperes, « lictorem feminæ in publico unionem esse » dictitantes. Quin et pedibus, nec crepidarum tantum obstragulis, sed totis socculis addunt. Neque enim gestare jam margaritas, nisi calcent, ac per uniones etiam ambulent, satis est.

In nostro mari reperiri solebant, crebrius circa Bosphorum Thracium, rufi ac parvi in conchis, quas myas appellant. At in Acarnania quæ vocatur pinna gignit. Quo apparet non uno conchæ genere nasci. Namque et Juba tradit, Arabicis concham esse similem pectini insecto,

Grecs, et même les Barbares à qui nous les devons, ne leur avaient donné que celui de *margarites*. La blancheur elle-même présente de grandes différences. Les perles de la mer Rouge ont une eau plus claire. L'écaille de la pierre spéculaire imite assez les perles indiennes, qui d'ailleurs l'emportent en grandeur. Dire qu'une perle ressemble à l'alun de roche, c'est faire un éloge complet de sa couleur. On fait cas aussi des perles longues. Celles qui, prolongées, se terminent en élargissant leur contour, comme nos vases à essences, se nomment *elenchi*. Les femmes se font une gloire d'en suspendre à leurs doigts, d'en attacher deux et même trois à chacune de leurs oreilles. Nos mœurs corrompues ont des noms pour ces vanités ridicules. On nomme cette parure *crotalia* (grelots), comme si les femmes cherchaient encore une jouissance dans ce bruit et ce cliquetis de perles. Déjà même les moins riches affectent ces fastueux ornemens. « Pour annoncer notre présence, disent-elles, nos perles sont nos licteurs. » Bien plus, elles en portent à leurs pieds, elles en garnissent non-seulement les cordons de leur chaussure, mais leur chaussure tout entière; car aujourd'hui ce n'est plus assez de porter sur soi ces objets précieux, il faut qu'on les foule aux pieds, qu'on marche sur les perles.

On trouvait autrefois dans notre mer, surtout vers le Bosphore de Thrace, de petites perles rousses dans des coquilles appelées myas. En Acarnanie, le coquillage nommé pinne produit des perles. Ce qui prouve qu'elles ne naissent pas d'une seule espèce de coquillage. Juba rapporte qu'on trouve en Arabie une coquille semblable

hirsutam echinorum modo, ipsum unionem in carne,
grandini similem. Conchæ non tales ad nos afferuntur.
Nec in Acarnania autem laudati reperiuntur, enormes,
et feri, colorisque marmorei. Meliores circa Actium, sed
et hi parvi : et in Mauritaniæ maritimis. Alexander Polyhistor et Sudines senescere eos putant, coloremque
exspirare.

Quæ observanda in his. Quæ natura eorum.

LVII. Eorum corpus solidum esse manifestum est,
quod nullo lapsu franguntur. Non autem semper in media carne reperiuntur, sed aliis atque aliis locis. Vidi-
musque jam in extremis etiam marginibus velut concha
exeuntes : et in quibusdam quaternos quinosque. Pondus
ad hoc ævi semunciæ pauci singulis scrupulis excessere.
In Britannia parvos atque decolores nasci certum est :
quoniam divus Julius thoracem, quem Veneri Genitrici
in templo ejus dicavit, ex Britannicis margaritis factum
voluerit intelligi.

Exempla circa eos.

LVIII. Lolliam Paulinam, quæ fuit Caii principis ma-
trona, ne serio quidem, aut solemni cærimoniarum aliquo
apparatu, sed mediocrium etiam sponsalium cena, vidi

à un peigne cannelé, et garnie de pointes comme l'oursin; et que la perle, qui se trouve dans la chair de l'animal, ressemble à un grêlon. On n'apporte pas de ces coquilles à Rome. Les perles de l'Acarnanie ne sont pas estimées : elles sont irrégulières, brutes et marbrées. Celles des environs d'Actium valent mieux, mais elles sont petites; il en est de même de celles des côtes de Mauritanie. Alexandre Polyhistor et Sudinès pensent que leur couleur s'altère en vieillissant.

Ce qu'on doit y examiner. Leurs caractères distinctifs.

LVII. Les perles ne se brisent jamais en tombant, ce qui démontre leur solidité. Elles ne se trouvent pas toujours au milieu de la chair, mais en diverses parties. J'en ai vu de placées tout-à-fait au bord de la coquille, dont elles semblaient presque sortir; et, dans quelques nacres, j'ai vu quatre et même cinq perles. Jusqu'à présent on en a peu trouvé qui excédassent d'un seul scrupule le poids d'une demi-once. Il est certain que la mer Britannique en produit qui sont petites et ternes. Jules César fait connaître que celles qui garnissaient la cuirasse dont il orna le temple de Vénus Genitrix avaient été pêchées sur les côtes de la Grande-Bretagne.

Exemples sur cette matière.

LVIII. J'ai vu, et ce n'était pas dans une cérémonie publique, dans une de ces fêtes où l'on étale tout le faste de l'opulence, mais à un simple souper de fiançailles communes;

smaragdis margaritisque opertam, alterno textu fulgenti-
bus, toto capite, crinibus, spira, auribus, collo, monili-
bus, digitisque : quæ summa quadringenties sestertium
colligebat: ipsa confestim parata mancupationem tabulis
probare. Nec dona prodigi principis fuerant, sed avitæ
opes, provinciarum scilicet spoliis partæ. Hic est rapina-
rum exitus : hoc fuit quare M. Lollius infamatus regum
muneribus in toto Oriente, interdicta amicitia a Caio
Cæsare Augusti filio venenum biberet, ut neptis ejus
quadringenties sestertio operta spectaretur ad lucernas.
Computet nunc aliquis ex altera parte, quantum Curius
aut Fabricius in triumphis tulerint : imaginetur illorum
fercula, et ex altera parte Lolliam, unam imperii mu-
lierculam accubantem : non illos curru detractos, quam
in hoc vicisse malit ?

Nec hæc summa luxuriæ exempla sunt. Duo fuere
maximi uniones per omne ævum : utrumque possedit
Cleopatra, Ægypti reginarum novissima, per manus
Orientis regum sibi traditos. Hæc, quum exquisitis quotidie Antonius saginaretur epulis, superbo simul ac pro-
caci fastu, ut regina meretrix, lautitiam ejus omnem
apparatumque obtrectans, quærente eo quid adstrui ma-
gnificentiæ posset, respondit, « Una se cena centies se-

j'ai vu Lollia Paulina, qui depuis est devenue la femme de Caligula, toute couverte d'émeraudes et de perles, que leur mélange rendait encore plus brillantes. Sa tête, les tresses et les boucles de ses cheveux, ses oreilles, son cou, ses bras, ses doigts en étaient chargés. Il y en avait pour quarante millions de sesterces, comme elle était en état de le prouver par les quittances ; et ces richesses, elle ne les devait pas à la prodigalité de l'empereur : c'était le bien que lui avait laissé son aïeul, c'est-à-dire la dépouille des provinces. Voilà le fruit des concussions ; voilà pourquoi Lollius, diffamé dans tout l'Orient pour les présens qu'il avait extorqués aux rois, et tombé dans la disgrâce de Caïus César, fils d'Auguste, avala du poison : c'était afin que sa petite-fille se fît voir aux flambeaux avec une parure de quarante millions de sesterces. Calculez, d'un côté, ce que portèrent dans leurs triomphes Curius et Fabricius ; figurez-vous les brancards chargés du fruit de leurs exploits ; et, d'un autre côté, voyez à table une seule femme, une Lollia ! Ne voudriez-vous pas qu'ils eussent été arrachés du char triomphal, plutôt que d'avoir, par leurs victoires, préparé de tels scandales ?

Mais il est des exemples d'un luxe encore plus grand : on cite deux perles comme les plus grosses qui aient jamais paru ; elles appartenaient à Cléopâtre, dernière reine d'Égypte, qui les avait reçues en héritage des rois de l'Orient. Dans le temps qu'Antoine, épuisant chaque jour tous les excès de la gourmandise, faisait charger sa table des mets les plus recherchés, cette princesse, avec l'orgueil et l'impudence d'une courtisane couronnée, plaisantait sur l'appareil et la somp-

stertium absumpturam ». Cupiebat discere Antonius, sed
fieri posse non arbitrabatur. Ergo sponsionibus factis,
postero die quo judicium agebatur, magnificam alias
cenam, ne dies periret, sed quotidianam Antonio, ap-
posuit, irridenti, computationemque expostulanti. At
illa corollarium id esse, et consumpturam eam cenam
taxationem confirmans, solamque se centies sestertium
cenaturam, inferri mensam secundam jussit. Ex præcepto
ministri unum tantum vas ante eam posuere aceti, cujus
asperitas visque in tabem margaritas resolvit. Gerebat
auribus quum maxime singulare illud, et vere unicum
naturæ opus. Itaque exspectante Antonio quidnam esset
actura, detractum alterum mersit, ac liquefactum ab-
sorbuit. Injecit alteri manum L. Plancus, judex sponsio-
nis ejus, cum quoque paranti simili modo absumere,
victumque Antonium pronuntiavit, omine rato. Comitatur fama unionis ejus parem, capta illa tantæ quæ-
stionis victrice regina dissectum, ut esset in utrisque
Veneris auribus Romæ in Pantheo dimidia eorum cena.

tuosité de ses festins. Antoine lui demanda ce qu'on pouvait ajouter à la magnificence de sa table ; elle répondit qu'en un seul repas, elle dépenserait dix millions de sesterces. Sans croire la chose possible, il désira savoir comment s'y prendrait Cléopâtre. Ils font un pari. Le lendemain, jour de la décision, elle servit un souper magnifique ; car, après tout, il ne fallait pas que ce jour fût perdu ; mais ce n'était qu'un de ses soupers ordinaires. Antoine demandait d'un ton railleur qu'on produisît le compte. Ceci n'est qu'un accessoire, dit-elle ; le souper coûtera la somme convenue, et, seule, je mangerai les dix millions de sesterces. Elle ordonne qu'on apporte le second service. Les officiers, qui étaient prévenus, ne placèrent devant elle qu'un vase plein de vinaigre, dont la force et le mordant dissolvent les perles. Elle avait alors à ses oreilles ces deux perles ; merveille incomparable, chef-d'œuvre vraiment unique de la nature ! Tandis qu'Antoine, impatient, observe tous ses mouvemens, elle en détache une qu'elle jette dans le vinaigre ; et, sitôt qu'elle la voit dissoute, elle l'avale. Déjà elle tenait l'autre, et allait en disposer de la même manière, lorsque Plancus, juge du pari, l'arrête, et prononce qu'Antoine est vaincu, présage malheureusement accompli. Celle qui fut sauvée n'a rien perdu de sa célébrité. Après que cette reine, qui sortit alors victorieuse d'un défi si important, fut tombée au pouvoir d'un vainqueur, cette seconde perle fut sciée pour faire deux pendans d'oreille à la Vénus du Panthéon, et la moitié d'un de leurs soupers fait la parure d'une déesse.

Quando primum in usum venerint Romæ.

LIX. Non ferent tamen hanc palmam, spoliabunturque etiam luxuriæ gloria. Prior id fecerat Romæ in unionibus magnæ taxationis Clodius tragœdi Æsopi filius, relictus ab eo in amplis opibus heres, ne triumviratu suo nimis superbiat Antonius, pæne histrioni comparatus, et quidem nulla sponsione ad hoc producto, quo magis regium fiat : sed ut experiretur in gloria palati, quid saperent margaritæ : atque ut mire placuere, ne solus hoc sciret, singulos uniones convivis quoque absorbendos dedit. Romæ in promiscuum ac frequentem usum venisse, Alexandria in ditionem redacta : primum autem cœpisse circa Sullana tempora minutas et viles, Fenestella tradit, manifesto errore, quum Ælius Stilo Jugurthino bello unionum nomen impositum maxime grandibus margaritis prodat.

Muricum naturæ, et purpurarum.

LX. Et hoc tamen æternæ prope possessionis est : sequitur heredem, in mancipatum venit, ut prædium aliquod. Conchylia et purpuras omnis hora atterit, quibus eadem mater luxuria paria pæne etiam margaritis pretia fecit.

Origine de l'usage des perles à Rome.

LIX. Toutefois ils ne remporteront pas a palme du luxe, et seront dépouillés même de cette gloire. Clodius, fils du tragédien Ésope, et l'héritier de ses immenses richesses, avait, avant eux, donné à Rome un exemple de cette scandaleuse profusion. Qu'Antoine ne soit pas si fier de son triumvirat! à peine a-t-il égalé un histrion, dont l'action même a plus de grandeur; car il ne fut point provoqué par un défi : il prétendait à l'honneur d'éprouver le premier quel goût avaient les perles : il le trouva merveilleux, et, pour faire partager à d'autres le bonheur de son expérience, il en fit servir une à chacun de ses convives. Fenestella écrit que les perles devinrent d'un usage commun et fréquent à Rome, après la prise d'Alexandrie; qu'elles commencèrent à être connues vers le temps de Sylla, mais qu'alors elles étaient petites et de peu de valeur. Il se trompe évidemment; car Ælius Stilon nous apprend que ce fut pendant la guerre de Jugurtha que les plus grosses perles furent désignées par le nom d'*uniones*.

Caractères des murex et des pourpres.

LX. Les perles sont du moins un bien solide et durable. Elles passent à un héritier ; on peut les aliéner comme un fonds de terres. Mais les couleurs conchyliennes et la pourpre, également filles du luxe, qui leur assigne une valeur presque pareille à celle des perles, s'altèrent à tous les instans.

36. Purpuræ vivunt annis plurimum septenis. Latent, sicut murices, circa Canis ortum tricenis diebus. Congregantur verno tempore, mutuoque attritu lentorem cujusdam ceræ salivant. Simili modo et murices. Sed purpuræ florem illum tingendis expetitum vestibus, in mediis habent faucibus. Liquoris hic minimi est in candida vena, unde pretiosus ille bibitur nigrantis rosæ colore sublucens. Reliquum corpus sterile. Vivas capere contendunt, quia cum vita succum eum evomunt. Et majoribus quidem purpuris detracta concha auferunt : minores cum testa vivas frangunt, ita demum rorem eum exspuentes.

Tyri præcipuus hic Asiæ : in Meninge, Africæ, et Gætulo litore oceani : in Laconica, Europæ. Huic fasces securesque romanæ viam faciunt : idemque pro majestate pueritiæ est. Distinguit ab equite curiam : diis advocatur placandis : omnemque vestem illuminat : in triumphali, miscetur auro. Quapropter excusata et purpuræ sit insania. Sed unde conchyliis pretia ; queis virus grave in fuco, color austerus in glauco, et irascenti similis mari?

Lingua purpuræ longitudine digitali, qua pascitur perforando reliqua conchylia : tanta duritia aculeo est. Aquæ dulcedine necantur, et sicubi flumen immergitur :

36. Les pourpres vivent ordinairement sept ans. Comme les murex, elles restent cachées trente jours, vers le lever de la Canicule. Elles s'assemblent au printemps ; et, se frottant les unes contre les autres, elles jettent une liqueur gluante qui forme une espèce de cire. Les murex en font autant. Mais cette fleur de pourpre, si recherchée pour la teinture, se trouve au milieu du gosier. C'est une petite goutte de liqueur contenue dans une veine blanche, et dont la couleur est celle d'un rose foncé ; le reste du corps n'en a pas. On tâche de prendre les pourpres vivantes, parce qu'elles jettent cette liqueur en mourant ; on l'extrait des plus grandes, après les avoir arrachées de leurs coquilles ; on la fait dégorger aux plus petites, en les écrasant avec les coquilles mêmes.

La plus belle pourpre d'Asie est celle de Tyr ; en Afrique, la plus belle est celle des Méninx et des côtes de Gétulie ; en Europe, c'est celle de Laconie. Devant cette couleur précieuse, les faisceaux et les haches romaines écartent la foule. Elle est la majesté de l'enfance ; elle distingue le sénateur du chevalier ; au pied des autels, elle fléchit les dieux ; nos vêtemens empruntent d'elle leur éclat ; elle se mêle à l'or dans la robe triomphale. Excusons donc la folle passion qu'elle inspire. Mais d'où les couleurs conchyliennes tirent-elles leur prix ? A la teinture, leur odeur est infecte : elles contristent la vue par leur aspect verdâtre et leur couleur de mer irritée.

Les pourpres ont la langue de la longueur d'un doigt, et si dure vers la pointe, qu'elles en percent les autres coquillages dont elles se nourrissent. Elles périssent dans

alioqui captæ, diebus quinquagenis vivunt saliva sua. Conchæ omnes celerrime crescunt, præcipue purpuræ : anno magnitudinem implent.

Quæ nationes purpuræ.

LXI. Quod si hactenus transcurrat expositio, fraudatam profecto se luxuria credat, nosque indiligentiæ damnet. Quamobrem persequemur etiam officinas : ut tamquam in vita frugum noscitur ratio, sic omnes, qui istis gaudent, præmia vitæ suæ calleant. Concharum ad purpuras et conchylia (eadem enim est materia, sed distat temperamento), duo sunt genera. Buccinum minor concha, ad similitudinem ejus qua buccini sonus editur : unde et causa nomini, rotunditate oris in margine incisa. Alterum purpura vocatur, cuniculatim procurrente rostro, et cuniculi latere introrsus tubulato, qua proferatur lingua. Præterea clavatum est ad turbinem usque, aculeis in orbem septenis fere, qui non sint buccino : sed utrisque orbes totidem, quot habeant annos. Buccinum nonnisi petris adhæret, circaque scopulos legitur.

l'eau douce et dans les endroits de la mer où se jette quelque rivière. Du reste, celles qui sont pêchées peuvent vivre cinquante jours de leur salive. Tous les coquillages croissent promptement, mais les pourpres plus vite que les autres. Elles ont acquis toute leur grandeur au bout d'un an.

Des diverses espèces de pourpre.

LXI. Si je passais immédiatement à d'autres objets, le luxe élèverait des réclamations et m'accuserait de négligence. Je vais donc entrer dans les ateliers; et, de même que nous connaissons tout ce qui est relatif aux grains dont nous faisons notre nourriture, de même aussi les hommes qui se passionnent pour ces frivolités connaîtront à fond les élémens de leurs jouissances. Deux sortes de coquillages nous donnent la pourpre et la couleur conchylienne; car, pour l'une et pour l'autre, la matière est la même; toute la différence est dans la combinaison. Le plus petit est le buccin : il doit son nom à sa ressemblance avec cet autre coquillage, duquel on tire un son de trompette (*buccinum*), et à son ouverture arrondie en bouche (*bucca*). L'autre se nomme pourpre. Son bec se prolonge contourné en volute, et creusé en canal pour donner passage à la langue. De plus, sa coquille est couverte de pointes jusqu'au sommet. Ces pointes, disposées en rond, sont ordinairement au nombre de sept. Le buccin n'en a point. Chez tous les deux, le nombre des spirales indique le nombre des années. Le buc-

37. Purpuræ, nomine alio pelagiæ vocantur. Earum genera plura, pabulo et solo discreta. Lutense putri limo, et algense enutritum alga, vilissimum utrumque : melius tæniense, in tæniis maris collectum : hoc quoque tamen etiamnum levius atque dilutius : calculense appellatur a calculo maris, mire aptum conchyliis : et longe optimum purpuris dialutense, id est, vario soli genere pastum. Capiuntur autem purpuræ parvulis rarisque textu veluti nassis in alto jactis. Inest iis esca, clusiles mordacesque conchæ, ceu mitulos videmus : has semineces, sed redditas mari, avido hiatu revivescentes appetunt purpuræ, porrectisque linguis infestant : at illæ aculeo exstimulatæ claudunt sese, comprimuntque mordentia : ita pendentes aviditate sua purpuræ tolluntur.

Quomodo ex his lanæ tingantur.

LXII. 38. Capi eas post Canis ortum, aut ante vernum tempus, utilissimum : quoniam quum cerificavere, fluxos habent succos. Sed id tingentium officinæ ignorant, quum summa vertatur in eo. Eximitur postea

cin ne s'attache qu'aux pierres; on le prend autour des rochers.

37. Les pourpres se nomment aussi pélagiennes. Elles se divisent en plusieurs variétés, qui diffèrent entre elles par leur nourriture et par leurs séjours. La pourpre limoneuse, qui se nourrit de limon, et l'*algensis*, qui se nourrit d'algue, sont les moins estimées. La *tæniensis*, qu'on trouve sur les bancs de rochers, vaut mieux ; cependant elle donne une couleur trop légère et trop claire ; la *calculensis*, ainsi nommée du sable sur lequel on la trouve, est excellente pour la couleur conchylienne. Mais celle qu'on appelle *dialutensis*, c'est-à-dire nourrie de diverses natures de sol, est la meilleure pour les couleurs purpurines. On prend les pourpres en jetant dans la mer de petites nasses à larges mailles, dans lesquelles on met pour appât des coquillages qui s'ouvrent et se ferment, comme les moules. Ces coquillages à demi-morts se raniment et s'ouvrent lorsqu'ils ont été rendus à la mer. Les pourpres les attaquent, et avancent la langue pour les percer ; ceux-ci, excités par la douleur, se referment ; les pourpres se trouvent prises ; et, victimes de leur avidité, on les enlève suspendues par la langue.

Teinture des laines en pourpre.

LXII. 38. La meilleure pêche s'en fait après le lever de la Canicule ou avant le printemps ; car, lorsque les pourpres ont jeté leur humeur visqueuse, elles donnent une teinture trop fugace. On ignore cela dans les ate-

vena , quam diximus : cui addi salem necessarium , sextarios ferme in libras centenas : macerari triduo justum : quippe tanto major vis , quanto recentior. Fervere in plumbo , singulasque amphoras centenas, ad quingentenas medicaminis libras æquari , ac modico vapore torreri , et ideo longinquæ fornacis cuniculo. Ita despumatis subinde carnibus, quas adhæsisse venis necesse est , decimo ferme die liquata cortina , vellus elutriatum mergitur in experimentum : et donec spei satis fiat, uritur liquor. Rubens color nigrante deterior. Quinis lana potat horis, rursusque mergitur carminata, donec omnem ebibat saniem. Buccinum per se damnatur, quoniam fucum remittit. Pelagio admodum alligatur, nimiæque ejus nigritiæ dat austeritatem illam nitoremque, qui quæritur, cocci. Ita permixtis viribus alterum altero excitatur, aut adstringitur. Summa medicaminum in I. libras vellerum , buccini ducenæ : pelagii, cxi. Ita fit amethysti color eximius ille. At Tyrius pelagio primum satiatur, immatura viridique cortina : mox permutatur in buccino. Laus ei summa, in colore sanguinis concreti, nigricans aspectu, idemque suspectu refulgens. Unde et Homero purpureus dicitur sanguis.

liers, et cependant ce point est essentiel. On ôte
aux pourpres la veine dont j'ai parlé. Il est nécessaire
d'y mettre du sel dans la proportion de vingt onces par
quintal. On laisse la liqueur se macérer trois jours au
plus, car elle a d'autant plus de force qu'elle est plus
nouvelle. On la fait bouillir dans le plomb. Cent amphores doivent se réduire à cinq cents livres de matière.
Il faut une chaleur modérée, qu'on se procure au moyen
d'un tuyau correspondant à un foyer éloigné. Après que
les chairs adhérentes aux veines ont été enlevées avec
l'écume, et lorsque la fusion est parfaite, le dixième
jour on trempe, pour épreuve, un morceau de laine bien
dégraissée, et la cuisson continue jusqu'à ce qu'on ait
atteint le point désiré. Le rouge vif vaut moins qu'un
rouge foncé. La laine trempe cinq heures; on la carde
pour la replonger encore, jusqu'à ce qu'elle soit entièrement saturée de liqueur. Le buccin ne s'emploie pas seul;
la couleur ne tiendrait pas. On le mêle à la pourpre, et
de ce mélange on obtient cette teinture que l'on recherche, et qui est le résultat du sombre de la pourpre
et du brillant de l'écarlate. Les deux couleurs ainsi com-
binées se prêtent réciproquement du sombre ou de l'éclat.
Pour avoir une excellente teinture, il faut, pour cinquante
livres de laine, mêler deux cents livres de buccin à cent
onze livres de pourpre; c'est ainsi que s'obtient cette superbe couleur d'améthyste. Pour la couleur tyrienne, on
trempe d'abord la laine dans la pourpre avant que la
cuisson soit parfaite, puis on la plonge dans le buccin.
La plus belle pourpre tyrienne est celle qui a la couleur
de sang figé, et qui paraît noirâtre quand on la voit de

LXIII. 39. Purpuræ usum Romæ semper fuisse video, sed Romulo in trabea. Nam toga prætexta, et latiore clavo Tullum Hostilium e regibus primum usum, Etruscis devictis, satis constat. Nepos Cornelius, qui divi Augusti principatu obiit : « Me, inquit, juvene violacea purpura vigebat, cujus libra denariis centum venibat : nec multo post rubra Tarentina. Huic successit dibapha Tyria, quæ in libras denariis mille non poterat emi. Hac P. Lentulus Spinther ædilis curulis primus in prætexta usus improbabatur : qua purpura quis non jam, inquit, tricliniaria facit? » Spinther ædilis fuit urbis conditæ anno DCXCI, Cicerone consule. Dibapha tunc dicebatur, quæ bis tincta esset, veluti magnifico impendio, qualiter nunc omnes pæne commodiores purpuræ tinguntur.

De conchyliatis vestibus.

LXIV. In conchyliata veste cetera eadem, sine buccino : præterque, jus temperatur aqua, et pro indiviso, humani potus excremento : dimidia et medicamina ad-

face, et brillante dans ses reflets. Aussi Homère donne-t-il au sang l'épithète de pourpré.

LXIII. 39. Je vois que de tout temps la pourpre a été en usage à Rome, mais que Romulus ne l'employa que pour la trabée ; car il est assez constant que Tullius Hostilius est le premier roi qui ait porté la prétexte et le laticlave, et ce fut après la défaite des Étrusques. Voici ce que dit Cornelius Nepos qui mourut sous l'empire d'Auguste : « Pendant ma jeunesse, la pourpre violette était en vogue, et se vendait cent deniers la livre ; bientôt après on préféra la pourpre rouge de Tarente, et ensuite la double pourpre de Tyr, dont la livre coûtait plus de mille deniers. On blâma P. Lentulus Spinther, édile curule, qui, le premier, l'employa pour la prétexte. Aujourd'hui, continue le même auteur, est-il une salle à manger où l'on ne voie des tapis de pourpre tyrienne ? » Spinther fut édile, l'an de Rome 691, sous le consulat de Cicéron. On appelait *dibapha* la pourpre qui, par une dépense magnifique alors, avait été teinte deux fois, comme le sont aujourd'hui presque toutes les pourpres les plus recherchées.

LXIV. On suit le même procédé pour la couleur conchylienne, si ce n'est qu'on n'emploie pas de buccin. En outre, on verse dans le suc de pourpre de l'eau et de

duntur. Sic gignitur laudatus ille pallor saturitate fraudata , tantoque dilutior, quanto magis vellera esuriunt.

40. Pretia medicamento sunt quidem pro fertilitate litorum viliora : non tamen usquam pelagii centenas libras quinquagenos nummos excedere, et buccini centenos, sciant qui ista mercantur immenso.

De amethysto tingendo : de tyrio, de hysgino, de cocco.

LXV. Sed alia e fine initia : juvatque ludere impendio, et lusus geminare miscendo, iterumque et ipsa adulterare adulteria naturæ : sicut testudines tingere, argentum auro confundere, ut electra fiant : addere his æra , ut Corinthia.

41. Non est satis abstulisse gemmæ nomen amethystum : rursum absolutum inebriatur Tyrio, ut sit ex utroque nomen improbum, simulque luxuria duplex : et quum confecere conchylia, transire melius in Tyrium putant. Pœnitentia hoc primum debet invenisse, artifice mutante quod damnabat : inde ratio nata, votum quoque factum e vitio portentosis ingeniis, et ge-

l'urine à parties égales, et l'on y ajoute une moitié de plus en pourpre. C'est ainsi qu'au moyen d'une saturation incomplète , on obtient cette couleur tendre si vantée, et d'autant plus claire que la laine a pris moins de teinture.

40. Ces sucs sont plus ou moins chers , suivant que les rivages sont plus ou moins abondans en coquillages. Toutefois il est bon d'apprendre à ceux qui donnent à ces couleurs un prix exorbitant, que le suc de la pourpre ne coûte nulle part plus de cinquante nummus , et celui du buccin plus de cent nummus le quintal.

De la teinture améthyste ; nuances tyrienne, hysgine, écarlate.

LXV. Mais où finit un abus un autre abus commence ; on se fait un jeu de dépenser. On s'étudie à doubler les frais en mêlant les combinaisons, à falsifier encore ce qui n'était déjà qu'une falsification de la nature. Ainsi l'on a imaginé de peindre l'écaille , de mêler l'argent à l'or pour faire l'électrum, et d'y ajouter l'airain pour composer le métal de Corinthe.

41. Ce n'était pas assez d'avoir enlevé à une pierre son nom d'améthyste ; on retrempe sa couleur dans la pourpre de Tyr, afin de lui donner un nom bizarrement composé de deux parties (*tyriamethystus*), et de doubler la jouissance du luxe. La couleur conchylienne n'est plus ainsi qu'une bonne préparation pour la teinture tyrienne. Cette invention est due sans doute à quelque ouvrier qui , mécontent de son ouvrage ,

mina demonstrata via luxuriæ, ut color alius operiretur alio, suavior ita fieri leniorque dictus. Quin et terrena miscere, coccoque tinctum Tyrio tingere, ut fieret hysginum. Coccum Galatiæ rubens granum, ut dicemus in terrestribus, aut circa Emeritam Lusitaniæ, in maxima laude est. Verum ut simul peragantur nobilia pigmenta, anniculo grano languidus succus : idem a quadrimo evanidus. Ita nec recenti vires, neque senescenti. Abunde tractata est ratio, qua se virorum juxta feminarumque forma credit amplissimam fieri.

De pinna et pinnotere.

LXVI. 42. Concharum generis et pinna est. Nascitur in limosis subrecta semper, nec umquam sine comite, quem pinnoterem vocant, alii pinnophylacem. Is est squilla parva : alibi cancer dapis adsectator. Pandit se pinna, luminibus orbum corpus intus minutis piscibus præbens. Adsultant illi protinus, et ubi licentia audacia crevit, implent eam. Hoc tempus speculatus index .

voulut le changer. De là un procédé nouveau ; et le résultat d'une maladresse parut, à des esprits amis de l'extraordinaire, le triomphe de l'art. C'était un double moyen de luxe, et une couleur ainsi chargée d'une autre couleur fut trouvée plus agréable et plus douce. Bien plus, on mêle les productions de la terre à celles de la mer ; et, pour obtenir l'hysgine, on reteint dans la couleur tyrienne ce qu'on avait teint dans l'écarlate. La graine qui produit la plus belle écarlate, comme je le dirai en parlant des végétaux, se tire de la Galatie, ou des environs d'Émérita, en Lusitanie. Mais, pour compléter mes observations sur les teintures précieuses, je remarquerai que si la graine n'a qu'un an, elle donne une couleur pâle ; que si elle a plus de quatre ans, elle produit une couleur terne ; et qu'ainsi elle ne doit être ni trop nouvelle ni trop vieille. J'ai décrit amplement les procédés d'un art auquel les hommes et les femmes croient devoir leur plus majestueuse parure.

La pinne et le pinnotère.

LXVI. 42. Parmi les coquillages se trouve aussi la pinne. Elle naît dans les endroits limoneux ; elle se tient toujours droite, et n'est jamais sans un compagnon, qu'on appelle pinnotère ou pinnophylax. C'est une petite squille, ou un cancre, qui s'associe avec elle pour trouver sa nourriture. La pinne, qui est aveugle, s'ouvre, offrant son corps aux petits poissons qui viennent jouer autour d'elle. Bientôt, en-

8.

morsu levi significat. Illa compressu, quidquid inclusit, exanimat, partemque socio tribuit.

De sensu aquatilium : torpedo, pastinaca, scolopendra, glanis : de ariete pisce.

LXVII. Quo magis miror, quosdam existimasse, aquatilibus nullum inesse sensum. Novit torpedo vim suam, ipsa non torpens : mersaque in limo se occultat, piscium qui securi supernatantes obtorpuere, corripiens. Hujus jecori teneritas nulla præfertur. Nec minor solertia ranæ, quæ in mari piscatrix vocatur. Eminentia sub oculis cornicula turbato limo exserit, adsultantes pisciculos pertrahens, donec tam prope accedant, ut adsiliat. Simili modo squatina, et rhombus, abditi pinnas exsertas movent specie vermiculorum : itemque quæ vocantur raiæ. Nam pastinaca latrocinatur ex occulto, transeuntes radio (quod telum est ei) figens. Argumenta solertiæ hujus, quod tardissimi piscium hi, mugilem velocissimum omnium habentes in ventre reperiuntur.

43. Scolopendræ terrestribus similes, quas centipedes

hardis par la licence, ils remplissent la coquille. Le pinnotère, qui est aux aguets, avertit la pinne par une morsure légère. Celle-ci se referme, écrase tout ce qui se trouve pris entre ses écailles, et partage sa proie avec son associé.

Sensibilité des animaux aquatiques. La torpille, la pastenague, la scolopendre, le glanis : le belier poisson.

LXVII. D'après de tels faits, je suis surpris que des auteurs refusent toute espèce de sentiment aux animaux aquatiques. La torpille connaît sa propriété, et n'éprouve pas elle-même la torpeur qu'elle communique aux autres. Plongée dans la vase, elle se cache, et saisit les poissons, qui, nageant sans défiance au dessus d'elle, se trouvent subitement engourdis. Nul mets n'est plus délicat que le foie de cet animal. La grenouille, appelée pêcheuse de mer, n'a pas moins d'adresse. Après avoir troublé la vase, elle avance deux petites cornes placées au dessous de ses yeux, attirant les petits poissons qui s'ébattent à l'entour, jusqu'à ce qu'ils soient assez près pour qu'elle s'élance sur eux. La squatine et le turbot, pareillement cachés, font mouvoir leurs nageoires comme de petits vers : les raies emploient le même artifice. La pastenague se tient en embuscade pour attaquer sa proie. Une pointe, dont sa queue est armée, est le trait dont elle perce les poissons qui passent près d'elle. Une preuve de l'industrie de ces animaux, c'est qu'étant les plus lents de tous, on trouve dans leur estomac le muge, qui de tous est le plus agile.

43. Les scolopendres marines ressemblent aux scolo-

vocant, hamo devorato omnia interanea evomunt, donec hamum egerant, deinde resorbent. At vulpes marinæ, simili in periculo glutiunt amplius usque ad infirma lineæ, quæ facile prærodant. Cautius qui glanis vocatur: aversos mordet hamos, nec devorat, sed esca spoliat.

44. Grassatur aries, ut latro. Et nunc grandiorum navium in salo stantium occultatus umbra, si quem nandi voluptas invitet, exspectat: nunc elato extra aquam capite, piscantium cymbas speculatur, occultusque adnatans mergit.

De his quæ tertiam naturam habent animalium et fruticum. De urticis.

LXVIII. 45. Equidem et his inesse sensum arbitror, quæ neque animalium, neque fruticum, sed tertiam quamdam ex utroque naturam habent: urticis dico, et spongiis. Urticæ noctu vagantur, noctuque mutant. Carnosæ frondis his natura: et carne vescuntur. Vis pruritu mordax, eademque quæ terrestris urticæ. Contrahit ergo se quam maxime rigens, ac prænatante pisciculo frondem suam spargit, complectensque devorat. Alias marcenti similis, et jactari se passa fluctu algæ vice, contactos pisces, attrituque petræ scalpentes pruritum,

pendres terrestres, appelées centipèdes. Quand elles ont avalé un hameçon, elles vomissent tous leurs intestins, jusqu'à ce qu'elles soient délivrées, et les ravalent ensuite. Dans un danger semblable, les renards marins avalent tout ce qu'ils peuvent de la ligne, jusqu'à ce qu'ils trouvent un endroit faible qu'ils puissent facilement ronger. Le glanis agit avec plus de précaution : sans avaler l'hameçon, il le mord en sens contraire, et le dépouille de l'appât.

44. Le belier agit en vrai brigand. Tantôt caché par l'ombre des grands vaisseaux qui sont à l'ancre, il épie ceux qui veulent prendre le plaisir du bain : d'autres fois élevant la tête hors de l'eau, il observe les barques des pêcheurs, et, s'approchant sans être vu, il les entraîne à fond.

Des êtres qui, tenant de l'animal et du végétal, forment une
troisième classe. Orties de mer.

LXVIII. 45. Quant à ces êtres qui n'appartiennent précisément ni à la classe des animaux ni à celles des végétaux, mais qui forment comme une troisième classe participant de l'une et de l'autre, je suis persuadé qu'ils ne sont pas non plus dépourvus de sentiment : je parle des orties et des éponges. Les orties se déplacent et voyagent pendant la nuit. C'est une espèce de feuillage carniforme, et qui se nourrit de chair. Ainsi que les orties de terre, elles causent une vive démangeaison ; quelquefois elles se contractent fortement ; et, lorsque de petits poissons s'approchent, elles étendent tout à coup leur feuillage, les enveloppent et les dévorent. D'autres fois,

invadit. Eadem noctu pectines et echinos perquirit : dum admoveri sibi manum sentit, colorem mutat et contrahitur. Tacta uredinem mittit, paulumque si fuit intervalli, absconditur. Ora ei in radice esse traduntur, excrementa per summa tenui fistula reddi.

De spongiis : quæ genera earum, et ubi nascantur : animal esse eas.

LXIX. Spongiarum tria genera accepimus : spissum ac prædurum et asperum, tragos id vocatur : spissum et mollius, manon : tenue densumque, ex quo penicilli, achilleum. Nascuntur omnes in petris : aluntur conchis, pisce, limo. Intellectum inesse his apparet, quia ubi avulsorem sensere, contractæ, multo difficilius abstrahuntur. Hoc idem fluctu pulsante faciunt. Vivere esca, manifesto conchæ minutæ in his repertæ ostendunt. Circa Toronem vesci illis avulsas etiam aiunt, et ex relictis radicibus recrescere. In petris cruoris quoque inhæret color, Africis præcipue, quæ generantur in Syrtibus. Maxime fiunt manæ, sed mollissimæ, circa Lyciam. In profundo autem, nec ventoso, molliores. In

paraissant flétries, elles se laissent ballotter par les flots comme de l'algue; et, tandis que les poissons qu'elles ont touchés se frottent contre une pierre pour apaiser leur démangeaison, elles se jettent dessus. Pendant la nuit, elles vont à la chasse des peignes et des oursins. Quand elles sentent l'approche de la main de l'homme, elles se . contractent et changent de couleur. Si on les touche, elles causent une démangeaison brûlante, et se cachent pour peu qu'on tarde à les saisir. On dit qu'elles ont la bouche au bas du corps, et qu'elles jettent leurs excrémens par un petit conduit placé à la partie supérieure.

Éponges : leurs espèces, leur patrie. Preuves de leur animalité.

LXIX. On distingue trois espèces d'éponges : la première, épaisse, rude et très-dure, se nomme tragos; la seconde, épaisse et molle, se nomme manos; et la troisième, fine et serrée, dont on fait les pinceaux, se nomme achilleum. Elles naissent toutes sur les rochers, et se nourrissent de coquillages, de poissons et de vase. Ce qui prouve qu'elles ont de l'intelligence, c'est qu'à l'instant où elles sentent qu'on veut les prendre, elles se contractent, et sont beaucoup plus difficiles à détacher. Elles se contractent de même lorsqu'elles sont battues par les flots. Les petits coquillages qu'on trouve dans leur corps montrent indubitablement qu'elles mangent. On dit même que, près de Toron, elles se nourrissent encore de coquillages, après avoir été enlevées des rochers, et que d'autres éponges repoussent sur leurs

Hellesponto asperæ, et densæ circa Maleam. Putrescunt in apricis locis : ideo optimæ in gurgitibus. Viventibus idem, qui madentibus, nigricans color. Adhærent nec parte, nec totæ : intersunt enim fistulæ quædam inanes, quaternæ fere aut quinæ, per quas pasci existimantur. Sunt' et aliæ, sed superne concretæ. Et subesse membrana quædam radicibus earum intelligitur. Vivere constat longo tempore. Pessimum omnium genus est earum, quæ aplysiæ vocantur, quia elui non possunt, in quibus magnæ sunt fistulæ, et reliqua densitas spissa.

De caniculis.

LXX. 46. Canicularum maxime multitudo circa eas urinantes gravi periculo infestat. Ipsi ferunt, et nubem quamdam crassescere super capita, animalium planorum piscium similem, prementem eos, arcentemque a reciprocando : et ob id stilos præacutos lineis adnexos

racines. Elles laissent aussi une couleur de sang sur les rochers dont on les détache, surtout celles qui naissent dans les Syrtes, en Afrique. Les manos sont celles qui deviennent les plus grandes, et c'est aux environs de la Lycie que se trouvent les plus douces. Elles acquièrent plus de mollesse dans les lieux profonds et à l'abri des vents; elles sont rudes dans l'Hellespont et compactes auprès de Malée ; elles se corrompent dans les lieux exposés au soleil; aussi les meilleures se trouvent-elles au fond de la mer. Vivantes, elles sont d'une couleur noirâtre, comme lorsqu'elles sont mouillées. Elles ne sont adhérentes ni par toutes les parties à la fois, ni par une seulement ; mais elles sont percées de quatre ou cinq tuyaux vides par où l'on croit qu'elles tirent leur nourriture. Elles en ont d'autres encore, mais fermés par le bout. On remarque une espèce de membrane sous leur partie inférieure. Il est constant qu'elles vivent long-temps. Les moins estimées de toutes sont celles nommées aplysies, parce qu'elles ne peuvent se nettoyer. Elles sont percées de larges tuyaux, et le reste de leur corps est épais et massif.

Canicules.

LXX. 46. Les mers où se trouvent les éponges sont infestées de canicules, qui font courir aux plongeurs les plus grands dangers. A les en croire, une espèce de nuage, semblable à un poisson plat, s'épaissit sur leur tête, les presse et les empêche de remonter. En conséquence ils se munissent de stilets bien pointus, sus-

habere sese : quia nisi perfossæ ita , non recedant : caliginis et pavoris, ut arbitror, opere. Nubem enim et nebulam (cujus nomine id malum adpellant) inter animalia haud ullam comperit quisquam. At cum caniculis atrox dimicatio. Inguina, et calces, omnemque candorem corporum appetunt. Salus una in adversas eundi, ultroque terrendi. Pavet enim hominem æque ac terret. Et sors æqua in gurgite : ut ad summa aquæ ventum est, ibi periculum anceps, adempta ratione contra eundi, dum conetur emergere : et salus omnis in sociis : funem illi religatum ab humeris ejus trahunt : hunc dimicans, ut sit periculi signum, læva quatit : dextra adprehenso stilo in pugna est : modicus alias tractus. Ut prope carinam ventum est, nisi præceleri vi repente rapiat, absumi spectant. Ac sæpe jam subducti, e manibus auferuntur, si non trahentium opem, conglobato corpore in pilæ modum, ipsi adjuvere. Protendunt quidem tridentes alii : sed monstro solertia est navigium subeundi, atque ita e tuto prœliandi. Omnis ergo cura ad speculandum hoc malum insumitur.

47. Certissima est securitas vidisse planos pisces : quia

pendus à une ficelle. S'ils ne perçaient le nuage avec cette arme, ils ne pourraient, disent-ils, sortir de l'eau. Tout ceci n'est, selon moi, que l'effet de l'éblouissement et de la peur ; car ce poisson nuage (c'est ainsi qu'ils l'appellent) n'a été compté par personne au nombre des animaux. Ce qui est vrai, c'est le combat cruel qu'ils ont à soutenir contre les canicules : celles-ci en veulent surtout aux aines, aux talons, et à toutes les parties du corps remarquables par leur blancheur. Le seul moyen de salut est d'aller droit à elles pour les effrayer, car elles n'ont pas moins peur de l'homme que l'homme n'a peur d'elles. Au fond de la mer l'avantage est égal ; mais arrivé à la surface de l'eau, le plongeur a beaucoup à craindre ; car il fait, pour en sortir, un mouvement contraire à celui d'avancer sur son ennemi ; toute sa ressource est dans ses compagnons, qui tirent la corde attachée sous ses bras. De la main gauche il agite cette corde en signe de détresse ; et la droite, armée du fer, ne cesse de combattre. On le tire d'abord très-doucement ; mais quand il approche du vaisseau, s'ils ne l'enlèvent avec rapidité, ils le voient dévorer par le monstre : souvent même, lorsqu'il est déjà hors de l'eau, il est arraché de leurs mains, à moins qu'il ne seconde leurs efforts en ramassant son corps comme une boule. A la vérité, pendant ce temps d'autres présentent le trident à la canicule, mais elle a l'instinct de se placer sous le vaisseau ; de là elle combat en sûreté. On met donc le plus grand soin à épier ce funeste animal.

47. De tous les motifs de sécurité, le plus infaillible

numquam sunt ubi maleficæ bestiæ : qua de causa urinantes sacros appellant eos.

De his quæ silicea testa clauduntur. Quæ sine sensu ullo in mari. De reliquis sordium animalibus.

LXXI. Silicea testa inclusis fatendum est nullum esse
sensum, ut ostreis. Multis eadem natura , quæ frutici ,
ut holothuriis, pulmonibus, stellis. Adeoque nihil non
gignitur in mari , ut cauponarum etiam æstiva animalia, pernici molesta saltu, et quæ capillus maxime celat,
exsistant, et circumglobata escæ sæpe extrahantur : quæ
causa somnum piscium in mari noctibus infestare existimatur. Quibusdam vero ipsis innascuntur, quo in numero chalcis accipitur.

De venenatis marinis.

LXXII. 48. Nec venena cessant dira , ut in lepore :
qui in Indico mari etiam tactu pestilens, vomitum dis-
solutionemque stomachi protinus creat : in nostro offa
informis , colore tantum lepori similis : in Indis, et
magnitudine , et pilo, duriore tantum : nec vivus ibi
capitur. Æque pestiferum animal araneus, spinæ in dorso
aculeo noxius. Sed nullum usquam exsecrabilius, quam

est de voir des poissons plats ; car ils ne se trouvent
jamais où vivent les animaux malfaisans : c'est pourquoi
les plongeurs les appellent sacrés.

Des animaux qui ont un test pierreux. Des animaux marins dépourvus de toute sensibilité. Des autres animaux qui ont la vase pour
demeure.

LXXI. Il faut convenir que les testacés, tels que les
huîtres, sont dénués de sensibilité ; plusieurs n'ont que
la vie des végétaux, par exemple les holothuries, les
poumons, les étoiles. Il n'est aucune espèce d'animal
qui ne s'engendre dans la mer ; on y trouve même ces
insectes sautillans qui, pendant l'été, se rendent si in-
commodes dans les tavernes, et ces autres insectes qui
se cachent surtout dans les cheveux ; souvent les pêcheurs
les retirent amoncelés autour des appâts : on croit que ce
sont eux qui troublent le sommeil des poissons pendant
la nuit. Ils s'engendrent même dans le corps de quelques
poissons, au nombre desquels on compte les chalcis.

Animaux marins venimeux.

LXXII. 48. La mer a aussi ses animaux venimeux :
tel est le lièvre, qui, dans la mer de l'Inde, provoque,
par son seul contact, le vomissement et le dérangement
de l'estomac. Dans nos mers, c'est une masse informe
qui n'a de rapport avec le lièvre que par sa couleur.
Dans l'Inde, il lui ressemble encore par sa grandeur
et par le poil, qui seulement est plus dur ; on ne l'y
prend jamais vivant. L'araignée, par la pointe dont elle

radius , super caudam eminens trygonis , quam nostri
pastinacam adpellant, quincunciali magnitudine. Arbores infixus radici necat : arma, ut telum , perforat : vi
ferri , et veneni malo.

De morbis piscium.

LXXIII. 49. Morbos universa genera piscium , ut
cetera animalia etiam fera, non accipimus sentire. Verum
ægrotare singulos , manifestum facit aliquorum macies,
quum in eodem genere præpingues alii capiantur.

De generatione eorum.

LXXIV. 5o. Quonam modo generent, desiderium et
admiratio hominum differri non patitur. Pisces attritu
ventrium coeunt , tanta celeritate ut visum fallant :
delphini , et reliqua cete , simili modo, et paulo diutius. Femina piscis coitus tempore marem sequitur, ventrem ejus rostro pulsans : sub partum mares feminas
similiter, ova vescentes earum. Nec satis est generationi
per se coitus , nisi editis ovis, interversando mares vi-
tale adsperserint virus. Non omnibus id contingit ovis
in tanta multitudine : alioqui replerentur maria et stagna,
quum singuli uteri innumerabilia concipiant.

a l'épine dorsale armée, n'est pas moins funeste. Mais rien de plus terrible que le dard qui s'élève sur la queue du trygon, que les Latins appellent *pastinaca ;* ce dard a cinq pouces de long : il fait périr les arbres dont il pique la racine. Il perce les boucliers comme un trait. A la force du fer il joint l'activité du poison.

Maladies des poissons.

LXXIII. 49. Rien ne fait connaître si , parmi les poissons , il y a des maladies affectées aux espèces , comme parmi les animaux terrestres , même sauvages ; mais ce qui démontre qu'il y en a pour les individus , c'est la maigreur de quelques-uns, lorsqu'on en prend d'autres de la même espèce qui sont très-gras.

Reproduction des poissons.

LXXIV. 5o. La curiosité et l'admiration dont la génération des poissons est l'objet, me font également une loi de ne pas différer davantage d'en parler. Ils s'accouplent en se frottant ventre contre ventre avec une telle célérité, qu'ils trompent l'œil le plus attentif. Les dauphins et les autres cétacés procèdent de la même manière, mais un peu plus lentement. Dans la saison de l'accouplement, les femelles suivent les mâles en leur pressant le ventre de leur museau ; les mâles suivent de même les femelles au temps du frai , et dévorent leurs œufs. L'accouplement ne suffit pas pour la génération; il faut que le mâle , se promenant parmi les œufs produits par la femelle , les arrose de sa liqueur séminale.

VII.

9

51. Piscium ova in mari crescunt, quædam summa celeritate, ut muraenarum : quædam paulo tardius.

Plani piscium quibus cauda non obest, aculeique, et testudines in coitu superveniunt : polypi crine uno feminæ naribus adnexo : sepiæ et loligines linguis, componentes inter se brachia, et in contrarium nantes : ore et pariunt. Sed polypi in terram verso capite coeunt. Reliqua mollium tergis, ut canes : item locustæ, et squillæ : cancri, ore. Ranæ superveniunt, prioribus pedibus alas feminæ mare adprehendente, posterioribus clunes. Pariunt minimas carnes nigras, quas gyrinos vocant, oculis tantum et cauda insignes : mox pedes figurantur, cauda findente se in posteriores. Mirumque, semestri vita resolvuntur in limum nullo cernente, et rursus vernis aquis renascuntur quæ fuere : naturæ perinde occulta ratione, quum omnibus annis id eveniat.

Et mituli et pectines sponte naturæ in arenosis pro-

Dans une si grande quantité, beaucoup ne reçoivent rien de cette aspersion fécondante; sans cela, la mer et les étangs seraient comblés de poissons, la quantité d'œufs que contient une femelle étant innombrable.

51. Les œufs des poissons grossissent dans la mer, les uns avec une extrême vitesse, comme ceux des murènes, . les autres avec plus de lenteur.

Les tortues, et ceux des poissons plats à qui leur queue et leurs piquans ne font point d'obstacle, s'accouplent en se mettant les uns sur les autres : les polypes, en attachant un de leurs bras aux narines de leurs femelles : les sèches et les calmars, par la langue, entremêlant leurs bras et nageant en sens contraire. Ils jettent leur frai par la bouche. Les polypes se joignent la tête en bas; les autres mollusques se couvrent comme les chiens, ainsi que les langoustes et les squilles; les cancres s'accouplent par la bouche. Les grenouilles se mettent les unes sur les autres, le mâle tenant, avec les pieds antérieurs, la femelle embrassée par dessous les aisselles, et lui serrant les aines avec ses pieds de derrière. Elles produisent de très-petits morceaux de chair noire qu'on appelle gyrins, où l'on ne distingue que les yeux et la queue; bientôt les pieds paraissent, la queue se fendant pour former ceux de derrière : chose merveilleuse ! après avoir vécu six mois, elles se résolvent en limon sans qu'on s'en aperçoive : au printemps elles renaissent sous leur première forme ; et, dans une opération qui se renouvelle tous les ans, le procédé de la nature demeure toujours inconnu.

Les moules et les peignes naissent spontanément

veniunt. Quæ durioris testæ sunt, ut murices, purpuræ, salivario lentore: sicut acescente humore culices: apuæ, spuma maris incalescente, quum admissus est imber. Quæ vero siliceo tegmine operiuntur, ut ostrea, putrescente limo, aut spuma circa navigia diutius stantia, defixosque palos, et lignum maxime. Nuper compertum in ostreariis, humorem iis fetificum lactis modo effluere. Anguillæ atterunt se scopulis : ea strigmenta vivescunt : nec alia est earum procreatio. Piscium diversa genera non coeunt, præter squatinam et raiam : ex quibus nascitur priori parte raiæ similis, et nomen ex utroque compositum apud Græcos trahit.

Quædam tempore anni gignuntur, et in humore, ut in terra : vere pectines, limaces, hirundines : eadem, tempore evanescunt. Piscium lupus et trichias bis anno parit, et saxatiles omnes. Mulli ter, ut chalcis : cyprinus sexies, scorpiones bis, ac sargi vere et autumno. Ex planis squatina bis: sola autumno, occasu Vergiliarum. Plurimi piscium tribus mensibus, aprili, maio, junio. Salpæ autumno : sargi, torpedo, squali, circa

dans les endroits sablonneux. Les testacés, dont l'enveloppe est plus dure, tels que les murex et les pourpres, proviennent d'une humeur salivaire et gluante, de la même manière que les cousins proviennent de l'eau croupissante, et les anchois de l'écume de la mer mise en fermentation par l'eau de pluie. Ceux qui sont couverts d'un test pierreux, comme les huîtres, naissent du limon qui se corrompt, ou de l'écume formée autour des vaisseaux long-temps en station, ou des pieux enfoncés dans la mer, et généralement autour du bois. On a reconnu depuis peu, dans les parcs d'huîtres, que ces coquillages laissent écouler une liqueur prolifique semblable au lait. Les anguilles se frottent contre les rochers, et les parcelles détachées de leur corps par ce frottement s'animent. Il n'est point pour elles d'autres moyens de génération. Les poissons d'espèces différentes ne s'allient point ensemble, excepté la squatine et la raie : il provient de ce croisement un animal qui, par la partie antérieure, ressemble à la raie, et auquel les Grecs donnent un nom composé de ceux des deux poissons.

Dans l'eau comme sur la terre, il est des temps marqués dans l'année pour la naissance de certains animaux : les peignes, les limaces, les hirondelles naissent au printemps, et disparaissent aussi à des époques réglées. Le loup, le trichias, et tous les saxatiles, produisent deux fois l'an ; le mulet, ainsi que le chalcis, produit trois fois, le cyprin six fois, les scorpions deux, et deux fois aussi les sarges, au printemps et à l'automne. Parmi les poissons plats, la squatine produit deux fois l'an ; seule

æquinoctium : molles vere : sepia omnibus mensibus. Ova ejus glutino atramenti ad speciem uvæ cohæren- tia , masculus prosequitur adflatu , alias sterilescunt. Polypi hieme coeunt , pariunt vere ova tortili vibrata pampino , tanta fecunditate , ut multitudinem ovorum occisi non recipiant cavo capitis , quo prægnantes tu- lere. Ea excludunt quinquagesimo die , e quibus multa propter numerum intercidunt. Locustæ , et reliqua te- nuioris crustæ, ponunt ova super ova , atque ita incu- bant. Polypus femina modo in ovis sedet , modo caver- nam cancellato brachiorum implexu claudit. Sepia in ter- reno parit inter arundines, aut sicubi enata alga : exclu- dit quintodecimo die. Loligines in alto conserta ova edunt, ut sepiæ. Purpuræ, murices , ejusdemque gene- ris , vere pariunt. Echini ova pleniluniis habent hieme : et cochleæ hiberno tempore nascuntur.

Qui intra se ova pariant, et animal.

LXXV. Torpedo octogenos fetus habens invenitur : eaque intra se parit ova præmollia, in alium locum uteri

elle produit en automne, au coucher des Pléiades. Un grand nombre de poissons produisent dans trois mois de l'année, en avril, mai et juin. La saupe jette son frai en automne; les sarges, la torpille, les squales, vers l'équinoxe; les mollusques au printemps; la sèche dans tous les mois : ses œufs tiennent ensemble comme une grappe, par le moyen d'une espèce de colle noire; le mâle les féconde par son souffle, sans cela ils seraient stériles. Les polypes fraient en hiver, et produisent au printemps des œufs attachés à des filets tortillés, et en si grande quantité, que, le polype mort, si on les fait sortir de la cavité de sa tête qui les contient, on ne pourra plus les y faire rentrer. Ces œufs éclosent le cinquantième jour; mais, sur le nombre, il en périt beaucoup. Les langoustes et les autres poissons à mince écaille posent leurs œufs les uns sur les autres, et les couvent ainsi. La femelle des polypes, tantôt se tient sur ses œufs, tantôt ferme sa retraite par le croisement entrelacé de ses bras. La sèche pond à terre, parmi les roseaux ou sur un lit d'algue : l'éclosion a lieu le quinzième jour. Les calmars font leurs œufs en pleine mer, et ces œufs tiennent ensemble comme ceux des sèches. Les pourpres, les murex, et les autres poissons de ce genre, produisent au printemps. Les hérissons pondent en hiver, au temps des pleines lunes. C'est aussi en hiver que naissent les cochlées.

Poissons à la fois ovipares et vivipares.

LXXV. On trouve dans la torpille jusqu'à quatre-vingt petits. Elle produit en elle-même des œufs très-mous, qui

transferens, atque ibi excludens. Simili modo omnia, quæ cartilaginea appellavimus. Ita fit, ut sola piscium et animal pariant et ova concipiant. Silurus mas solus omnium edita custodit ova, sæpe et quinquagenis diebus, ne absumantur ab aliis. Ceteræ feminæ in triduo excludunt, si mas attigit.

Quorum in partu rumpatur venter, dein coeat.

LXXVI. Acus, sive belone, unus piscium dehiscente propter multitudinem utero parit. A partu coalescit vulnus: quod et in cæcis serpentibus tradunt. Mus marinus in terra scrobe effosso parit ova, et rursus obruit terra : tricesimo die refossa aperit, fetumque in aquam ducit.

Qui vulvas habeant : qui se ipsi ineant.

LXXVII. 52. Erythini et chanæ vulvas habere traduntur : qui trochos appellatur a Græcis, ipse se inire. Fetus omnium aquatilium inter initia visu carent.

Quæ longissima vita piscium.

LXXVIII. 53. Ævi piscium memorandum nuper exem-

passent dans une autre partie de son corps pour éclore. Il en est ainsi de tous les poissons que nous avons nommés cartilagineux. Il arrive de là que, de tous les poissons, ces derniers seuls sont vivipares et produisent des œufs. Le silure mâle est le seul poisson qui garde ses œufs, souvent même pendant cinquante jours, de peur qu'ils ne soient dévorés : trois jours suffisent pour faire éclore les œufs des autres femelles, si le mâle les a touchés.

Poissons dont le ventre se rompt pendant le frai, pour se réunir ensuite.

LXXVI. L'aiguille de mer, ou belone, est le seul poisson dont le ventre se fende par l'effet de son excessive fécondité : la plaie se referme ensuite ; et cela, dit-on, a lieu aussi pour les serpens aveugles. Le rat marin pond hors de la mer, dans un trou qu'il a creusé ; il recouvre ses œufs de terre , puis le treizième jour il vient les découvrir , et mène ses petits à l'eau.

De ceux qui sont pourvus de vulves ; de ceux qui se fécondent eux-mêmes.

LXXVII. 52. On dit que les érythins et les chanis ont une matrice, et que le poisson nommé trochos par les Grecs se féconde lui-même. Tous les petits des animaux aquatiques sont , dans le commencement, privés de la vue.

De la plus longue vie accordée aux poissons.

LXXVIII. 53. Nous avons eu naguère un mémorable

plum accepimus. Pausilypum villa est Campaniæ, haud procul Neapoli; in ea in Cæsaris piscinis a Pollione Vedio conjectum piscem, sexagesimum post annum exspirasse scribit Annæus Seneca, duobus aliis æqualibus ejus ex eodem genere etiam tunc viventibus. Quæ mentio piscinarum admonet, ut paulo plura dicamus hac de re, priusquam digrediamur ab aquatilibus.

Quis primus vivaria ostrearum invenerit.

LXXIX. 54. Ostrearum vivaria primus omnium Sergius Orata invenit in Baiano, ætate L. Crassi oratoris, ante Marsicum bellum : nec gulæ causa, sed avaritiæ, magna vectigalia tali ex ingenio suo percipiens, ut qui primus pensiles invenerit balineas, ita mangonizatas villas subinde vendendo. Is primus optimum saporem ostreis Lucrinis adjudicavit, quando eadem aquatilium genera aliubi atque aliubi meliora, sicut lupi pisces in Tiberi amne inter duos pontes, rhombus Ravennæ, muræna in Sicilia, elops Rhodi : et alia genera similiter, ne culinarum censura peragatur. Nondum Britannica serviebant litora, quum Orata Lucrina nobilitabat : postea visum tanti in extremam Italiam petere Brundisium ostreas : ac ne lis esset inter duos sapores, nuper excogitatum, famem longæ advectionis a Brundisio compascere in Lucrino.

exemple de la longévité des poissons. Annéus Sénèque écrit qu'à Pausilype, maison de campagne près de Naples, en Campanie, un poisson qui avait été mis par Vadius Pollion dans les réservoirs de César y est mort après plus de soixante ans, et que deux autres de la même espèce, et datant de la même époque, vivaient encore lorsqu'il écrivait. Puisque j'ai fait mention de réservoirs, je crois devoir m'étendre un peu plus sur ce sujet, avant de quitter les animaux qui vivent dans l'eau.

À qui l'on doit les parcs d'huîtres.

LXXIX. 54. Sergius Orata est le premier qui imagina les parcs d'huîtres dans les environs de Baïes, au temps de l'orateur L. Crassus, avant la guerre des Marses ; et ce ne fut point la gourmandise, mais une spéculation d'intérêt qui le dirigea, car il tirait de grands produits de ses conceptions industrieuses, et déjà il avait su mettre à profit sa découverte de bains suspendus, en revendant des maisons de campagne après y avoir disposé ces commodités du luxe. Ce fut lui qui le premier assigna la prééminence à la saveur des huîtres du Lucrin ; car, parmi les poissons d'une même espèce, il y a des préférences attachées à ceux de tel ou tel lieu, par exemple aux loups pris dans le Tibre, entre les deux ponts, au turbot de Ravenne, à la murène de Sicile, à l'élops de Rhodes, et ainsi du reste, pour ne pas faire ici une carte culinaire. Les rivages de la Bretagne n'étaient pas encore asservis lorsqu'Orata donnait ainsi de la renommée aux huîtres du Lucrin ; plus tard on pré-

Quis primus reliquorum piscium vivaria instituerit.

LXXX. Eadem ætate prior Licinius Muræna, reliquorum piscium vivaria invenit : cujus deinde exemplum nobilitas secuta est, Philippi, Hortensii : Lucullus exciso etiam monte juxta Neapolim majore impendio, quam villam exædificaverat, euripum et maria admisit : qua de causa Magnus Pompeius Xerxen togatum eum appellabat. Quadragies II-S piscinæ a defuncto illo veniere pisces.

Quis murenarum vivaria instituerit.

LXXXI. 55. Murænarum vivarium privatim excogitavit C. Hirrius ante alios, qui cenis triumphalibus Cæsaris dictatoris, sex millia numero murænarum mutuo appendit. Nam permutare quidem pretio noluit, aliave merce. Hujus villam intra quam modicum quadragies piscinæ vendiderunt. Invasit deinde singulorum piscium amor. Apud Baulos in parte Baiana piscinam habuit Hortensius orator, in qua murænam adeo di-

féra d'en aller chercher à Brindes, à l'extrémité de l'Italie; et pour qu'elles ne disputassent pas le premier rang, on s'est avisé récemment de repaître dans le lac Lucrin les huîtres apportées de Brindes, après les avoir affamées par ce long trajet.

A qui l'on doit les viviers pour les autres poissons.

LXXX. Dans le même temps Licinius Muréna inventa les réservoirs pour les autres poissons, et il eut dans la suite des imitateurs dans la classe élevée, les Philippe, les Hortensius : Lucullus, à travers une montagne qu'il fit raser auprès de Naples, à plus de frais que ne lui en avait coûté pour la construction de sa maison de campagne, creusa un détroit donner passage à la mer. Le grand Pompée l'appelait pour cela Xerxès en toge. Après sa mort les poissons de ce réservoir furent vendus quatre millions de sesterces.

De l'inventeur des viviers à murènes

LXXXI. 55. C. Hirrius imagina le premier des réservoirs particuliers pour les murènes; et pour les festins que donna le dictateur César, à l'occasion de ses triomphes, il lui en prêta six mille au poids, ne voulant recevoir en échange ni argent ni autre valeur. Sa maison de campagne ayant été vendue quelque temps après, les réservoirs en firent monter le prix à quatre millions de sesterces. Vinrent ensuite les prédilections individuelles pour certains poissons. A Baules, au territoire de Baïes,

lexit, ut exanimatam flesse credatur. In eadem villa,
Antonia Drusi, murænæ, quam diligebat, inaures addidit : cujus propter famam nonnulli Baulos videre con-
cupiverunt.

Quis primus cochlearum vivaria instituerit.

LXXXII. 56. Cochlearum vivaria instituit Fulvius
Hirpinus in Tarquiniensi, paulo ante civile bellum, quod
cum Pompeio Magno gestum est, distinctis quidem generibus earum, separatim ut essent albæ, quæ in Rea-
tino agro nascuntur: separatim Illyricæ, quibus magnitudo præcipua : Africanæ, quibus fecunditas: Solitanæ,
quibus nobilitas. Quin et saginam earum commentus
est, sapa et farre, aliisque generibus, ut cochleæ quoque altiles ganeam implerent : cujus artis gloria in eam
magnitudinem perducta sit, ut octoginta quadrantes ca-
perent singularum calices. Auctor est M. Varro.

Pisces terreni.

LXXXIII. 57. Piscium genera etiamnum a Theophrasto mira produntur : circa Babylonis rigua dece-
dentibus fluviis, in cavernis aquas habentibus rema-
nere. Quosdam inde exire ad pabula pinnulis gradien-

l'orateur Hortensius avait dans un réservoir une murène qu'il affectionnait tellement, qu'il la pleura, dit-on, lorsqu'elle mourut. Dans la même campagne, Antonia, fille de Drusus, orna de pendans d'oreilles une murène qu'elle chérissait, et cette singularité attira bien des curieux à Baules.

De l'inventeur des parcs à cochlées.

LXXXII. 56. Fulvius Hirpinus, peu de temps avant la guerre civile entre César et Pompée, établit des réservoirs de cochlées dans sa maison de Tarquinie. Il les distingua par espèces, mettant d'une part les blancs, qui naissent dans le territoire de Réate; de l'autre, ceux d'Illyrie, qui sont les plus gros; d'un autre côté, ceux d'Afrique, qui sont les plus féconds; et d'un autre encore, ceux de Solita, qui sont les plus beaux. De plus, il inventa la manière de les engraisser avec du vin cuit, de la farine et autres ingrédiens, afin que la gourmandise trouvât une jouissance jusque dans les cochlées; et cet art fut poussé si loin, qu'on a vu, suivant M. Varron, des coquilles d'une capacité de vingt cyathes.

Poissons terrestres.

LXXXIII. 57. Théophraste cite des espèces extraordinaires de poissons. Il rapporte qu'aux environs de Babylone, lorsque les fleuves se retirent, ces poissons s'arrêtent dans des cavernes où il y a de l'eau; quelques-uns en sortent pour aller paître : ils avancent à

tes, crebro caudæ motu, contraque venantes refugere in suas cavernas, et in iis adversos stare : capita eorum esse ranæ marinæ similia, reliquas partes gobionum, branchias ut ceteris piscibus. Circa Heracleam, et Cromnam, et Lycum, et multifariam in Ponto unum genus esse, quod extremas fluminum aquas sectetur, cavernasque faciat sibi in terra, atque in his vivat, etiam reciprocis amnibus siccato litore. Effodi ergo : motu demum corporum vivere eos adprobant. Circa Heracleam eamdem, eodemque Lyco amne decedente, ovis relictis, in limo generari pisces, qui ad pabula petenda palpitent exiguis branchiis, quo fieri non indigos humoris : propter quod et anguillas diutius vivere exemptas aquis. Ova autem in sicco maturari, ut testudinum. Eadem in Ponti regione adprehendi glacie piscium maxime gobiones, non nisi patinarum calore vitalem motum fatentes. Est in his quidem, tametsi mirabilis, tamen aliqua ratio. Idem tradit in Paphlagonia effodi pisces gratissimos cibis, terrenos, altis scrobibus, in his locis ubi nullæ restagnent aquæ : miratusque et ipse gigni sine coitu, humoris quidem vim aliam inesse, quam puteis, arbitratur, ceu vero in nullis reperiantur pisces. Quidquid est hoc, certe minus admirabilem talparum facit vitam subterranei animalis, nisi forte vermium terrenorum et his piscibus natura inest.

l'aide de petites nageoires et en agitant vivement la queue ; et quand ils sont poursuivis , ils se réfugient dans leurs trous , et s'y tiennent en défense. Leur tête est celle de la grenouille marine ; le reste de leur corps ressemble à celui du gobius, et ils ont des ouïes comme les autres poissons. Il dit que dans le voisinage d'Héraclée, de Cromna, du Lycus, et surtout dans le Pont, on en trouve une espèce qui suit le bord des rivières, se creuse des retraites dans la terre , et y vit, lors même que la retraite des eaux laisse le rivage à sec. On les déterre, et le mouvement de leurs corps, révèle à la fin, leur existence. Aux environs de cette même Héraclée , et lorsque le Lycus se retire, des œufs laissés dans le limon naissent des poissons qui, pour aller chercher leur nourriture, respirent par des branchies si petites qu'ils peuvent se passer d'eau , et que c'est à une pareille organisation que les anguilles doivent la faculté de vivre long-temps hors de l'eau. Leurs œufs, comme ceux des tortues, arrivent à maturité sur le bord du rivage. Dans le Pont, des poissons, et particulièrement des gobius, se trouvent saisis par la gelée , au point de ne donner signe de vie que lorsqu'ils sentent la chaleur des plats. Ceci, quoiqu'étonnant, peut cependant s'expliquer. Le même Théophraste ajoute que dans la Paphlagonie on trouve des poissons , d'un goût très-délicat, enfoncés dans la terre à une grande profondeur, et dans des lieux où nulle eau ne séjourne ; et, admirant que leur naissance a lieu sans copulation, il l'attribue à quelque principe générateur étranger à l'eau de puits, parce qu'on n'y trouve jamais de poissons. Quoi qu'il en soit, cela

De muribus in Nilo.

LXXXIV. 58. Verum omnibus his fidem Nili inundatio adfert, omnia excedente miraculo : quippe detegente eo musculi reperiuntur inchoato opere genitalis aquæ terræque, jam parte corporis viventes , novissima effigie etiamnum terrena.

Quomodo capiantur anthiæ pisces.

LXXXV. 59. Nec de anthia |pisce sileri convenit, quæ plerosque adverto credidisse. Chelidonias insulas diximus Asiæ , scopulosi maris , ante promontorium sitas : ibi frequens hic piscis et celeriter capitur uno genere. Parvo navigio, et concolori veste , eademque hora per aliquot dies continuos piscator enavigat certo spatio, escamque projicit. Quidquid ex eo mittitur, suspecta fraus prædæ est : cavensque quod, timuit quum id sæpe factum est , unus aliquando consuetudine invitatus anthias, escam adpetit. Notatur hic intentione diligenti , ut auctor spei, conciliatorque capturæ. Neque enim est difficile , quum per aliquot dies solus accedere audeat. Tandem et aliquos invenit , paulatimque comitatior ,

rend moins surprenante la vie de la taupe, cet animal souterrain; à moins peut-être que la nature de ces poissons ne soit la même que celle des vers de terre.

Rats du Nil.

LXXXIV. 58. Mais l'inondation du Nil rend ces faits croyables, par un prodige qui les surpasse tous. Lorsqu'il cesse de couvrir les campagnes, on trouve de petits rats, ouvrage ébauché de la terre et de l'eau, dont une partie du corps est animée, tandis que l'autre n'est encore que de la terre.

Pêche des anthias.

LXXXV. 59. Je ne dois pas omettre, sur le poisson anthias, ce que beaucoup de personnes ont admis comme vrai. J'ai dit que les Chélidonies étaient des îles d'Asie, dans une mer semée de rochers, situées devant un promontoire. Ce poisson s'y trouve en grande quantité; et pour le prendre pomptement on n'a qu'un seul moyen. Un pêcheur monte sur une petite barque, avec des habits de même couleur; il s'avance plusieurs jours de suite dans un espace déterminé, et jette des appâts. Tout ce qui vient de sa main est suspect, le poisson se méfie et s'écarte; mais, après que cette action a été plusieurs fois répétée, un d'eux, rassuré par l'habitude, vient saisir l'appât : on le remarque avec une grande attention, car sa confiance est la promesse et le gage d'une pêche abondante. Il n'est pas difficile de le reconnaître,

postremo greges adducit innumeros, jam vetustissimis quibusque adsuetis piscatorem agnoscere, et e manu cibum rapere. Tum ille paulum ultra digitos in esca jaculatus hamum, singulos involat verius quam capit, ab umbra navis brevi conatu rapiens, ita ne ceteri sentiant, alio intus excipiente centonibus raptum, ne palpitatio ulla aut sonus ceteros abigat. Conciliatorem nosse ad hoc prodest, ne capiatur, fugituro in reliquum grege. Ferunt discordem socium duci insidiatum pulchre noto, cepisseque malefica voluntate : agnitum in macello a socio, cujus injuria erat : et damni formulam editam, condemnatumque addidit Mucianus æstimata lite. Iidem anthiæ, quum unum hamo teneri viderint, spinis, quas in dorso serratas habent, lineam secare traduntur : eo qui tenetur, extendente, ut præcidi possit. At inter sargos, ipse qui tenetur, ad scopulos lineam terit.

De stellis marinis.

LXXXVI. 6o. Præter hæc claros sapientia auctores

parce que pendant plusieurs jours il est le seul qui ose
s'approcher. Au bout d'un certain temps il trouve quelques compagnons, et peu à peu son cortège augmente;
enfin il amène avec lui des troupes innombrables d'anthias, les plus anciens étant familiarisés avec le pêcheur
qu'ils reconnaissent, et dans la main duquel ils vont
prendre de la nourriture : alors le pêcheur lance, non loin
de ses doigts, l'hameçon que couvre l'appât, et les enlève
l'un après l'autre, ou plutôt les escamote à l'ombre
de sa barque, dans laquelle se trouve quelqu'un qui les
reçoit sur des morceaux d'étoffe, de peur que leur agi-
tation ou le moindre bruit qu'ils feraient en tombant ne
donne l'alarme aux autres. Il faut donc s'attacher à bien
reconnaître le poisson embaucheur pour ne le pas prendre, car tout le reste s'enfuirait. On rapporte qu'un
pêcheur, dans l'intention de faire tort à son associé,
jeta l'hameçon à l'anthias embaucheur, et réussit à le
prendre, mais que cet anthias fut reconnu au marché
par celui à qui sa prise avait causé préjudice; et Mucien
ajoute que l'auteur du dommage, ayant été traduit en
justice, fut condamné à une amende. On dit que
lorsque les anthias voient quelqu'un des leurs pris à
l'hameçon, ils coupent la ligne avec l'espèce de scie
dont leur dos est armé, celui qui est pris s'appliquant à
tenir la ligne bien tendue, pour qu'elle soit plus facile
à couper. Quand un sarge se trouve pris, il frotte contre
les rochers la ligne qui le retient.

Des étoiles marines.

LXXXVI. 60. Je vois des auteurs, fort estimés pour

video mirari stellam in mari : ea figura est : parva admodum caro intus, extra duriore callo. Huic tam igneum fervorem esse tradunt, ut omnia in mari contacta adurat, omnem cibum statim peragat. Quibus sit hoc cognitum experimentis, haud facile dixerim : multo memorabilius dixerim id, cujus experiendi quotidie occasio est.

De dactylorum miraculis.

LXXXVII. ,1. Concharum e genere sunt dactyli ab humanorum unguium similitudine appellati. His natura in tenebris remoto lumine, alio fulgere claro, et quanto magis humorem habeant, lucere in ore mandentium, lucere in manibus, atque etiam in solo ac veste, decidentibus guttis : ut procul dubio pateat, succi illam naturam esse, quam miraremur etiam in corpore.

De inimicitiis inter se aquatilium, et amicitiis.

LXXXVIII. 62. Sunt et inimicitiarum atque concordiæ miracula. Mugil et lupus mutuo odio flagrant : conger et muræna, caudas inter se prærodentes. Polypum in tantum locusta pavet, ut si juxta vidit, omnino moriatur. Locustam conger : rursus polypum congri lacerant. Nigidius auctor est, prærodere caudam mugili lu-

leur savoir, s'étonner de voir une étoile dans la mer : telle est la figure de l'animal. A l'intérieur elle présente un peu de chair, et en dehors une enveloppe fort dure. Ils lui attribuent une chaleur si vive, qu'elle brûle tous les corps qu'elle touche dans la mer, et digère à l'instant toute espèce d'alimens. Il me serait difficile de dire quelle expérience ils en ont faite. Je regarde comme plus digne d'être cité ce que nous pouvons nous-mêmes éprouver tous les jours.

Merveilles des dactyles.

LXXXVII. 61. Au nombre des coquillages sont les dactyles, ainsi nommés à cause de leur ressemblance avec l'ongle de l'homme. Leur propriété est de reluire dans les ténèbres ; plus ils contiennent de liquide, plus ils brillent, et dans la bouche de ceux qui les mangent, et dans les mains ; les gouttes mêmes qui tombent à terre ou sur les habits jettent le même éclat : en sorte qu'on trouve dans une liqueur une propriété qu'on admirerait même dans un corps solide.

Amitiés et haines mutuelles des animaux aquatiques.

LXXXVIII. 62. Il existe aussi entre les poissons des antipathies et des sympathies merveilleuses. Le muge et le loup se portent une haine réciproque. Il en est ainsi du congre et de la murène, qui se rongent mutuellement la queue. La langouste a une telle frayeur du polype, que le voir auprès d'elle la fait mourir sur-le-champ. Le congre redoute la langouste, mais à son tour il dévore

pum, eosdemque statis mensibus concordes esse. Omnes autem vivere, quibus caudæ sic amputentur. At e contrario amicitiæ exempla sunt (præter illos de quorum diximus societate) balæna et musculus : quando prægravi superciliorum pondere obrutis ejus oculis, infestantia magnitudinem vada prænatans demonstrat, oculorumque vice fungitur.

Hinc volucrum naturæ dicentur.

le polype. Nigidius écrit que le loup ronge la queue du muge, et que dans certains mois de l'année ils vivent en bonne intelligence. Il ajoute que ceux qui ont ainsi perdu leur queue n'en continuent pas moins de vivre. D'un autre côté, outre les poissons que j'ai cités comme vivant en société, on a l'exemple de l'accord qui règne entre le muscule et la baleine. Comme celle-ci a les yeux appesantis par le poids énorme de ses sourcils, le muscule, nageant devant elle, l'avertit des bas-fonds qui pourraient incommoder sa vaste corpulence ; il sert d'œil à la baleine.

Je vais maintenant passer aux oiseaux.

NOTES

DU LIVRE NEUVIÈME.

—

I, page 4, ligne 4. *Uvam.* Les œufs de sèche (*sepia officina-lis*, L.) sont rassemblés en grappes, de couleur obscure, et tout-à-fait semblables à des raisins noirs.

Gladium. Le poisson épée (*xiphias gladius*, L.).

Serras. La scie (*squalus pristis*, L.).

Cucumim. Les holothuries, ou priapes de mer, surtout l'*holo-thuria pentactes*, L., qui, lorsqu'elle est contractée, a exactement la forme d'un concombre.

Ligne 5. *Equorum capita in tam parvis eminere cochleis.* L'hip-pocampe ou cheval marin (*syngnatus hippocampus*, L.), petit poisson qui, ayant le corps cuirassé, a pu être pris pour un coquillage. Sa tête rappelle en petit la forme de celle d'un cheval.

II, page 4, ligne 10. *Locustæ quaterna cubita impleant.* Nous avons vu des langoustes et des homards de trois et quatre pieds de longueur.

Ligne 11. *Anguillæ quoque in Gange amne tricenos pedes.* Ceci est une exagération de voyageur, que rien ne justifie.

Page 6, ligne 7. *In domibus fores maxillis belluarum facere.* Rien n'est plus croyable : en Norvége on emploie encore au-jourd'hui les mâchoires de baleines comme des poutres dans les constructions.

Ligne 9. *Exeunt et pecori similes belluæ, ibi, in terram, pastæ-que radices fruticum, remeant.* Ce sont les lamantins et les du-gongs, animaux herbivores, qui tiennent de près aux cétacés, et qui, dit-on, viennent paître l'herbe des rivages, ou du moins les algues qui en garnissent les rochers.

Ligne 11. *Equorum, asinorum, taurorum capitibus.* Il n'y a

entre les cétacés et les animaux domestiques aucune ressemblance réelle ; mais le peuple trouve souvent de ces sortes de rapports dans son imagination.

III , page 6 , ligne 15. *Physeter.* C'est peut-être la grande baleine, qui anciennement n'était pas rare dans le golfe de Gascogne, où les Basques ont appris à la pêcher.

Ligne 17. *In Gaditano oceano arbor.* L'idée de cet animal est prise peut-être de l'espèce d'étoile de mer nommée *tête de Méduse ;* mais la taille énorme qu'on lui attribue n'a aucun fondement dans la nature. Les habitans du Nord ont des contes analogues sur un poulpe qu'ils disent grand comme une île, et qu'ils appellent *kraken.*

Ligne 19. *Rotæ appellatæ.* L'idée de la *roue* a pu être prise de ces zoophytes nommés *méduses* par Linnæus , et qui ont en effet la forme d'un disque divisé par des rayons : on aura pris quelques taches pour des yeux ; mais ces méduses n'ont point une grandeur excessive , telle que Pline semble la leur attribuer en les plaçant dans ce chapitre, et telle qu'Élien la leur donne positivement (liv. XIII , ch. 20), en les décrivant d'ailleurs de manière à les faire assez bien reconnaître. Nous avons vu tout au plus des rhisostomes de deux pieds de diamètre.

Page 8 , ligne 5. *Tritonem..... nereidum , etc.* Il est impossible d'expliquer ces tritons et ces néréides autrement que par la fraude de ceux qui les montraient ou qui prétendaient les avoir vus. Toute la ville de Londres a eu l'année dernière le spectacle de ce qu'on appelait *fille de mer* (*meer maid*). Nous avons examiné un objet absolument semblable ; c'était un corps d'enfant dans la bouche duquel on avait introduit des mâchoires d'un spare , et où l'on avait remplacé les jambes par un corps de sciène.

IV, page 8 , ligne 19. *Elephantos , et arietes , etc.* On a de tout temps donné aux divers cétacés des noms d'animaux terrestres. Il serait possible que les *béliers marins* fussent de cette grande espèce de dauphin que l'on nomme autrement *bootskopf,* et qui a sur l'œil une tache blanche , courbée à peu près comme la corne d'un bélier.

L'éléphant est peut-être le morse (*trichechus rosmarus*, L.), qui a des défenses sortant de la bouche comme l'éléphant ; cependant il est confiné dans les mers septentrionales, et je ne sache pas qu'on l'ait jamais vu sur nos côtes.

Page 8, ligne 21. *Bellum in Gaditana litora.* D'après cette description, et surtout d'après ses dents, cet animal devait être le cachalot (*physeter macrocephalus*, L.).

Page 10, ligne 1. *Ossa Romæ adportata, etc.* Les os prétendus du monstre auquel on avait exposé Andromède étaient sans doute des os, et surtout des mâchoires inférieures de baleine, comme on en voit sur beaucoup de côtes, où on les recueille quelquefois à cause de leur étonnante grandeur.

Ligne 5. *Spinæ crassitudine sesquipedali.* Les squelettes de baleine du Muséum d'histoire naturelle ont des vertèbres au moins de cette épaisseur, et il y en a de plus grandes.

V, page 10, ligne 7. *Balœnæ et in nostra maria penetrant.* Il est certain qu'encore aujourd'hui la Méditerranée a quelques baleines. Le Muséum d'histoire naturelle possède la tête d'une qui avait échoué aux Martigues. Cette année même, 1829, il en est échoué une sur les côtes du Languedoc.

Ligne 10. *Orcas.* On croit que c'est le grand dauphin appelé épaulard ou bootskopf (*delphinus orca*, L.) ; en effet, ce cétacé est un dangereux ennemi pour la baleine, qu'il attaque surtout en lui dévorant la langue, laquelle est énorme et fort tendre. Cependant, l'*orque* pris dans le port d'Ostie, à en juger par sa grandeur, devait être un cachalot.

VI, page 12, ligne 14. *Ora balœnæ habent in frontibus.* Les baleines ont, non pas la bouche, mais les narines, sur le sommet de la tête, et c'est par là qu'elles lancent des colonnes d'eau.

Ligne 16. *Spirant..... in mari, quæ..... pulmonem habent.* Ce sont les cétacés, animaux semblables aux quadrupèdes par leurs viscères, leur respiration, leurs mamelles, et qui en diffèrent seulement par leur forme générale, qui se rapproche de celle des poissons.

Page 14 , ligne 8. *Pulmonum vice aliis possunt alia spirabilia inesse viscera..... sicut et pro sanguine est multis alius humor.* En effet, les mollusques ont, au lieu de sang, un liquide bleuâtre ou sans couleur. Les insectes respirent par des trachées, c'est-à-dire par des vaisseaux élastiques qui pénètrent dans toutes les parties de leur corps. Enfin, les branchies sont un organe aussi essentiellement respiratoire que les poumons. Tout ce que l'auteur ajoute sur l'introduction de l'air dans l'eau est également conforme à la vérité. C'est par le moyen de l'air mêlé à l'eau, ou de celui qu'ils vont humer à sa surface, que les poissons respirent.

Page 16 , ligne 4. *Balœnis a fronte, delphinis a dorso.* Les dauphins ont leurs narines, autrement appelées évents, un peu plus en arrière sur la tête que les baleines, sans les avoir cependant sur le dos.

VII , page 16 , ligne 9. *Delphinus.* Il y a dans cet article un mélange de traits relatifs aux deux animaux dont j'ai parlé dans ma note sur le chapitre 38 du livre VIII.

Ligne 10. *Multum infra rostrum os illi.* Ce n'est pas vrai du dauphin cétacé, mais bien du *squalus acanthias*, du requin, etc. ; *pinnæ aculeos*, du chapitre suivant, ne convient aussi qu'à l'acanthias. Le reste des deux chapitres paraît se rapporter plutôt au vrai dauphin, mais les modernes ne l'ont pas vu s'apprivoiser à ce degré ; aussi quelques auteurs ont-ils pensé qu'il s'agissait dans ces histoires du lamantin (*trichechus manatus*). Ce qui nous détourne de cette opinion, c'est que le lamantin n'habite point la Méditerranée.

IX , page 22 , ligne 19. *Latera.* La pêche des muges a lieu encore dans l'étang de Lattes, sur la côte du Languedoc, comme du temps de Pline ; et on peut en voir la description dans les *Mémoires* d'ASTRUC, *sur l'histoire naturelle* de cette province (page 568) : mais les dauphins n'y sont plus pour rien, et cependant la même fable a été placée en d'autres lieux par Élien (liv. II, ch. 8) et par Oppien (*Halieutic.*, v, v. 425). Albert (*de Anim.*, liv. XXIV) prétend que ce moyen était en usage de son temps sur les côtes d'Italie, et Rondelet (*de Piscib.*, liv. XVI, ch. 8) que c'était sur les côtes d'Espagne, près de Palamos. Peut-être le fait se réduit-il (ainsi que l'ont pensé Belon et Astruc) à ce que les dauphins, en poursuivant les troupes de muges, les contraignent quelquefois à se jeter dans les anses et les étangs salés ; ce qui, dans certaines circonstances, a pu en rendre la pêche plus abondante.

XI, page 26, ligne 17. *Delphinorum.* J'ai déjà fait remarquer qu'il y a encore ici quelque confusion entre un animal du genre des dauphins, et un autre du genre des squales. Peut-être s'agit-il principalement de ce grand dauphin que Linnæus nomme *delphinus tursio ;* mais alors la comparaison de ses dents avec celles d'un requin ne serait pas exacte ; et, d'ailleurs, on sait par Athénée (liv. VII, p. 310) que *tyrsium* ou *tursion* était, chez les Romains, un morceau salé de requin.

XII, page 28, ligne 4. *Casas integant..... navigant cymbis.* Je crois que c'est encore ici une grande exagération de voyageur.

Page 30, ligne 5. *Cornibus latis , sed mobilibus.* On a pris ici les pieds de devant pour des cornes ; dans les tortues de mer ils sont en effet longs, étroits et pointus.

XV, page 32, ligne 14. *Pristis , balœna.* C'est mal à propos que Pline place la scie et la baleine parmi les animaux qui ont du poil. Aristote (liv. VI, ch. 12) dit bien que la scie et le bœuf (qui est une raie) font des petits vivans comme la baleine et le dauphin, mais il ne va pas plus loin.

Ce qui est dit ensuite du *veau marin* est généralement exact, excepté toutefois les propriétés de son poil et les vertus de sa nageoire.

XVI, page 34, ligne 11. *Piscium...... species.* Aujourd'hui le seul Cabinet du Roi possède près de six mille espèces de poissons.

XVII, page 34, ligne 15. *Præcipua magnitudine thynni.* Cetti, dans son *Histoire naturelle de Sardaigne*, tom. III, p. 134, assure

que les thons de mille livres ne sont pas très-rares , et que l'on
en a pris qui pesaient jusqu'à dix-huit cents livres.

Page 34 , ligne 17. *Quinque cubita et palmum.* Ce passage est,
comme le précédent, pris d'Aristote (liv. VIII), et semble un peu
moins croyable. Une distance de sept à huit pieds d'une pointe de
la queue à l'autre annoncerait un individu de vingt-cinq pieds de
longueur ; aussi la plupart des manuscrits de Pline ne portent-ils
que deux coudées.

Ligne 18. *Haud minores : silurus in Nilo.* Il ne peut y avoir de
doute sur le silurus : c'est un synonyme du *glanis* d'Aristote ,
puisque Pline rapporte de lui (liv. IX , ch. 16 et 51) les mêmes
choses qu'Aristote de son glanis (*Hist.* , liv. VIII , ch. 20 , et
liv. IX , ch. 37), savoir les soins qu'il prend de sa famille , et
l'effet que produisent sur lui la canicule et les orages.

Il est facile de prouver , d'ailleurs , que ce n'est point l'esturgeon , mais bien le poisson encore nommé *silurus* par les
naturalistes , le *wels* ou *schaid* des Allemands , le *saluth* des
Suisses , etc.

1°. Pline , dans le chapitre actuel , dit que c'est un poisson
cruel , qui saisit et noie souvent des chevaux.

2°. Aristote dit de son glanis qu'il brise les hameçons ; l'esturgeon , poisson très-inoffensif , ne fait rien de tout cela.

3°. Ausone (*Mosell.* , v. 135 et suiv.) dit qu'il ressemble à
un dauphin , et paraît comme enduit d'huile d'olive ; deux caractères très-vrais pour le wels , qui est lisse et d'un brun verdâtre , et nullement pour l'esturgeon , qui est gris et hérissé de
boucliers épineux.

4°. Aristote assure que ses œufs ont la grandeur d'un pois :
le wels est un des poissons dont les œufs sont les plus grands.

Du reste , ce qui est rapporté par Pline (*hic*) et par Élien
(liv. XIV , ch. 15) de la grandeur du silure , de sa voracité , de
la manière dont on le prend , etc. , convient très-bien au wels.
Ce que l'on dit du soin qu'il prend des œufs de sa femelle n'est
pas exact ; mais comme le mâle et la femelle se tiennent dans
des trous et y vivent fort tranquilles , il suffit que l'on ait vu
de leurs œufs à la proximité d'un mâle , pour que l'on ait fait
cette histoire.

Strabon (XVII, p. m. 823 B.) parle du σίλουρος comme d'un poisson du Nil ; Pline (liv. V, ch. 9) le nomme aussi parmi les poissons d'un lac dont on prétend que le Nil tire son origine. Élien (liv. XII, ch. 29) en place de privés dans un étang près de Bubaste, de petits dans le Cydnus de Cilicie ; il en met aussi dans l'Oronte, dans le lac Apamée, etc. ; c'est que toutes ces eaux produisent, non pas précisément le wels d'Allemagne, mais des poissons du même genre, et d'un grand nombre d'espèces dont on peut voir plusieurs dans le grand ouvrage sur l'Égypte. Au reste, ces noms, comme tous ceux des anciens, n'avaient pas une acception aussi fixe qu'aujourd'hui. Ainsi Élien (liv. XII, ch. 14), parlant du glanis du Méandre et du Lycus, auquel il rapporte ce qu'Aristote avait dit du soin que ce poisson prend de sa progéniture, dit qu'il ressemble au silure : il le compare par conséquent à quelque autre espèce du même genre, peut-être aux silures de l'Égypte. C'est ainsi que Pausanias raconte (*Messeniac.*, p. m. 280) que le Nil, le Rhin, l'Ister, etc., produisent des poissons nuisibles, semblables aux glanis de l'Hermus et du Méandre, mais plus forts et plus noirs. Il y a en effet des silures dans ces rivières ; dans le Rhin et dans l'Ister c'est le wels lui-même ; dans le Nil ce sont d'autres espèces, et apparemment que les glanis du Méandre étaient d'espèces plus petites.

Page 34, ligne 18. *Esox in Rheno.* On ne sait pas au juste ce que c'est que cet *esox* du Rhin, dont le nom ne paraît que dans ce seul endroit, et une autre fois dans Hesychius (ἔσιξ, ἰχθὺς κητώδης). Rondelet (*Fluvial.*, 178) a soupçonné qu'il fallait lire *exos*, et que cette dénomination avait été imaginée pour une espèce d'esturgeon. Gesner (page 368) demande si ce ne pourrait pas être le *brochet ;* mais le brochet était bien connu des Romains sous le nom de *lucius*, et sa taille n'est jamais assez grande pour que Pline l'ait comparé au wels et à l'*attilus*, et pour qu'Hesychius ait pu le rapprocher des cétacés. Cependant c'est d'après cette conjecture que le genre des brochets porte le nom d'*esox* dans les naturalistes modernes.

Page 36, ligne 1. *Attilus in Pado.* Il y a dans le Pô plusieurs très-grandes espèces du genre des esturgeons, et dans le nombre il s'en trouve une qui porte encore , selon Salvien et Rondelet (page 416), les noms d'*adello* et d'*adilo*. Aldrovande l'appelle *adeno* ou *ladano* , et en donne la figure (page 563). C'est très-probablement l'attilus de Pline.

Page 36, ligne 3. *Minimus piscis appellatus clupea.* C'est sans doute quelqu'un de ces nombreux animaux parasites qui s'attachent aux branchies des autres poissons et en sucent le sang, peut-être une des petites espèces de lamproies. Nous verrons ailleurs que ce nom de *clupea* a aussi été employé pour la *feinte* ou pour l'*alose ;* c'est pourquoi Linnæus l'a consacré au genre entier des harengs.

Ligne 9. *Et in Borysthene memoratur præcipua magnitudo, nullis ossibus spinisve intersitis , carne prædulci.* Il n'est plus question ici du silure , mais de quelqu'une de ces grandes espèces d'esturgeon si communes dans les fleuves qui se jettent dans la mer Noire , et dont le squelette est en effet toujours cartilagineux , et la chair généralement très-bonne.

Ligne 11. *In Gange...... platanistas.* C'est probablement le dauphin du Gange (*delphinus Gangeticus*), décrit par le docteur Roxburgh , dans les *Mémoires de Calcutta* , tome VII , et dont j'ai parlé dans mes *Recherches sur les ossemens fossiles* , tome V, première partie, pag. 279. Il a le museau et la queue du dauphin ordiniare , mais je ne voudrais pas répondre qu'il atteignît une longueur de quinze coudées.

Ligne 13. *Vermes branchiis binis , sexaginta cubitorum.* Ctésias donne une histoire semblable (*Ind.* , c. 27) ; mais son ver a deux dents , et non pas deux branchies ; il ne prend que les bœufs et les chameaux , et non pas les éléphans , et on en tire une huile qui allume tout ce qu'elle touche. Dans la plupart des manuscrits et des éditions de Pline le ver est long de soixante coudées au lieu de sept , et cela était nécessaire pour pouvoir dévorer des éléphans. Je soupçonne que c'est quelque congre ou quelque murène qui aura donné lieu à ces récits exagérés à l'orientale.

XVIII, page 36, ligne 20. *Thynni mares sub ventre non habent pinnam.* Quoique prise d'Aristote (liv. V, ch. 9), cette assertion est fausse. Le thon mâle ne diffère point de sa femelle par les nageoires. Au reste, Pline a exagéré l'expression d'Aristote. Celui-ci dit seulement que le thon femelle diffère du mâle par une petite nageoire sous le ventre qui manque au mâle, et non pas que ce mâle n'ait aucune nageoire sous le ventre.

Page 38, ligne 9. *Probatissima, quæ faucibus, etc.* L'expérience confirme ce que Pline avance de la différence de goût des diverses parties du thon. (*Voyez* CETTI, *Ist. nat. di Sardegna*, tom. III, page 137 et 138).

XIX, page 38, ligne 13. *Scombri.* Les naturalistes modernes appliquent ce nom au maquereau (*scomber, scombrus* L.), et tout semble prouver qu'ils ont raison ; on voit par divers passages des poètes latins que les *scombri* étaient communs et de petite taille ; qu'on les enveloppait de papier pour les vendre, et que l'on en menaçait les vers des mauvais poètes comme on les menace aujourd'hui du poivre et de la cannelle.

Martial, liv. IV, épigr. 86 :

> Nec scombris tunicas dabis molestas ;

et Perse, *Sat.* I, v. 43 :

> Et cedro digna locutus
> Linquere nec scombros metuentia carmina nec thus.

D'ailleurs Aristote (*Hist.*, liv. IX, ch. 2) range le scombre parmi les poissons qui vivent en troupes ; il l'associe aux thons, aux pélamides, mais le dit inférieur pour la force (liv. VIII, ch. 2). Enfin le maquereau porte encore aujourd'hui des noms dérivés de scomber : à Constantinople, *scombri* (HAMMER, *Const. et le Bosph.* I, page 45) ; à Venise, *scombro* (SALVIAN., page 241) ; en Sicile, *scurmu, scrumiu, scambirro* (RAFINESQUE, *indice d'Ittiol., Sic.*, p. 19).

Ligne 16. *Amiam vocant.* L'*Amia* des anciens, ainsi que l'a très-bien vu Rondelet (p. 238), est un poisson auquel, sur presque toutes les côtes de la Méditerranée, on a, mal à propos, transféré le nom de *pelamide.* C'est la *limosa* de Salvien (fol. 123), la *pelamide* de Belon (page 179), le *premier thon* d'Aldrovande (p. 313), enfin le *scomber sarda* de Bloch (p. 334). La preuve de cette synonymie, c'est que le *scomber sarda* est la seule espèce du genre des thons, dans la Méditerranée, qui ait les dents fortes, tranchantes, et soit capable d'attaquer de grands poissons, comme

Aristote le dit de l'*amia* (*Hist. anim.* liv. IX, ch. 37). Aristote (*Hist.* liv. II, ch. 15) a même très-bien connu sa vésicule du fiel, qui est d'une longueur plus qu'ordinaire.

XX, page 40, ligne 23. *Pompilos.* Le vrai pompile des anciens, qui accompagnait les vaisseaux et leur annonçait en les quittant l'approche de la terre (ÉLIEN, liv. II, ch. 15, et CLITARCHUS, *ap. Athen.*, liv. VII, p. 284), était le *pilote* des navigateurs modernes (*gasterosteus ductor*, L.); mais ce nom de *pompilus* peut avoir été donné à d'autres poissons qui ont la même habitude; il vient de πομπή, *comitatus* (OPPIEN, *Hal.*, 1, 188).

Page 42, ligne 2. *Soleæ.* Les soles (*pleuronectes solea*, L.).

Rhombi. Les turbots (*pleuronectes maximus*, L.).

Sepia. La sèche (*sepia officinalis*, L.).

Ligne 3. *Loligo.* Le calmar (*Sepia loligo*, L.).

Turdus et merula. Il y a lieu de croire que ce sont des labres.

Ligne 6. *Trichiæ.* Les trichias sont des poissons de la famille des harengs. Un scholiaste d'Aristophane attribue l'origine de ces noms aux arêtes fines et en forme de cheveux (θρίξ) qui remplissent leur chair, ce qui est en effet propre à ce genre. Aristote (*Hist.*, VI, 15) présente le membras, le trichis et le trichias comme différens âges du même poisson. Le trichis était petit et commun; on parle dans Aristophane (*Hipp.*, v, 662) d'en donner un cent pour une obole. On le salait pour approvisionner les flottes (Id., *Acharn.*, v. 51). Ainsi tout fait croire que le *trichis* était la *sardine* (*clupea sptus*, L.), ou peut-être une espèce plus petite, mais semblable, telle que la melette (*clupea meletta*, NOB.). Le *trichias* aura été alors la *sardine* proprement dite, ou une sardine de plus grande taille, ou peut-être même la *feinte* (*clupea ficta*, LACÉP.), que l'on appelle encore sardine en quelques endroits, notamment sur le lac de Garde eu Lombardie.

Ligne 8. *Istrum amnem subeunt.* Ce passage doit se rapporter à la *feinte*, qui ainsi que l'alose remonte dans les rivières; quant à l'idée que ce poisson se rendait dans l'Adriatique par des canaux souterrains, elle n'a aucun fondement.

N. B. La *feinte*, ainsi nommée de son nom flamand *venth* ou *vinth*, et que Lacépède appelle *clupea ficta*, est une espèce très-

semblable à l'alose, que Bloch même (pl. 3o, fig. 1) a représentée au lieu de l'alose, mais qui en diffère parce qu'elle a de
petites dents dont l'alose manque.

XXI, page 42, ligne 17. *Animal est parvum, etc.* C'est un
animal de la famille des lernées qui a été représenté, mais impar-
faitement, par Boccone dans ses *Recherches et Observations natu-
relles* (p. 287), et que Gmelin a nommé *pennatula filosa*, quoique
ce ne soit point une pennatule. C'est le genre *pennelle* d'Oken. Il
pénètre dans la chair des thons et des xiphias, et les rend, dit-on,
furieux.

Ligne 18. *Gladius.* L'*épée* ou l'*empereur* (*xiphias gladius*, L.).

XXIII, page 44, ligne 13. *Piscium feminæ majores quam mares.*
Cela est vrai, surtout au temps où elles sont pleines d'œufs.

Ligne 13. *In quodam genere omnino non sunt mares, sicut in erythinis
et chanis.* Aristote l'avait déjà dit, mais avec doute (*Hist.* liv. VI,
ch. 13). Ovide comme poète a été plus affirmatif (*Hal.*, 107) :

Et ex se
Concipiens channe, gemino fraudata parente.

Quelque incroyable que la chose paraisse, elle n'est pas sans un
fondement au moins apparent. Cavolini a observé dans des poissons du genre des serrans (*perca cabrilla* et *perca scriba*, L.), une
sorte d'hermaphroditisme ; l'ovaire a toujours dans sa partie inférieure un lobe qui, d'après sa texture, paraît être de la laitance;
et il croit qu'en effet dans cette espèce et dans quelques unes du
même genre, tous les individus produisent des œufs et les fécondent eux-mêmes.

Ligne 15. *Chanis.* Le χάνη ou χάννη des Grecs est le *perca
cabrilla* de Linnæus, l'un des serrans de nos côtes de Provence,
espèce qui selon Forskal (*Faun. arab.*, p. 36, n. 32), et selon
Sonnini (*Voyage en Grèce et en Turquie*, I, 281), porte encore
parmi les Turcs et les Grecs modernes le nom de *chani* ou de
channo, et où Cavolini a observé l'organisation singulière dont
nous venons de faire mention. Gaza traduit χάννη par *hiatula*,
parce qu'il le suppose venir de χαίνω, je bâille. Selon Athé-

née (VII , p. m. 327) , Aristote l'avait décrit comme rouge foncé et varié de raies noires, ce qui convient très-bien au *perca scriba*, L., l'espèce de serran la plus voisine du *cabrilla*.

XXIV, page 46, ligne 8. *Lapidem in capite habere existiman-tur.* Tous les poissons ont dans le labyrinthe membraneux de leur oreille des corps pierreux suspendus dans un liquide gélatineux : mais ces corps, ou au moins l'un d'eux, sont plus grands dans certaines espèces que dans d'autres. C'est surtout dans les scènes qu'ils arrivent au plus grand volume.

Ligne 9. *Lupi.* Le *loup* de nos côtes de la Méditerranée, le *bar* de celles de l'Océan (*perca labrax*, L.).

Chromes. Aristote attribue à son *chromis* des pierres dans la tête (*Hist.*, VIII, c. 19), une ouïe fine (*ibid.*, IV, 8), la faculté de faire entendre une sorte de grognement (*ibid.*, IV, 9) et l'habitude de vivre en troupes et de ne pondre qu'une fois par an (V, 9), toutes circonstances qui conviennent très-bien au maigre (*sciæna umbra*, Nob.). Ajoutez qu'Épicharme dans Athénée (VII, p. m. 282) dit que le chromis ainsi que le xiphias sont au printemps les meilleurs des poissons, rapprochement et qualification qui vont aussi très-bien au maigre à cause de sa grandeur et de son bon goût ; cependant comme le *glaucus* qu'Aristote distingue du chromis a des rapports encore plus frappants avec le maigre, et comme Belon nous dit que l'ombrine (*sc. cirrhosa*) porte encore quelquefois à Marseille les noms de *chron* ou de *chrau*; comme au rapport de Gyllius, elle prend sur la côte de Gênes celui de *chro*, il ne serait pas impossible que ce fût elle qui eût été le chromis des Grecs ainsi que l'a pensé Belon.

Sciænæ. Σκιά signifie *ombre*, et l'on en a tiré plusieurs noms de poissons. Celui de σκίαινα a été traduit par les modernes par *umbra* ou *ombre;* mais ce nom est donné aujourd'hui à des poissons si différens, depuis l'*ombre* des Italiens ou *maigre* des Français (*sciæna umbra* , Nob.), l'*ombrine* (*sc. cirrhosa*, L.), jusqu'à l'*ombre* d'Auvergne (*salmo thymallus*, L.), et à l'*ombre chevalier* (*salmo umbla*, L.), que cette traduction n'éclaircit rien. Aristote ne dit autre chose de son *sciæna*, sinon qu'il a des pierres dans la tête (*Hist.*, VIII, c. 19); ce qui est commun à beaucoup de poissons. Pline copie ce passage en conservant le nom grec. Ovide, Columelle et Ausone nomment l'*umbra*; mais dans les deux premiers c'est un poisson de mer (*Hal.*, v. 112 : *tum corporis umbra liventis, etc.*), dans le troisième c'est un poisson d'eau douce (*Mosell.*, v. 901, *effugiens oculos celeri levis umbra natatu*). Varron, qui cite aussi le nom d'*umbra* parmi ceux des poissons (*de Ling. lat.*, liv. IV), ajoute que l'espèce qui le porte le doit à sa couleur ; ce qui, joint à la qualification de *livens* que lui donne Ovide, fait juger qu'elle était obscure. Il ne serait donc pas impossible que ce fût le *corb* ou *corbeau de mer* (*sciæna nigra*, N.).

Page 46, ligne 9. *Pagri.* Ce passage est tiré d'Aristote (*Hist.*, liv. VIII, c. 19), où pour *pager* il y a φάγγρος. On appelle aujourd'hui, sur les côtes de la Méditerranée, de plusieurs noms dérivés de ceux-là, tels que *pagre* ou *pageau*, *fragolino*, *etc.*, un poisson d'un rouge argenté, qui est le *sparus erythrinus* de Linnæus (son *sparus pagrus* est une autre espèce). Les Grecs modernes l'appellent aussi φάγρος, et c'est la meilleure preuve que l'on ait de son identité avec le phaggros d'Aristote ou le pager de Pline ; encore faut-il bien distinguer de ce pagre marin un phagre ou phagrorios du Nil, qui paraît avoir été tout différent. Le pagre de mer des anciens pourrait en effet avoir été le nôtre, car le peu qu'ils disent de ses caractères lui convient. Il était rouge comme le nôtre : *rutilus pagur*, dit Ovide (*Hal.* v. 108); c'était, selon Aristote (liv. VIII, ch., 13), un poisson à la fois littoral et de haute mer, qui avait des pierres dans la tête (liv. VIII, ch., 19), c'est-à-dire des corps pierreux assez grands dans le labyrinthe de l'oreille. Oppien (*Hal.*, I, 140) distingue des ὀξυφάγροι, des ἀγριοφάγροι et des ὀλοφάγροι : mais il n'assigne point leur différence. Selon le même poète (III, 185), les *channe* sont un doux appât pour le pagre, ce qui suppose qu'il était assez grand; et, en effet, plusieurs des auteurs que cite Athénée (liv. VII, p. 327), lui donnent l'épithète de grand. Hicesius dit au même endroit qu'il ressemble à l'erythrus, au chromis, à l'anthias et à d'autres poissons très-différens entre eux ; mais c'est sous le rapport des propriétés de sa chair qu'il le leur compare, en sorte que l'on ne peut en rien conclure pour sa forme ; mais Numenius, toujours dans Athénée, l'appelle pagre à crête (φάγρον λοφίην), ce qui

peut se rapporter à la hauteur de sa nuque. Quant à ce qui est
dit de ses propriétés, cela est encore moins caractéristique. Selon
Hicesius, sa chair était douce, un peu astringente, nourrissante.
Gallien la dit dure et de difficile digestion, quand il est vieux.
Sa tête surtout était un mets délicat, selon Archestrate ; mais le
reste ne valait pas la peine d'être emporté ; on sait qu'Archestrate était par trop recherché en matière de gourmandise.

Page 46, ligne 12. *Hippurus.* Ce nom est tiré d'Aristote, et
Athénée (l. VII, p. 304) le dit synonyme de κορύφαινη. Les naturalistes modernes ont appliqué ces deux noms à la *dorade* des navigateurs, la *lampugue* des Espagnols et des Siciliens (*coryphœna
hippurus*, L.), mais ce n'est pas un emploi dont la justesse soit complètement démontrée ; car il ne reste point de trace de ces noms
dans les langages actuels du tour de la Méditerranée, et les anciens
ne donnent pas de caractères bien positifs à leur coryphœna ou à
leur hippurus ; c'était un bon poisson qui avait l'habitude de sauter, et avait en conséquence été nommé *arneutès*, d'ἀρνός, agneau
(ATHÉN., *loc. cit.*). Il jetait ses œufs au printemps ; son accroissement était fort rapide (ARIST., *Hist. an.* v, ch. 10), et il se re-
tirait en hiver, en sorte que dans tous les lieux où l'on en pê-
chait ce n'était que pendant des intervalles bien marqués et
toujours les mêmes (ARIST., liv. VIII, ch. 15). Ovide lui donne
l'épithète de *rapide* (*Hal.*, v. 96) ; cependant il devait être assez
grand, puisque Oppien le range parmi les cétacés, et ajoute
qu'il n'approche point du rivage (*Hal.*, 1, 184), qu'il suit en
troupes tout ce qui flotte dans la mer et surtout les débris des
navires naufragés (*ibid.*, IV, 404 et suiv.), que la girelle (*labrus
julis*, L.) lui sert d'appât, et qu'il en sert lui-même au xiphias
(*ibid.*, III, 186).

Coracinus. Rondelet et d'autres modernes ont voulu retrouver le coracin dans le corb (*sciœna nigra*, L.); mais mes recherches
m'ont conduit à un tout autre résultat. On dérivait son nom
de κόραξ, parce qu'il était noir (OPPIEN, *Hal.*, 1, 133): cependant il y en avait aussi de blancs, et Athénée (l. VIII, p. 356)
les distingue, et dit même qu'ils étaient meilleurs ; mais les noirs
étaient les plus communs. Aristophane, cité par Athénée (*Ibid.*,
p. 308), appelle même le coracin, le poisson aux nageoires noires

($\mu\varepsilon\lambda\alpha\nu\sigma\pi\tau\acute{\varepsilon}\rho\upsilon\gamma\sigma\nu$). Aristote dit (*Hist.*, liv. v, ch. 10) que c'est un petit poisson, et de ceux qui croissent le plus rapidement; et (liv. IX, ch. 2) qu'il vit en troupes. C'était un poisson peu estimé que l'on nommait ordinairement au diminutif (ATHÉN., p. 309), dont on faisait des salaisons et du garum (*Geopon.*, l. XX, c. 25), que l'on prenait en grand nombre, et que l'on employait comme appât pour la pêche des anthias (ÉLIEN, XII, 17); mais il y avait aussi des coracins de rivière. Strabon (*Géogr.*, XVII) parle de ceux du Nil; et Athénée (liv. VII, p. 309 et VIII, p. 356) les vante extraordinairement pour la bonté de leur chair. Il dit ailleurs que parmi les nombreux et bons poissons de ce fleuve, les coracins sont au rang des meilleurs. Martial en dit autant (liv. XIII, épigr.):

> Princeps Niliaci raperis coracine macelli,
> Pellææ prior est gloria nulla gulæ.

Mais Pline dit (liv. XXXII, ch. 5) que ce coracin était particulier au Nil, et même (liv. V, ch. 9) que, d'après son existence dans un lac de la basse Mauritanie, Juba avait prétendu que le Nil sortait de ce lac. Selon Athénée (liv. III, p. 121), les riverains du Nil le nommaient $\pi\acute{\varepsilon}\lambda\tau\eta$, bouclier, et (liv. VII, p. 309) ceux d'Alexandrie l'appelaient $\pi\lambda\acute{\alpha}\tau\alpha\xi$ à cause de son contour. Or, nous savons que le meilleur poisson du Nil est le bolty (*labrus niloticus*, L., mon *chromis nilotica*). Il est plat, comprimé. Posé sur le côté il paraît arrondi. Sa couleur est pâle comparée à celle du petit poisson qui lui est congénère (le *castagnau*; *sparus chromis*, L., mon *chromis castanea*), qui est d'un brun noirâtre, et qui fourmille sur nos côtes où il n'a jamais pu être estimé que comme appât ou salaison.

Je ne doute donc nullement que le coracin de mer ne fût ce castagnau, et celui du Nil le bolty.

Page 46, ligne 14. *Muræna.* On a douté, d'après l'autorité de Paul Jove, si ce mot signifiait la murène d'aujourd'hui (*muræna helena*, L.), ou la lamproie (*petromyzon marinus*, L.). Ces deux poissons ont en effet, en commun, un corps long, lisse, sans nageoires paires, une chair agréable, etc. Mais il y a d'autres caractères d'après lesquels on peut aisément prouver qu'au moins dans la plupart des passages, soit de Pline, soit d'Aristote, soit d'Élien, c'est la première acception qui est la véritable.

> . . . . Ardens
> Auratis muræna notis. . . . . . .

dit Ovide (*Hal.*, v. 114 et 115), ce qui ne peut se rapporter qu'à la murène. La lamproie n'a point de taches jaunes. Dans un autre endroit (v. 27), il l'appelle *muræna ferox*, ce qui également ne convient qu'à la murène; la lamproie, qui ne peut que sucer, ne mérite point cette épithète. On voit aussi dans Élien (l. IX, c. 40) que la murène se défend avec ses dents, qui sont sur un double rang; dans Aristote (*Hist.*, liv. VIII, ch. 2), qu'elle ne vit que de chair, et dans Pline même (l. IX, c. 88), qu'elle coupe la queue du congre. Des murènes seules et non des lamproies pouvaient dévorer ces esclaves que leur faisait jeter Vedius Pollion, comme le rapporte Sénèque (*de Clementia*, liv. I, ch. 8), et d'après lui Pline et Tertullien. Enfin, ce qui est complètement décisif, Aristote dit (liv. II, chap. 13) que la murène a quatre branchies de chaque côté comme l'anguille, et la lamproie en a sept.

Cependant lorsque Pline parle des sept taches des murènes de la Gaule septentrionale, il y a grande apparence qu'il parle d'après quelque conte de voyageur auquel les sept orifices branchiaux de la lamproie avaient donné naissance.

Page 46, ligne 14. *Orphus.* L'*orphus* des anciens, que Gaza traduit par *cernua*, nom inconnu aux anciens Latins, était rougeâtre, avait les écailles âpres, les dents pointues, de grands yeux, la chair dure. Il vivait dans la mer solitairement le long des rochers où il trouvait des coquillages dont il faisait sa principale nourriture. Il se cachait pendant l'hiver dans les creux des rochers sous-marins. Sa croissance était rapide, il ne vivait pas plus de deux ans; quand on le coupait par morceaux ses muscles palpitaient encore. Rondelet, qui a soigneusement recueilli ces différens caractères, en fait l'application à un poisson du genre des pagres qui paraît être le barbier. Mais il ne serait pas facile de prouver la justesse de cette application, la tradition ne la justifie pas. Le nom d'orphe a disparu des côtes de France et d'Italie. Selon Gillius et Belon, on le retrouve chez les Grecs modernes, mais sous la forme de *ropho*.

Page 46, ligne 14. *Conger.* Le congre (*murœna conger*, L.).

Percœ. Il est probable qu'il s'agit ici des poissons que les anciens nommaient perches de mer, et l'on a lieu de penser que c'était l'espèce de serran qui a des bandes brunes en travers du corps comme la perche (le *perca scriba,* L.). C'est du moins l'opinion de la plupart des naturalistes ; et, en plusieurs endroits d'Italie, les pêcheurs nomment encore cette espèce *percia marina.*

Page 46, ligne 16. *Pseltam.* Ψῆττα, que Gaza traduit par *passer,* était un poisson plat, que l'on compare toujours à la sole, au turbot. Athénée (l. VII, *sub. fin.,* p. m. 330) dit même que c'est le poisson que les Romains appelaient rhombus, c'est-à-dire le turbot, mais le turbot était aussi le ῥόμϐος des Grecs, comme le prouve un passage de Naucrates cité immédiatement après par Athénée. Je crois trouver une preuve que *psetta* est non pas le turbot (*pleuron. maximus,* L.), mais la *barbue* (*pleuronectes rhombus, ejd.*), et cela dans un passage d'Aristote (l. IX, c. 37), où il est dit que le psetta se cache dans le sable comme la baudroie, et attire les petits poissons en agitant les filets d'autour de sa bouche. Ce sont les petits rayons distincts de la partie antérieure de la nageoire dorsale qui forment une espèce de frange sur le museau de la barbue, et qui lui ont même valu son nom français. Le turbot ne les a point.

XXV, page 46, ligne 19. *Glaucus.* Les naturalistes ont tous supposé, d'après Rondelet, que le glaucus des anciens est un centronote (le *scomber amia* ou le *scomber glaucus,* L.), mais il est facile de prouver le contraire ; Aristote (liv. II, chap. 17) dit que le glaucus a les appendices du pylore en petit nombre, comme la dorade (*sparus aurata,* L.), et les centronotes les ont presque en plus grand nombre que la plupart des poissons.

Le glaucus était un grand poisson (ATHÉN., III, 107) à qui les muges servaient d'appât (OPPIEN., *Hal.* III, v. 193), qui vivait dans la haute mer (ARIST., II, 13), et cherchait sa nourriture dans les roches et dans le sable (OPPIEN, *Hal.,* I, 170), qui se tenait caché en été pendant soixante jours (ARIST., VIII, 15). Ajoutez que, d'après divers passages d'Athénée et d'autres auteurs que l'on trouvera réunis dans Gesner (*Pisc.,* page 392), ce poisson était fort estimé, et que sa tête était la partie que l'on en préférait. D'après ces traits, ce devait être plutôt un maigre (*sciœna aquila*, Cuv.) qu'un centronote ; il est vrai que le maigre portait aussi le nom de *latus,* mais ces diversités de nomenclature ne sont que trop communes dans les anciens.

Page 46, ligne 19. *Aselli.* Presque tous les naturalistes, et toujours en suivant Rondelet, appliquent ce nom au merlus (*gadus merluccius,* L.), ou au genre des gades en général ; il est bien vrai que l'onos des Grecs, qui est l'*asellus* des Latins, s'appelait aussi γαδός (*Dorion ap. Athen.,* VII, 315). Mais cet onos était loin d'avoir les caractères du merlus : il se cachait dans le sable comme la baudroie et faisait vibrer ses barbillons pour attirer les petits poissons (ARIST., IX, 37) ; on ne le voyait point pendant la canicule (*ibid.,* VIII, 5 ; et ÉLIEN, IX, 38) : loin de vivre en troupes, comme la plupart des gades, il vivait toujours solitaire (ÉLIEN, VI, 30). Sa bouche était faite comme celle des squales (ATHÉN., VII, 315) ; son ventre était tacheté (*id., ibid.*) ; sa taille grande (EPICH., 16) ; sa chair délicate et propre à être offerte aux fiévreux (GALIEN, *de Alim. fac.,* III et *method.* VII, 9, et VIII, 2). Il n'est guère (dans les gades de Linnæus) que la mustèle ou lote de mer (*gadus tricirrhatus,* pl. 165) qui présente une partie de ces caractères ; encore dit-on que sa chair ne vaut rien ; mais Galien entendait peut-être parler de la lote de rivière, *gadus lota,* dont la chair est excellente, et qui ressemble assez à la mustèle pour avoir porté le même nom.

Ligne 20. *Auratœ.* L'aurata, en grec χρύσοφρυς, sourcil d'or ; en notre langue, daurade de la Méditerranée (*sparus aurata,* L.), remarquable en effet par le trait doré en forme de croissant qu'elle a au dessus des yeux.

Silurus. Voyez la note sur la sect. 17 de ce livre.

XXVI, page 48, ligne 7. *Mugilum.* Les muges ou mulets (*mugil,* L.), genre dont nos côtes possèdent plusieurs espèces, mais dont les habitudes, telles que Pline les raconte ici, ne sont pas bien authentiquement constatées.

XXVII, page 48, ligne 16. *Acipenser... elopem.* Le caractère d'écailles dirigées vers la tête, que les anciens attribuent à leur acipenser et à leur hélops ou élops n'a lieu dans aucun poisson :

mais le genre des esturgeons a, au lieu d'écailles, des plaques disposées sur des lignes longitudinales et qui n'empiètent point les unes sur les autres, ne s'imbriquent point à la manière des tuiles comme les écailles de la plupart des poissons. Ce fait, mal décrit par le premier observateur, peut avoir donné lieu à cette expression inexacte : c'est probablement ce qui a déterminé Rondelet, et d'après lui la plupart des modernes, à donner le nom d'acipenser à l'esturgeon ordinaire, et même à tout le genre des esturgeons. En effet, Athénée range l'acipenser parmi les poissons cartilagineux et dans la famille des squales. Cependant Pline assure que l'acipenser est rare ; la même chose est remarquée par Cicéron ; et Martial en dit autant :

> Ad palatinas acipensem mittite mensas,
> Ambrosias ornent munera rara dapes.

Ce qui ne peut pas rigoureusement se dire de l'esturgeon. Selon Archestrate, dans Athénée, l'acipenser était petit et avait le museau très-pointu et la forme triangulaire ; le moins beau ne valait pas moins de mille drachmes attiques ; choses que l'on peut aussi conclure du bon mot de Pontius, rapporté par Cicéron, qui, voyant Scipion inviter indifféremment ceux qui venaient le visiter à un dîner où devait paraître un acipenser que l'on venait de lui apporter, lui dit : *Scipio vide quid agas; acipenser iste paucorum hominum est.* Or, notre esturgeon a souvent dix et douze pieds de longueur. La vogue de l'acipenser chez les Romains n'a pas été constante, mais lorsqu'elle avait lieu, elle était excessive, et, au rapport d'Athénée (liv. VII, pag. 294), de Sammonicus Severus, cité par Macrobe (*Saturn.,* liv. II, c. 12), on le faisait apporter à table par des serviteurs couronnés et précédés d'un trompette ; enfin, Archestrate dans Athénée (liv. VII, p. 294) dit qu'il se trouve à Rhodes ; qu'on le nomme le galéus de Rhodes. Ces diverses circonstances me feraient croire que l'acipenser était plus particulièrement l'espèce de petit esturgeon à museau pointu, si estimé des Russes sous le nom de sterlet (*acipenser ruthenus*, L. ; *acipenser pygmœus*, Pall.). Ce poisson habite dans la mer Noire et dans les fleuves qui s'y rendent. On l'a transporté avec succès dans le lac Ladoga, et dans le lac Méler en Suède. C'est le plus petit et le plus délicat des esturgeons ; et Pallas assure qu'on le vend à Pétersbourg des prix fous, *insano pretio*, quand il passe deux pieds de longueur. Rien n'empêcherait qu'il n'y en eût dans les rivières de l'Asie Mineure, et par conséquent dans le voisinage de Rhodes ; d'où l'on en portait quelquefois à Rome, surtout quand la mode et le luxe le demandaient. Il est vrai que Pline (liv. XXXII, c. 2) prétend qu'il n'est pas étranger à l'Italie, et en tire la conclusion qu'il n'est pas le même que l'élops dont Ovide a dit (*Hal.* I, vers 96) :

> At pretiosus elops, nostris incognitus undis.

Mais Ovide en dit tout autant de l'acipenser, vers 132 :

> Tuque peregrinis, acipenser, nobilis undis.

Au reste, les noms n'étaient pas assez fixes chez les anciens pour que celui d'acipenser n'ait pas pu être donné aussi à l'esturgeon commun ; et c'est ce qui aura motivé le passage de Pline. Rondelet n'ayant pas fait attention à ce qui a pu occasioner l'erreur que les écailles de l'acipenser étaient à l'envers, suppose que cette particularité est propre à l'élops, et que ce sont ceux qui confondaient les deux espèces qui l'avaient attribuée à l'acipenser, mais elle ne se trouve exactement dans aucun poisson connu ; et l'élops a pu être, soit ce même *sterlet*, soit quelque autre espèce d'esturgeon. Appien, dans Athénée (liv. VII, p. 294), dit, comme Pline, que l'élops était le même que l'acipenser ; et on ne voit pas, en effet, que rien de ce qui est dit de l'élops contrarie cette synonymie. A la vérité, Aristote n'en parle que deux fois (liv. II, chap. 13 et 15) par rapport à des détails d'anatomie qui ne le caractérisent point ; mais on voit par Varron (*de Re rust.*, liv. II, chap. 6), et par Pline (liv. IX, chap. 54), que c'est à Rhodes qu'il était le meilleur, comme Archestrate (ATHÉN., liv. VII, chap. 295) l'avait fait entendre de l'acipenser ; Columelle (liv. VIII, ch. 16) et Élien (liv. VIII, ch. 28) le placent dans la mer de Pamphylie, qui est voisine de Rhodes. Pline (liv. XXXII, ch. 2) assure que plusieurs attribuaient à l'élops la palme de la saveur ; Mation Parodus dans Athénée le dit le plus noble de tous les poissons, un mets digne des dieux, aussi le payait-on fort cher : et Varron, selon Nonius, l'appelle *multum munus,* ou *multinummus;* Élien assure (l. VIII, c. 28) que les pêcheurs, assez heureux pour le prendre, couronnaient de fleurs eux-mêmes et leur navire, et l'annonçaient, en rentrant au port, au son de la trompette; ce qui revient à ce que Sammonicus (*Macrob. loc. cit.*) dit avoir vu pratiquer pour l'acipenser à la table de l'empereur Sévère. M. Pallas (*Zoograph. Ross.,* III, pag. 97) affecte ce nom d'élops à une espèce d'esturgeon plus hérissée que les autres, représentée dans Marsigli (*Danub.* IV, pl. 12, f. 2) sous le nom de *huso sextus;* mais on ne voit pas sur quoi il se fonde pour croire que c'est celle-là précisément que les anciens nommaient élops. Je n'ai pas besoin de dire que le poisson auquel Linnæus a donné les noms d'*elops saurus,* et qui est étranger à l'Europe, n'a rien de commun avec l'élops ou l'hélops des anciens.

XXVIII, page 50, ligne 5. *Asellorum duo genera :* callariæ, *minores : et* bacchi, *qui non nisi in alto capiuntur.* On trouve ce nom de *bacchos,* comme synonyme d'onos (*Euthydem. ap. Athen.* VII, 315). On y trouve aussi ceux de *callarias,* de *gelaries,* de *galeridas,* mais aucun caractère pour distinguer les espèces auxquelles ces noms pouvaient appartenir. On n'oserait pas même affirmer que c'étaient toujours des lotes ou des mustèles; la nomenclature des anciens était trop irrégulière.

XXIX, page 50, ligne 10. *Scaro.* Le scare est le poisson le plus célébré par les anciens auteurs,

1°. A cause de la faculté de ruminer qu'on lui attribuait (ARIST., II, 17, et VIII, 17; et OVID., *Hal.,* 118):

> At contra herbosa pisces laxantur arena,
> Ut scarus, epastas solus qui ruminat escas.

2°. Parce qu'il ne vivait que de végétaux (ARIST., VIII, c. 2; ÉLIEN, I, c. 2);

3°. Parce qu'il produisait un son (OPP., *Hal.* I, 134; et Suid. voc. Πνεύμων);

4°. Par son ardeur en amour : on en attirait un grand nombre au moyen d'une femelle attachée à la ligne (OPPIEN., *Hal.* IV, v. 78; ÉLIEN, liv. I, c. 2);

5°. Par sa prudence et par les secours qu'ils se rendaient entre eux pour se tirer des filets (OVID., *Hal.* 9, OPPIEN, *Hal.* IV, 40 ; ÉLIEN, I, 4) ;

6°. Sa patrie originaire était l'Archipel et les mers voisines (ATHÉN. VII, pag. 320), surtout la mer Carpathienne entre la Crète et l'Asie Mineure (IX, c. 17) ;

7°. Il fut fameux à Rome de bonne heure parmi les gourmands (*Ennius apud* APUL., *Apol.* I ; et HOR., *epod.* II, v. 49) ;

8°. Du temps de Columelle il n'avait pas encore passé la Sicile (COL., VIII, c. 16) ; mais Elipertius Optatus, sous Claude, en apporta des côtes de la Troade et en répandit entre Ostie et la Campanie (PLIN., lib. IX, c. 17 ; et MACROB., *Sat.*, lib. II, c. 12) ;

9°. On l'assaisonnait avec ses intestins ; aussi Epicharme (*apud* ATHEN., lib. VII, p. 319 et 320), dit-il que les dieux craignent d'en rejeter les excrémens :

Σκαροὺς
Τῶν οὐδὲ τὸ σκῶς θεμιτὸν ἐκβαλεῖν θεοῖς.

Et Martial (lib. XIII, ep. 84) :

> Hic scarus æquoreis qui venit obesus ab undis
> Visceribus bonus est : cætera vile sapit.

10°. C'était un poisson bien coloré, que Marcellus de Seide appelle fleuri, et Oppien varié et peint, etc.

On a cherché long-temps quel pouvait être ce poisson. Rondelet donne pour tels un scare (liv. VI, chap. 2) et un labre (*ibid.*, c. 3) ; Belon décrit (*Ag.*, 233) et représente (*Observat.*, pag. 21), comme étant le scare, un poisson inconnu aujourd'hui aux naturalistes, et auquel il attribue des proéminences sur les côtés de la queue. Aldrov. (*Pisc.*, pag. 8) appelle *scarus cretensis* une espèce du genre qui porte à présent le nom de scarus, genre qui se distingue par des mâchoires osseuses faites à quelques égards comme un bec de perroquet.

Ayant appris par Belon que le nom de scaros est encore usité dans l'Archipel, j'ai fait venir les poissons qui le portent, et il s'est trouvé qu'ils répondent à la figure d'Aldrovande. Tout ce qui m'a été écrit de leurs habitudes, de la manière dont on les prend, dont on les assaisonne, répond fort exactement à ce que les anciens en ont dit, en sorte que je ne doute point d'avoir retrouvé le véritable scarus des Grecs et des Romains, dans le poisson représenté sous ce nom par Aldrovande.

Page 50, ligne 21. *Jecori mustelarum.* Hardouin nous paraît avoir très-bien prouvé que c'est la lote (*gadus lota*, L.) qui se nomme encore motelle dans plusieurs de nos provinces. Son foie est en effet un manger des plus délicats.

XXX, page 52, ligne 5. *Mullis* C'est le 7*ρίγλα* des Grecs, le *triglia* des Italiens modernes, le *rouget* des Provençaux, le *mullus barbatus* de Linnæus. Aucune synonymie n'est mieux prouvée en histoire naturelle. Pline le caractérise parfaitement par la double barbe qu'il porte sous le menton et par sa couleur rouge.

Ligne 7. *Septentrionalis tantum hos, et proxima occidentis parte gignit oceanus.* Nos côtes de la Manche et le golfe de Gascogne produisent une espèce de mulle plus grande, rayée de jaune (*mullus surmuletus*, L.), qui se trouve à la vérité aussi dans la Méditerranée, mais qui y est plus rare que la petite espèce toute rouge.

XXXI, page 54, ligne 12. *Mullum* LXXX *librarum.* Quoique les mulles de la mer des Indes soient en général plus grands que les nôtres, il n'y en a aucun qui approche de ce poids. Mucianus aura pris quelque autre grand poisson de couleur rouge pour un mulle. Il y en a de tels dans les genres des *pristipomee* et des *diacopee.*

XXXII, page 54, ligne 17. *Coracinus in Ægypto.* Nous avons déjà vu que le coracin d'Égypte doit être le bolty (*labrus niloticus*, L.).

Zeus, idem faber appellatus, Gadibus. Gillius a appliqué le nom de *faber* à la dorée ou poisson saint Pierre, parce qu'il l'a entendu appeler *forgeron* en Dalmatie, et que les Dalmates prétendent trouver dans ses os tous les instrumens d'une forge, comme on prétend trouver ceux de la passion dans le brochet. C'est d'après lui que les naturalistes modernes appellent ce poisson *zeus faber;* mais rien ne prouve que ce soit vraiment le *faber* des anciens, et même l'épithète de rare (*rarus faber*), que lui donne Ovide (*Hal.*, v. 126), ne peut guère convenir à la dorée qui n'est point rare dans la Méditerranée. A la vérité, si le *χαλκεύς* des Grecs était le même que le *faber*, comme on peut le supposer, on aurait un argument de plus en faveur de la dorée, dans ce que dit Athénée (l. VII, p. 328), que c'est un poisson de forme ronde; mais d'un autre côté Oppien (*Hal.*, v. 133) le range parmi les poissons saxatiles qui paissent près des roches herbeuses, et la dorée est au contraire un poisson de haute mer.

Page 54, ligne 18. *Salpa.* Le poisson nommé encore ainsi en Italie, et saupe en Provence, ou *vergadelle* en Languedoc (*sparus salpa*, L.), répond assez à ce que les anciens ont dit de leur σάλπη; qu'elle mange de l'herbe et en remplit son estomac (*Pancrat ap.* ATHEN.), qu'elle a des lignes nombreuses et rouges sur le corps (OPPIEN, *Halieut.*). Ce poisson, comme le dit Pline, est commun et mauvais; mais il n'est pas meilleur à Iviça que sur d'autres côtes. M. de La Roche dit même expressément, dans son histoire des poissons de cette île (*Annal. du Mus.*, XIII), que la chair de la saupe y est peu estimée.

Page 56, ligne 2. *In Aquitania salmo, etc.* C'est le saumon, poisson qui en effet remonte les fleuves, soit de la France, soit de tout le Nord, et est d'un excellent goût.

XXXIII, page 56, ligne 5. *Piscium alii branchias mutiplices habent, alii simplices, alii duplices.* C'est un fragment d'un passage plus étendu d'Aristote (*Hist.*, l. II, c. 13), où le philosophe distingue les poissons d'après le nombre de leurs branchies; mais ce passage dans son état actuel est inintelligible, ou du moins ne peut s'accorder avec l'observation. On ne connaît aucun poisson qui n'ait qu'une ou deux branchies. Les baudroies (*lophius*) en ont trois de chaque côté; le très-grand nombre des poissons quatre et une demie attachée à l'opercule; quelques cartilagineux en ont cinq ou six, et les lamproies en ont sept.

Ligne 10. *Vergiliarum ortu exsistunt, squamis conspicui crebris atque præacutis.* Dans diverses espèces de cyprius, notamment la rosse (*cypr. rutilus*, L.), le gardon (*cypr. jeses*, L.) et la brème (*cypr. brama*, L.), le mâle a pendant le temps du frai de petites verrues adhérentes à la peau et aux écailles. On a particulièrement observé cette disposition dans une espèce des lacs de la Lombardie, que l'on nomme *pigo* dans ce pays, et qui paraît la même que notre gardon. Rondelet le représente (*de Piscib. stagn. marin.*, p. 153) et le nomme *pigus vel cyprinus clavatus* ; mais il le prend à tort, ainsi que Pline, pour une espèce particulière. C'est de cet état singulier, que nous avons observé nous-même, que Pline paraît avoir voulu parler. Sa maison de campagne près du lac de Côme lui fournissait l'occasion de le connaître.

XXXIV, page 56, ligne 15. *Exocœtum.... adonis.* Ce n'est pas à beaucoup près l'*exocœtus* de Linnœus, qui est un poisson volant ; mais tout porte à croire qu'il s'agit, dans ce chapitre, de quelques espèces des genres nommés aujourd'hui *blennius* et *gobius.* Ces petits poissons demeurent en effet assez souvent sur les rochers du rivage quand la mer se retire, et peuvent y passer quelque temps sans eau.

Ligne 17. *Sine branchiis.* Ceci doit s'entendre seulement de leurs ouïes qui sont peu ouvertes ; mais aucun poisson ne manque de branchies ; peut-être même, comme le soupçonne Daléchamp, Pline a-t-il seulement mal traduit le passage de Cléarque, οὐκ ἔχονlας βρόγχον, qui est fort exact. Cela est bien plus naturel que de leur faire dire à tous deux une erreur, en supposant, comme Hardouin, qu'il y avait οὐκ ἔχονlας βράγχια.

XXXV, page 56, ligne 20. *Marini mures.* Selon Oppien (*Hal.*, v. 174 *seq.*), les souris de mer, quoique petites, attaquent les autres poissons et résistent même aux hommes. Leur peau est très-solide et leurs dents très-fortes. Théophraste (*de pisc. in sicc. viv.*) les nomme avec les phoques et les oiseaux, comme se nourrissant également sur terre et sur mer. Je ne sais pas si sur ces deux passages on peut dire avec Daléchamp que ce sont des tortues. En ce cas ce serait la *tortue luth* (*testudo coriacea*, L.), qui n'est pas rare dans la Méditerranée. Peut-être aurait-on autant de raison de croire que ce serait le *flasco psaro* (*tetrodon*, L.).

Ligne 21. *Polypi.* Le poulpe (*sepia octopodia*, L.).

Murœna, la murène. (*murœna helena*, L.). La murène peut vivre hors de l'eau comme l'anguille, ainsi que l'a déja très-bien expliqué Théophraste (*de piscib. in sicco vivent.*), par la petitesse de leurs orifices branchiaux ; et c'est une opinion commune

qu'elles en sortent, et vont en rampant en chercher d'autres : ce--
pendant les pêcheurs de Comacchio ont assuré à Spallanzani que
cela ne leur arrive jamais d'elles-mêmes. Le poulpe rampe aussi
très-bien sur le rivage quand la mer est retirée, et y court même
assez vite.

Page 56, lig. 21. *Quin et in Indiæ fluminibus certum genus piscium,
ac deinde resilit.* Il est question de ces poissons dans le livre *de Mi-
rabil. auscult.*, cap. 72. Théophraste (*de Piscib. in sicco vivent*)
dit qu'ils sont semblables à des muges (τοῖς μυξίνοις). Nous avons
reconnu que ce sont les différentes espèces du genre *ophicephalus*
de Bloch. Ces poissons ressemblent beaucoup à des muges par le
corps et par la tête ; et M. Hamilton Buchanan, dans son *Histoire des poissons du Bengale*, nous apprend qu'ils rampent dans
l'herbe à une grande distance des rivières où ils vivent, au point
que le peuple les croit tombés du ciel.

XXXVI, page 58, ligne 9. *Plani, ut rhombi* (le turbot, *pleuronectes maximus*, L.), *solea* (la sole, *pleuron. solea*, L.) *ac passeres* (la plie ; *pleuron. platessa*) ; *dexter resupinatus est illis* (*rhombis*),
passeri lævus. Les pleuronectes en général ont les deux yeux du
même côté du corps ; le turbot les a du côté gauche, et se couche
sur le sable sur le côté droit ; la plie, ou le carrelet, a, au contraire, les yeux du côté droit et se couche sur le gauche.

XXXVII, page 58, ligne 15. *Nullis supra quaternas.* Par nageoires, Pline, comme Aristote, entend seulement les nageoires
paires ; les pectorales qui représentent nos bras, et les ventrales
qui représentent nos pieds ; et non pas les nageoires verticales
du dos, de l'anus, de la queue ; aucun poisson n'en a en effet
plus de deux paires.

Ligne 16. *Quibusdam binæ.* Les anguilles, les congres, etc.

Aliquibus nullæ. Les murènes, les lamproies.

In Fucino tantum lacu piscis est, qui octonis pinnis natat. Il ne
peut être ici question que de quelque mollusque ou de quelque
crustacé.

Ligne 19. *Nullæ, ut murænis, quibus nec branchiæ.* Les murènes
ont des ouïes tout comme les anguilles, mais l'orifice en est en--

core plus petit, et les opercules en sont presque imperceptibles sous la peau, au point que quelques modernes en ont nié l'existence, par exemple Lacépède.

Page 60, ligne 1. *E planis aliqua non habent pinnas, ut pastinacæ*. Dans la pastenague encore plus que dans les raies, de très-grandes nageoires pectorales horizontales, sont tellement unies au corps, qu'elles ne paraissent pas être des nageoires.

Ligne 3. *Pedes illis, etc.* Il nomme ici pieds de poulpes ces grands tentacules qui couronnent leur tête et qui leur servent en effet également à nager et à ramper.

XXXVIII, page 60, ligne 6. *Anguillæ octonis vivunt annis.* Spallanzani, dans son *Histoire nat. des anguilles des lagunes de Comacchio*, dit qu'elles y entrent jeunes et sont cinq ans à y croître, après quoi elles retournent dans le Pô.

Durant et sine aqua senis diebus. Le même auteur réduit cette durée à quatre-vingt ou cent heures.

Hiemem cædem in exigua aqua non tolerant, nec in turbida. Le froid et l'eau corrompue leur sont très-funestes.

Ligne 15. *Fluctibus glomerata: volvuntur, etc.* Spallanzani raconte que les pêcheurs des lagunes de Comacchio forment, avec des roseaux, des chambres dans lesquelles ils prennent les anguilles lorsqu'elles veulent retourner dans le Pô, et qu'elles s'y accumulent par milliers, au point d'y former des monceaux qui s'élèvent jusqu'à la surface de l'eau.

Page 62, ligne 2. *Murœna varia et infirmas, sit, myrus unicolor et robustus.* La murène ordinaire est marbrée de brun et de jaune; mais il y en a une espèce plus grande, à dents plus fortes, et toute brune (*murœna Christini* de Risso). C'est là sans doute le vrai myrus des anciens. Les naturalistes modernes ont appelé mal à propos *murœna myrus* une petite espèce de congre qui a des taches jaunes sur la nuque.

Ligne 4. *In Gallia septentrionali, etc.* Nous avons déjà fait remarquer que c'est une description confuse ou mal comprise de la lamproie qui aura donné lieu à ce passage.

XL, page 62, ligne 19. *Raiæ*, les raies; *pastinacæ*, la pastetenague (*raia pastinaca*, L.); *squatinæ*, l'ange (*squalus squa-tina*, L.); *torpedo*, la torpille (*raia torpedo*, L.).

Page 62, ligne 20. *Bovis*. Oppien décrit ce bœuf de mer (*Hal.*, lib. II, v. 141 *seq.*); il lui donne jusqu'à onze et douze coudées de largeur; des dents petites, faibles, peu apparentes; il le compare à un toit de maison. Quoiqu'il ne parle point de ses cornes, c'est probablement l'espèce de très-grande raie cornue, que l'on a appelée récemment céphaloptère, et ses cornes même ont pu motiver ce nom de *bos*. Pline en parle ailleurs sous le nom de *cornuta*, liv. IX, ch. 40, et liv. XXXII, ch. 11.

Lamiæ, aquilæ. Probablement le mylobate (*raia aquilæ*, L.), à qui ce nom d'aigle convient à cause de la grande envergure et de la forme pointue de ses nageoires pectorales.

Ranæ. Βάτραχος ἁλιεὺς, *rana marina*. C'est la baudroie (*lophius piscatorius*, L.). Il faut remarquer ici que, bien que ses os aient peu de consistance, ce n'est pas véritablement un cartilagineux.

Page 64, ligne 6. *Hoc genus solum... animal parit, excepta quam ranam vocant*. Il est vrai que la baudroie est ovipare; mais il s'en faut de beaucoup que tous les cartilagineux soient vivipares. Les raies nommément produisent des œufs très-grands, de forme carrée et à quatre cornes, et enveloppés d'un test corné très-dur.

XLI, page 64, ligne 11. *Echeneis*. C'est l'*echeneis remora*, L., qui a sur la tête un organe au moyen duquel il peut s'attacher aux corps. Il se fixe ainsi sur les navires, sur les grands poissons, etc., et se fait transporter au loin, mais il ne pourrait arrêter le moindre bâtiment. Aussi est-ce bien de l'éloquence perdue que tout ce que Pline en dit plus loin, liv. XXXII, chap. 1.

Ligne 16. *Pedes cum habere, etc.* On ne voit pas en quoi les nageoires du remora ressembleraient à des pieds plus que celles des autres poissons.

Ligne 18. *Murium*. La coquille à laquelle Pline attribue ici un pouvoir semblable à celui de l'echeneis est, d'après la description qu'il en donne, quelque espèce du genre *cypræa*, ou pucelage, et sa forme a dû le faire consacrer à Vénus pour le moins autant que son pouvoir fabuleux. Je dois faire remarquer ici que Hardouin , dans sa note , suppose une chose impossible, que les lèvres de cette coquille mordraient un navire. Ces lèvres pierreuses sont immobiles et ne peuvent rien mordre.

XLII, page 66, ligne 4. *Mœnæ... phycis, etc.* Plusieurs poissons prennent, à l'époque du frai, des couleurs plus vives : ou croit, d'après Rondelet, page 138, que le ména est le poisson que l'on appelle aujourd'hui *menola* en Italie et mendole en Provence (*sparus mœna,* L.) ; c'est en effet un poisson de peu de valeur, ce qui est conforme à ces vers de Martial, liv. XII, épigr. 32 :

> Fuisse gerres aut inutiles mænas
> Odor impudicus urcei fatebatur ;

et qui, s'il ne change pas du blanc au noir, comme le dit Pline, prend des couleurs plus vives au printemps ; qui sent mauvais à certaines époques, ainsi que le dit Aristote, *Hist.*, liv. VIII, chap. 30. *Voyez* RISSO, nouv. édit., p. 348. Quant au *phycis,* il est bien plus difficile à déterminer. C'était un poisson blanchâtre qui prenait au printemps une couleur variée (ARIST. VIII, 30) ; qui est appelé *rouge* dans une épigramme d'Apollonide ; que, dans un troisième passage, on dit semblable au perca et au channa (*Speusipp. ap. Athen.* V), et que, dans un quatrième, on couronne d'épines [ἀκανθοστρεφής] (ARIST. *ap. Athen.*, l. VII) : cette espèce était littorale (OVIDE et OPPIEN) et saxatile (ARIST.) ; elle se nourrissait de squilles (*id.*) ; sa chair était légère et salubre (*Gal. de Alim. fac.*) ; enfin sa propriété la plus célèbre, celle même dont elle avait tiré son nom, était de faire un nid de fucus pour y pondre. Une observation récente d'Olivi nous l'a fait découvrir, c'est le *go* des Vénitiens (*gobius* de Linnæus), qui se creuse une fossette dans la vase, en entoure l'entrée d'herbes marines , et y garde les œufs déposés par les femelles.

XLIII, page 66, ligne 10. *Volat hirundo.* Le nom d'*aronde* ou d'*hirondelle* est commun aujourd'hui sur les côtes de la Méditerranée à deux genres de poissons volans, le *dactyloptère (trigla volitans,* L.) et l'*exocet (exocœtus volitans.* L.); mais c'est au premier que les anciens nous paraissent l'avoir donné particulièrement,

quoique Salvien et Belon aient pensé le contraire. Oppien (*Hal.*,
II, v. 457-461) range l'hirondelle avec le scorpion, les dragons
et les autres poissons dont les épines font des blessures mor-
telles ; Élien répète la même chose (liv. II, ch. 5). Or l'exocet n'a
point d'épines, tandis que le dactyloptère en a de terribles à son
préopercule. Un témoignage non moins décisif est celui de Speu-
sippe dans Athénée (liv. VII, p. 324), qui dit que le *coucou*, l'*hirondelle* et le *trigle* se ressemblent. Le dactyloptère est en effet du
même genre que le coucou (*trigla cuculus*, L.).

. Page 66, ligne 11. *Item milvus.* Cet autre poisson volant avait
le dos noir : *nigro tergore milvi* dit Ovide (*Halieut.*, v. 96) :
peut-être était-ce le *perlon* (*trigla hirundo*, L.), qui a en effet le dos
d'un brun-noir, et à qui la grandeur de ses pectorales a pu faire
attribuer le pouvoir de voler. Peut-être était-ce l'exocet, qui a
le dos bleu.

Ligne 13. *Lucerna.* C'est probablement quelqu'un de ces nombreux mollusques ou zoophytes qui répandent une lumière écla-
tante ; peut-être le *pyrosoma* de Péron. On a cru long-temps que c'é-
tait une épithète du *milvus*, parce que l'on ne mettait pas de point
après *milvus.* C'est pourquoi il y a dans les ichtyologistes un *trigla
lucerna ;* mais la correction me paraît juste, parce qu'aucun poisson du genre des trigles ne répand de lumière, si ce n'est,
comme les autres poissons, quand il commence à se corrompre.

Ligne 15. *Cornua.* On a cru long-temps que le poisson dont il
est ici question pouvait être le *malarmat* (*trigla cataphracta*, L.)
qui a le museau divisé en deux cornes ; mais ce ne sont que des
cornes d'un demi-pouce et non pas d'un pied et demi. Je crois
que c'est bien plutôt la grande raie cornue, appelée maintenant
céphaloptère, qui, ayant souvent quinze pieds et plus de diamètre,
répond bien davantage à l'indication de Pline par les dimensions
de ses cornes. C'est la même espèce qui reparaît sous le nom de
cornuta (liv. XXXII, ch. 11), avec les espadons, les scies, les re-
quins et d'autres très-grands poissons. Je crois que c'est aussi
celle qui est nommée *bos* ci-dessus (p. 62).

Draco marinus. On a tout lieu de croire avec Rondelet que
c'est ainsi que l'*araneus*, la *vive* (*trachinus draco*, L.). Ce poisson
s'appelle encore δράκαινα en grec moderne. Pline (liv. IX, ch. 48)

accuse l'*araneus* de faire beaucoup de mal avec les aiguillons de son dos. Élien (liv. II, ch. 50) et Oppien (*Hal.*, l. II, v. 458) en disent autant du dragon, et c'est la propriété la plus connue de la vive. Pline parle spécialement (liv. XXXII, ch. 11) des épines de ses opercules et des blessures qu'elles causent, ce qui se trouve encore dans la vive. Enfin l'habitude du dragon dont il est question dans le chapitre actuel, de s'enfoncer rapidement dans le sable, est aussi celle de la vive.

XLIV, page 68, ligne 2. *Mollia, etc.* C'est la division d'Aristote, les *mollusques*, les *testacés* et les *crustacés*, suivie presque jusqu'à nos jours par les naturalistes.

Loligo. le *calmar* (*sepia loligo*, L.).

Sepia, la *sèche* (*sepia officinalis*, L.).

Polypus, le *poulpe* (*sepia octopodia*, L.).

Ce qui est dit ensuite de leurs pieds est fort exact.

XLV, page 68, ligne 15. *Atramento, quod pro sanguine his est.* L'encre des sèches n'est ni leur sang, ni leur bile, mais une excrétion qui naît dans une bourse particulière à ces animaux. On a dit que c'est avec l'encre de certains poulpes des mers orientales que se fait la véritable encre de la Chine ; cependant M. Abel Remusat assure n'avoir rien trouvé dans les auteurs chinois qui confirme cette conjecture.

XLVI, page 68, ligne 20. *Cauda.... bisulca et acuta.* Ceci est inintelligible. Les poulpes ont le corps ovale et en forme de sac. L'on n'y voit rien qui ressemble à une queue, ni qui soit fourchu.

Ligne 21. *Fistula in dorso.* Le canal en forme d'entonnoir renversé par lequel ces animaux font entrer et sortir l'eau qui doit servir à leur respiration, et qui est aussi le conduit de leur encre et de leurs autres excrétions, est situé au devant du corps à l'entrée de leur sac, et non pas sur le dos ; mais on a pu aisément s'y tromper parce que leur tête en forme de cylindre couronné par les pieds n'a point de face supérieure et inférieure distinctes.

Page 70, ligne 14. *Colorem mutat.* Les changemens de couleurs à la peau du poulpe sont continuels et d'une rapidité extrême, mais il n'observe pas plus que le caméléon de prendre la couleur du corps sur lequel il est.

Page 70, ligne 17. *Colotis.* Pline (liv. XXIX, chap. 28) dit que le *colotes* des Grecs est le même que leur ascalabotes, ou le *stellion* des Latins, et le *gecko* des modernes, dont l'espèce de Grèce et d'Italie est spécialement notre *gecko des murailles* ou *tarente* des Provençaux. D'après ce qui est rapporté ici de sa queue, ce doit être en effet une espèce de lézard ; mais son iden-tité avec le stellio n'est pas aussi certaine, comme nous le verrons liv. XI, ch. 31.

Renasci, sicut colotis et lacertis caudas, haud falsum. Il est très-vrai que les queues des geckos et des lézards renaissent après avoir été cassées, mais sans vertèbres. Quant aux bras des poulpes, cela est probable, puisque les cornes des limaçons qui appartiennent à la même classe renaissent bien.

XLVII. Page 70, ligne 21. *Nautilos, etc.* Cette histoire du nau-tile (*argonauta argo*, L.), toute merveilleuse qu'elle paraît, a été souvent constatée par les observations modernes.

Page 72, ligne 2. *Membranam inter illa.* Ce n'est pas une mem-brane entre deux pieds ou tentacules, mais une dilatation mem-braneuse et distincte de l'extrémité de chacun de ces deux organes.

XLVIII, page 72, ligne 8. Il y a dans ce chapitre des détails que les naturalistes modernes n'ont pas observés de nouveau, mais qui peuvent avoir été connus des Grecs sur les côtes des-quels ces animaux sont plus communs et plus faciles à suivre que chez nous.

Ligne 22. *Ullum esse atrocius animal ad conficiendum hominum in aqua.* Les pêcheurs disent encore aujourd'hui que le *poulpe*, que sur les côtes de Normandie ils nomment *chatrou*, est l'ennemi le plus redoutable des nageurs et des plongeurs, en ce que, lorsqu'il leur saisit un membre entre ses tentacules, il leur est impossible de s'en débarrasser ni de continuer leurs mouvemens.

Page 74, ligne 4. *Carteiæ.* Cette histoire d'un poulpe de gran-deur monstrueuse n'est surpassée que par celle du *kraken* des

Norvégiens, qui, selon les contes que l'on en fait, est un poulpe si grand que les navigateurs l'ont pris quelque fois pour une île.

LXIX, page 76, ligne 5. *Navigeram similitudinem, etc.* On revoit ici sous un autre nom, et avec d'autres détails, l'histoire du nautilus ou argonaute, mais avec l'idée que le poulpe n'est pas l'animal de la coquille, et qu'il s'associe avec ce dernier. On a aussi soutenu dans ces derniers temps que ce poulpe est un animal étranger, qui s'empare de la coquille d'un autre pour en faire sa nacelle ; mais cette opinion n'a pas été adoptée. En effet personne n'a jamais vu d'autre animal dans cette coquille.

L, page 78, ligne 2. *Locustæ.* C'est la *langouste*, genre d'écrevisse de mer sans grandes pinces et à thorax hérissé d'épines (*palinurus quadricornis*, FABR.). C'est le κάραϐος d'Aristote ; car, presque partout où Pline emprunte quelque chose d'Aristote sur les crustacés, il traduit κάραϐος par *locusta*. De plus il est certain que le *locusta* avait le corps épineux. On le voit par un trait de cruauté de Tibère qui fit déchirer le visage d'un pêcheur en le lui faisant frotter d'un locusta. C'est Suétone qui rapporte ce fait (*in Tib. Cæs.*, cap. 60).

LI, page 78, ligne 20. Ce passage est pris en partie d'Aristote (*Hist. an.*, liv. IV, ch. 2).

Carabi. Κάραϐος est le nom grec de la langouste, du même animal dont Pline vient de parler sous le nom de locusta. Aristote dit positivement (*Hist.*, liv. IV, ch. 8) que le karabos a le thorax âpre et épineux.

Astaci. L'ἀστακός que Gaza traduit mal à propos par *gammarus*, et dont Aristote donne une très-bonne description (*Hist. an.*, liv. IV, ch. 8), est incontestablement notre *homar* (*cancer gammarus*, L.). Pline, dans un autre endroit (liv. XXXII, ch. 11), le décrit lui-même sous le nom d'*elephantus*.

Maiæ. Selon Aristote (*Hist.*, liv. IV, ch. 2) les *maiæ* sont parmi les καρκίνοι, c'est-à-dire parmi les crabes à queue courte et cachée sous le corps, ceux de la plus grande taille, et (*de Part. an.*, liv. IV, ch. 8) il ajoute qu'ils ont les jambes courtes et me nues , et le test dur. Plusieurs auteurs ont appliqué ce nom à des crabes du genre nommé aujourd'hui *inachus*, et notamment au *cancer maja* (LINN.). Ce sont bien plus probablement nos *pouparts* ou *tourteaux* (*cancer pagurus*, L.).

Page 78, ligne 20. *Paguri... heracleotici*. Ce sont des karkinoi de taille moyenne (ARIST., *ibid.*). Aristote dit de plus (*de Part. an.*, liv. IV, ch. 8) que les *héracléotiques* ont les jambes plus courtes et moins grêles que les maias. Ce sont peut-être nos crabes communs (*cancer mœnas*, L.), ou des espèces voisines.

Page 80, ligne 1. *Leones*. Ce nom n'est pas dans Aristote : mais on le trouve dans Athénée (liv. III, p. 106) et dans Élien (liv. XIV, ch. 9). Selon Diphilus dans Athénée (*loc. cit.*), il serait plus grand que l'ἀστακός. Élien le décrit comme plus grêle que la langouste, en partie bleuâtre, et avec de très-grandes pinces, ce qui ressemble beaucoup au homar. Il se pourrait que ce ne fût qu'un autre nom de l'astacos. Pline et Élien, écrivains sans critique, sont fort sujets à ces confusions de nomenclatures.

Carabi cauda a ceteris cancris distant. Aristote dit que les καρκίνοι, c'est-à-dire les cancres, n'ont pas de queue, parce que leur queue petite et mince se replie et se loge dans un sillon du dessous du corps. La langouste en a au contraire une très-grande et très-large.

Ligne 2. Ἱππεῖς. Ce nom et cette indication sont pris d'Aristote (*Hist.*, lib. IV, cap. 2). Ce sont probablement de ces espèces de crabes à très-longues jambes que l'on nomme vulgairement *araignées de mer*, les *macropodia* et les *leptopodia* de Leach.

Ligne 11. *Pinnoteres*. Le pinnotère décrit dans cet endroit est, comme le dit Hardouin, le bernard-l'hermite (*cancer bernhardus*, L.), espèce du genre nommé aujourd'hui pagure, qui loge sa queue nue dans des coquilles vides de buccins ou d'autres univalves. C'est sans doute une erreur de Pline d'employer le nom d'ostrea pour désigner ces coquilles. C'est le καρκίνιον d'Aristote, liv. V, chap. 15; et *de Part. anim.*, liv. IV, chap. 8. Mais il y a un autre crustacé qui est le vrai πιννοτήρης d'Aristote, liv. IV, chap. 4, et liv. V, chap. 14, dont Pline parle sous le même nom, quelques chapitres plus loin (66); celui-là est un petit crabe que l'on rencontre dans des bivalves, tels que pinnes.

moules, etc., mais non pas dans des bivalves vides. Nous en re-parlerons.

Page 80, ligne 21. *Echini.* Les oursins, vulgairement hérissons de mer (*echinus*, L.), *quibus spinæ pro pedibus.* Ce ne sont pas leurs épines qui leur servent de pieds, mais bien des tentacules qu'ils font sortir d'entre leurs épines.

Ligne 23. *Echinometræ.* Les espèces à corps petit et à très-longues épines, comme l'*echinus cidaris, L.*

Page 82, ligne 2. *Candidi... spina parva.* Par exemple l'*echinus spatagus,* L.

Ligne 3. *Ova... quina numero.* C'est *ovaria* qu'il faudrait. Chaque oursin a cinq ovaires disposés en étoiles et qui forment sa partie mangeable.

Ora in medio corpore in terram versa. La bouche des oursins, armée de cinq dents, est, en effet, généralement tournée vers le bas.

Ligne 9. *Cochleæ... cornua protendentes... oculis carent.* On sait aujourd'hui, par les recherches de Swammerdam, que les points noirs à l'extrémité des grandes cornes des limaçons terrestres, et à leur base dans les aquatiques, sont de véritables yeux.

Ligne 13. *Pectines.* Ce sont les coquilles encore nommées peignes.

Ligne 15. *Ungues... lucentes in tenebris.* Les pholades, coquillages bivalves, qui répandent une lueur très-vive.

LII, page 82, ligne 18. *Murices.* Les univalves épineuses et à coquilles épaisses.

Ligne 20. *Planis.* Certaines patelles très-plates.

Concavis. D'autres patelles creuses, ou les haliotides, etc.

Longis. En long cône, comme les cérites.

Ligne 21. *Lunatis,* à bouche en forme de croissant comme les hélices.

Dimidio orbe cæsis. Les nérites qui sont coupées en hémisphères.

Page 84, ligne 1. *Margine...... foris effuso.* Coquilles dont la bouche a le bord retroussé, comme beaucoup de buccins.

Page 84, ligne 2. *Intus replicato.* Les buccins à bouche étroite dont un bord a l'air de rentrer sous l'autre.

Ligne 7. *Navigant ex his Veneriæ, etc.* Beaucoup de coquillages univalves nagent et même en se suspendant à la surface de l'eau, mais on ne connaît que l'argonaute qui aille à la voile.

Ligne 9. *Saliunt pectines, et extra volitant.* On assure que les peignes, en rapprochant subitement les valves de leur coquille, · peuvent s'élancer hors de l'eau.

LIV, page 86, ligne 8. *Margaritæ.* Les perles sont une extra-vasation du suc destiné à revêtir l'intérieur de la coquille et à l'agrandir en l'épaississant ; c'est le produit d'une maladie. Tous les coquillages peuvent en avoir, mais elles ne sont belles qu'autant que l'intérieur de la coquille, ce que l'on nomme le nacre, l'est lui-même ; voilà pourquoi les plus belles viennent d'Orient, et sont fournies par l'espèce de bivalve dite l'aronde aux perles (*mytilus margaritiferus*, L.), qui a le plus beau nacre. Les parages de la mer des Indes que Pline cite sont encore ceux où l'on en pêche le plus.

Ligne 17. *Has ubi genitalis,* etc. Toute cette théorie de la naissance de la perle est imaginaire.

Page 88, ligne 19. *Cohærentes... in conchis.* Il arrive souvent que le suc qui produit le nacre forme des tubercules à l'intérieur de la coquille. Ce sont les perles adhérentes.

Ligne 21. *In aqua mollis unio.* Cela n'est point vrai. Les con-crétions qui se trouvent dans le corps de l'animal de la moule sont déjà dures avant que de sortir de l'eau.

LV, page 90, ligne 14. *Uniones decidere in ima.* Pour extraire toutes les concrétions qui peuvent être enchâssées dans le corps de l'animal, le plus simple est de le laisser se dissoudre dans l'eau. Les perles alors tombent au fond.

LVI, page 94, ligne 1. *Hirsutam echinorum modo.* Il s'agit ici de quelque bivalve épineuse, probablement d'un spondyle.

LVII, page 94, ligne 15. *In Britannia.* La plupart des rivières et des lacs du Nord possèdent le *mya margaritifera*, L.., dont les perles, quoique bien inférieures à celles d'Orient, sont assez belles pour fournir un objet de commerce.

LX, page 102, ligne 1. *Purpuræ.... murices.* Ce sont les différentes coquilles que l'on employait pour teindre en pourpre de diverses nuances. L'on n'en connaît pas aujourd'hui très-bien les espèces, mais il est certain que la plupart des animaux des coquilles univalves, surtout des genres buccin et murex de Linnæus, transsudent de leur manteau une liqueur plus ou moins rouge. La cherté de cette teinture tenait probablement à la très-petite quantité de liqueur que donnait chaque animal. Au reste, depuis que l'on connaît les propriétés du coccus ou graine d'écarlate, et surtout depuis que le Nouveau-Monde nous a envoyé la cochenille, on n'a plus besoin de recourir aux coquillages.

Ligne 5. *In mediis habent faucibus.* Ce n'est pas de la bouche ni de la gorge que suinte la pourpre, mais des bords du manteau, c'est-à-dire de cette partie membraneuse qui double la coquille.

Ligne 22. *Lingua purpuræ longitudine digitali, etc.* Les buccins et les murex ont une longue trompe où est une langue armée de petites dents très-aiguës, au moyen de laquelle ces animaux parviennent à percer les autres coquillages. Voyez notre mémoire sur l'anatomie du buccin.

LXI, page 104, ligne 11. *Buccinum... concha... rotunditate oris margine incisa.* Les buccins proprement dits ont, au bas de l'orifice de leur coquille, une échancrure qui fait le caractère de leur genre.

Ligne 14. *Purpura... procurrente rostro.* Les murex ont, au même endroit, un demi-canal droit et plus ou moins prolongé.

Ligne 15. *Qua proferatur lingua.* Ce n'est pas la langue qui occupe ce canal, mais une production du manteau qui sert à conduire vers les branchies l'eau nécessaire à la respiration.

Ligne 17. *Aculeis in orbem septenis fere... utrisque orbes totidem, quot habeant annos.* Cette description convient au *murex brandaris.* au *murex tribulus*, L., et à d'autres espèces qui marquent les

époques de chacun de leurs accroissemens par des bourrelets hé-
rissés d'épines.

LXII, page 106, ligne 18. *Cerificare.* Aristote (liv. v, c. 14)
dit que les coquillages font des rayons, *favos;* c'est-à-dire des
amas de cellules comparables à celles des abeilles, et c'est ce que
Pline entend ici par *cerificare.* C'est que les coquillages univalves marins, et surtout les murex, les buccins, etc., enveloppent leurs œufs dans des vésicules glutineuses de formes très-
diverses, selon les espèces, et dont les unes forment des chape-
lets, les autres des pelotons ou d'autres amas par leur réunion.
Le nom de *favus* leur convient assez.

Ligne 20. *Eximitur, etc.* Cette description de l'art de teindre
en pourpre est difficile à expliquer, aujourd'hui que cet art n'existe
plus. Réaumur a fait quelques essais avec un petit buccin de nos
côtes (*buccinum lapillus,* L.); mais ces essais n'ont eu aucune
suite.

LXV, page 114, ligne 4. *Coccum Galatiæ rubens granum.* Ce que
l'on nomme vulgairement graine d'écarlate, est un petit insecte du
genre coccus, dont les femelles, une fois fécondées, se fixent sur
l'arbre où elles se sont nourries et y prennent la forme d'un petit
grain. L'espèce la plus usitée en Europe vit sur le chêne vert
(*quercus ilex,* L.); c'est le *coccus ilicis,* L.; on l'employait beaucoup
pour teindre en rouge, avant que le Mexique nous envoyât le *coccus*
du nopal (*coccus cacti,* L.) : si connu sous le nom de cochenille,
lequel donne une couleur plus belle et plus abondante. Dans
l'orient de l'Europe, on se sert de l'espèce qui s'attache aux racines du *scleranthus perennis :* c'est le *coccus polonicus,* L.

LXVI, page 114, ligne 12. *Pinna.* La pinne marine, grande
coquille bivalve, remarquable par la belle soie qu'elle produit,
et au moyen de laquelle elle se fixe au fond de la mer.

Ligne 14. *Pinnoterem.* On trouve souvent dans la coquille de
la pinne, comme dans celle de quelques autres bivalves, de petits
crabes qui y sont comme emprisonnés; et c'est ce qui a donné
lieu à la fable de leur association avec l'animal de cette coquille;
fable dont on trouve dans divers auteurs des développemens fort

différens , mais tous également imaginaires. Nous avons déjà vu qu'il faut bien distinguer le pinnotère de ce chapitre, qui est le même que celui d'Aristote, d'un autre dont Pline a parlé ci-dessus, p. 58, et qui est le bernard-l'hermite.

LXVII, page 116, ligne 6. *Novit torpedo vim suam, ipsa non torpens.* La torpille (*raia torpedo,* L.) a , de chaque côté du corps , un organe qui produit une électricité galvanique et donne des commotions semblables à celles de la bouteille de Leyde. C'est par ce moyen qu'elle effraie et repousse ses ennemis et qu'elle engourdit ou tue les poissons dont elle fait sa proie.

Ligne 9. *Hujus jecori teneritas nulla præfertur.* Le foie de la torpille est très-délicat , ainsi que celui de la plupart des raies.

Ligne 10. *Ranæ... piscatrix.* C'est la baudroie (*lophius piscatorius,* L.), grand poisson à très-large gueule, qui a sur le sommet de la tête des filets mobiles terminés par des lanières membraneuses. Il paraît qu'elle s'enfonce dans le sable et y exerce en effet l'artifice dont parle Pline pour attirer les poissons dont elle se nourrit.

Ligne 13. *Squatina* (*raia squatina,* L.) , *rhombus* (*pleuronectes maximus,* L.). Ces poissons ne présentant point de filets distincts, il est difficile qu'ils se servent de leurs nageoires, comme le dit notre auteur ; mais *rhombus* est ici pour *psetta,* qui est la barbue (*pleuronectes rhombus,* L.), qui a les rayons antérieurs de sa nageoire dorsale séparés, et formant de petits filets. (*Vide supra,* page 170.)

Ligne 15. *Pastinaca... radio* (*quod telum ex ei*). La pastenague (*raia pastinaca,* L.) a sur la queue une épine pointue, comprimée , tranchante et dentelée en scie, qui est une arme très-dangereuse. C'est le même poisson qui reparaît (*supra,* p. 72) sous le nom grec de trygon.

Ligne 20. *Scolopendræ... interanea evomunt, etc.* Ce ne sont pas de vraies scolopendres, mais des animaux de la classe des vers à sang rouge ou annélides, tels entre autres que de très-grandes néréides. Ces vers, ayant sur les côtés des tentacules qui ressemblent à des pieds, et étant souvent armés de mâchoires tranchantes, ont pu être pris aisément pour des scolopendres.

Ils ont une trompe charnue, souvent très-volumineuse, et qui peut sortir ou rentrer, selon les besoins de l'animal. C'est ce qui a fait dire qu'il rendait ses intestins et qu'il les avalait de nouveau; ce n'est que l'expression qui n'est pas exacte.

Page 118, ligne 2. *Vulpes marinæ.... facile prærodant.* Les renards marins dont il est ici question sont des espèces de squales à qui, au moyen de leurs dents tranchantes, comme celles d'une scie, il est bien aisé de couper une ligne.

Ligne 6. *Aries.* Nous avons déjà vu que c'est le *delphinus orca* de Linnæus.

LXVIII, page 118, ligne 16. *Urticæ.* Les orties de mer errantes sont les *medusæ* de Linnæus, et les orties fixes ses *actiniæ.*

Ligne 17. *Vis pruritu mordax.* Plusieurs espèces de méduses et d'animaux de la même classe, surtout la physale, font éprouver une cuisson à la peau qu'elles touchent.

Ligne 20. *Complectensque devorat.* Ceci est vrai, surtout des actinies; elles ont la bouche entourée de quantité de tentacules charnus au moyen desquels elles saisissent les petits animaux qui passent à leur portée et les engloutissent.

Ligne 21. *Jactari se passa, etc.* Ceci se rapporte surtout aux méduses et aux physales.

Page 120, ligne 4. *Ora ei in radice.* Il existe un genre ou une subdivision des méduses qui paraît ne se nourrir que par le moyen d'un appareil très-rameux, et divisé en une multitude de filamens, dont l'ensemble représente assez bien la racine d'un végétal. C'est le genre que j'ai nommé *rhizostome.*

LXIX, page 120, ligne 7. *Spongiarum tria genera, etc.* Il y en a bien davantage, mais l'auteur ne parle que des espèces que l'on recueillait pour des usages domestiques.

Ligne 10. *Aluntur conchis, etc.* On trouve quelquefois des coquilles et de petits animaux logés dans des éponges; mais ils n'en font pas la nourriture; l'éponge, n'ayant aucune bouche, ne peut vivre et croître que de l'inhalation des substances dissoutes dans l'eau de la mer.

Page 120 , ligne 11. *Ubi avulsorem sensere, contractæ.* Plusieurs observateurs disent que c'est le seul signe d'animalité qu'elles donnent ; mais M. Grant assure qu'elles n'en jouissent même pas.

Ligne 14. *Conchæ minutæ in his repertæ.* Nous venons de le dire : ce sont des coquilles qui se logent entre les replis des éponges , qui entament même leur tissu pour s'y enfoncer ; mais elles ne leur servent nullement de nourriture.

Page 122 , ligne 9. *Aplysiæ.* Les aplysies des anciens sont des espèces d'éponges ou d'alcyons , trop compactes pour pouvoir servir à laver. C'est arbitrairement que Linnæus a appliqué ce nom au genre de mollusque qui est le lièvre marin des anciens.

LXX , page 122 , ligne 14. *Animalium planorum piscium similem.* Il ne serait pas impossible que ce fussent les grandes raies , et particulièrement les plus grandes de toutes , les céphaloptères.

Page 124 , ligne 21. *Planos pisces... sacros appellant eos.* Il est certain que le nom de poisson sacré a été donné à plusieurs poissons fort différens , tels que l'*anthias* ou *aulopias* (Arist. lib. IX , c. 37); le pompile, le dauphin (Athen. lib. VII , art. *anthias*), parce que l'on croyait que leur présence était un garant contre les poissons dangereux. Il paraît que les auteurs consultés par Pline donnaient cette épithète aux poissons plats (*pleuronectes*, L.) ; et en effet ces poissons n'ayant point de défense , leur abondance dans un parage prouve qu'il n'est pas très-fréquenté par les poissons voraces.

LXXI , page 126, ligne 5. *Nullum esse sensum, ut ostreis.* Les huîtres et les autres bivalves ont, au contraire, le sens du tact des plus délicats.

Ligne 6. *Eadem natura, quæ frutici, ut holothuriis, pulmonibus, stellis.* Les divers zoophytes, les étoiles du moins (*asterias*, L.) , sont bien loin d'être réduits à une existence végétative ; ce sont de vrais animaux qui ont le sens du tact, un mouvement volontaire plus ou moins complet, et qui saisissent et dévorent une proie. On ne sait pas très-bien ce que c'est que l'*holothurium* des anciens. Aristote (*Hist.*, lib. I , c. 1) le range, ainsi que l'huître, parmi les animaux, qui, sans être attachés, n'ont pas la faculté

de se mouvoir, et (*de Part.*, lib. IV, cap. 5) il ajoute que l'holo-
thurie et le poumon ne diffèrent guère de l'éponge que parce
qu'ils sont détachés. On pourrait croire que ce sont des *alcyons*,
de ces espèces arrondies qui se détachent aisément des fonds où
elles croissent.

Page 126, ligne 8. *Æstiva animalia... et quæ capillus maxime
celat*, etc. Il y a des crustacés qui ont été appelés puces de mer et
poux de mer, et dont plusieurs sont parasites et vivent aux dépens
des poissons et des cétacés. Ainsi on nomme vulgairement pou de la
baleine un *pycnogonum ;* un calyge a été nommé pou des poissons ;
un autre, pou du maquereau ; un binocle ou ozole, pou du gas-
téroste, etc. Quant au nom de puce de mer, c'est surtout aux petites squilles qu'il a été donné à cause de leurs sauts.

Ligne 12. *Quibusdam vero ipsis innascuntur, etc.* Aristote dit
que la *chalcis* souffre par des poux qui s'attachent à ses branchies.

Un grand nombre de poissons ont les branchies sujettes à être
attaquées par des animaux parasites du genre des lernées ou de
celui des monocles de Linnæus, qui a été beaucoup subdivisé
depuis.

Ce sont ces parasites que l'on a appelés des poux, bien qu'ils
n'aient de commun avec les véritables poux que leur habitude de
sucer les autres animaux.

Ligne 13. *Chalcis*. Les anciens parlent de leur *chalcis* comme
d'un poisson semblable aux thrisses et aux sardines (ATHEN. VII,
p. m. 328), qui voyageait en troupes (ARIST., lib. V, cap. 9), qui
habitait la mer et l'eau douce (*id.*, lib. VI, c. 14), et dont on
faisait des salaisons (*salibus exesam chalcidem*, COLUM., VIII, 17 ;
et ATHEN., *loc. cit.*). D'après ces circonstances, je crois que c'est la
feinte (*clupea ficta*, LACÉP.), l'*agone* des Lombards, qui réunit tous
ces caractères, et que l'on a même nommée quelquefois sardine
du lac de Garde.

LXXII, page 126, ligne 15. *In lepore*. Le lièvre de mer des
anciens est le mollusque nommé mal à propos *aplysia* par Linnæus et par les naturalistes modernes. Ses tentacules et son museau ressemblent assez aux oreilles et au museau d'un lièvre, pour
avoir donné lieu à cette dénomination. Comme son odeur est

désagréable, et que sa figure est assez rebutante, on a attribué à ce mollusque une foule de propriétés merveilleuses et même funestes, que les pêcheurs racontent encore, mais que l'observation ne confirme point. Il répand seulement une liqueur un peu âcre, préparée par un organe qui est voisin de ceux de la génération. On peut consulter le mémoire que j'ai publié à ce sujet dans mon ouvrage sur l'anatomie des mollusques.

Quant au lièvre marin des Indes qui était velu, j'ignore ce que ce peut être, à moins que l'on n'ait nommé ainsi quelque tétrodon, dont les mâchoires fendues peuvent avoir rappelé le museau du lièvre, et qui ont souvent la peau hérissée de fines et courtes épines. Les navigateurs attribuent aussi aux tétrodons des qualités vénéneuses.

Page 126, ligne 20. *Araneus*. On a lieu de croire que c'est la vive (*trachinus draco*. L.), qui fait en effet, avec les épines de sa première nageoire dorsale, des blessures difficiles à guérir, non pas qu'elles soient envenimées, mais parce que ces aiguillons, très-grêles et très-pointus, pénètrent fort avant dans les chairs. *Voyez* ce que nous en avons dit ci-dessus (note du chap. 43, p. 183 et 184).

Page 128, ligne 1. *Radius, super caudam eminens trygonis.* L'aiguillon de la queue de la pastenague, nommée ici d'après son nom grec, est aigu, tranchant, et a ses bords dentelés en scie, de manière que lorsqu'il a pénétré dans les chairs il ne peut se retirer qu'en les déchirant. Voilà ce qui rend ses blessures si dangereuses ; mais il n'est pas réellement envenimé, et quant à son action sur les arbres et sur le fer, elle est fabuleuse.

LXXIII, page 128, ligne 8. *Ægroture singulos.* Il y a des maladies qui frappent individuellement sur les poissons, mais il n'est pas rare aussi que certaines espèces soient attaquées en général et comme par une sorte d'épizootie. Il y en a eu un exemple, il y a quelque temps, sur les brochets de la vallée de Montmorency ; on les vit tout d'un coup flotter à la surface : leur peau avait des taches rouges, leur chair était devenue désagréable et maligne.

LXXIV, page 128, ligne 12. *Attritu ventrium.* Cela n'est pas général ; certains poissons, et surtout ceux qui produisent des petits vivans, ont un accouplement très-réel ; dans la plupart, au contraire, le mâle ne fait autre chose que d'arroser de sa laitance les œufs déjà pondus, comme il est dit un peu plus loin.

Page 128, ligne 14. *Delphini... paulo diutius.* Les cétacés ont un accouplement tout semblable à celui des quadrupèdes.

Ligne 21. *Singuli uteri innumerabilia concipiant.* On a calculé qu'une morue, un esturgeon, etc., produisent chaque année des centaines de milliers d'œufs.

Page 130, ligne 1. *Piscium ova in mari crescunt.* Les œufs des poissons ordinaires, ceux des grenouilles, des crapauds, etc., n'ont pas de coquilles, mais seulement une tunique membraneuse, et, lorsqu'ils ont été fécondés, ils s'imbibent et grossissent par la pénétration du liquide ambiant.

Ligne 3. *Plani.... et testudines.* Il est probable que ce passage se rapporte surtout aux raies : mais on n'a pas de notions bien positives sur la manière dont elles s'accouplent. Il est probable qu'elles le font ventre à ventre. Quant aux tortues, il est certain que le mâle monte sur le dos de la femelle, et même dans plusieurs espèces, le sternum du mâle est concave, pour s'adapter mieux à la carapace convexe de la femelle.

Ligne 4. *Polypi, etc.* Ces détails sur l'accouplement des céphalopodes sont tirés d'Aristote. Je ne sache point qu'aucun observateur moderne les ait constatés : je ne sais même, si, d'après l'organisation de ces animaux, il n'est pas plus probable qu'ils n'ont pas d'accouplement, et que le mâle féconde les œufs après qu'ils sont pondus comme dans le grand nombre des poissons.

Ligne 8. *Reliqua mollium tergis, ut canes.* Quel que soit ici le sens du mot *mollia*, l'assertion est peu exacte. Les mollusques gastéropodes, soit hermaphrodites, soit à sexes séparés, ne s'accouplent que par le côté. Les mollusques acéphales n'ont pas d'accouplement du tout, et fécondent eux-mêmes leurs œufs. Les crustacés s'accouplent ventre à ventre, etc.

Ligne 11. *Gyrinos.* Il y a du vrai et du faux dans ce détail. Les grenouilles produisent des œufs ; dans ces œufs se développent des têtars qui ont une queue comme les poissons, mais leurs pieds ne sont pas produits par la division de la queue. Ils naissent à la base de la queue, et, à mesure qu'ils grandissent, elle se sphacèle et se détruit.

Page 130, ligne 14. *Resolvuntur in limum.* Les grenouilles, pendant l'hiver, se cachent dans la vase, mais elles ne se changent pas en vase.

Ligne 17. *Sponte naturæ, etc.* Les formations spontanées d'animaux sont toutes fausses. On connaît aujourd'hui les œufs et tout ce qui concerne la génération des moules, des pourpres, des cousins, etc. Les petits poissons nommés *apua* sont des jeunes de poissons plus grands, etc.

Page 132, ligne 5. *Defixosque palos, et lignum maxime.* Beaucoup de coquillages déposent leurs œufs le long des pieux enfoncés dans l'eau, sur les plantes marines, sur les vieilles carènes de vaisseaux ; mais ils ne naissent pas de la décomposition de ces corps.

Ligne 7. *Humorem.... lactis modo effluere.* Dans les temps où les huîtres pondent, leur corps paraît en effet rempli, dans certains endroits, d'une humeur laiteuse qui pourrait bien être leur liqueur fécondante.

Ligne 8. *Anguillæ atterunt se scopulis : ea strigmenta vivescunt.* C'est ici une des suppositions que l'on a faites sur la reproduction des anguilles, mais elle n'est pas plus fondée que les autres.

Ligne 10. *Præter squatinam et raiam.* Le squale et la raie ne produisent pas plus ensemble que les autres poissons d'espèce différente, et le *squatino raia* ou *rhinobatis* est une espèce particulière, de forme plus plate que le squale, plus alongée que la raie, mais qui n'est pas un hybride de ces deux là.

Ligne 14. *Pectines*, les peignes (*ostrea pecten*, L. ; *ostrea jacobæa, etc.*)

Limaces, les limaces.

Hirundines. C'est *hirudines* qu'il faut ici, les sangsues.

Ligne 15. *Lupus*, le loup ou *loubine* (*perca labrax*, L.), (*vid. sup. ad* IX, c. 28).

Trichias, la sardine (*vid. sup. ad* IX, c. 71, p. 195).

Ligne 16. *Chalcis.* C'est encore un nom de la feinte (*Ibid.*). En effet, le chalcis était un poisson voyageur (ARIST., *Hist.*, l. V, c. 9) qui avait beaucoup d'arêtes (ATHÉN., l. VII, p. 328), qui, selon Épenète (*ib.*), ne différait pas de la sardine, qui en était au moins fort voisin, et que l'on salait de même (COLUM., liv. VIII, ch. 17). C'était, selon Callimaque, le nom que les

Chalcédoniens donnaient à la *thrissa.* Or la *thrissa* est bien sûrement la feinte.

Page 132, ligne 16. *Cyprinus.* Ce nom paraît si rarement dans les
anciens, que l'on n'est pas bien sûr de sa signification. Les modernes s'accordent à le donner à la carpe, mais rien ne prouve du
moins que ce soit la carpe vulgaire. C'était un poisson de lac et de
rivière, qui pondait cinq ou six fois par an (Arist., *Hist.,* liv. vi, .
ch. 14), qui a le palais charnu, en sorte qu'on le prendrait pour
une langue (*id.,* liv. iv, ch. 8), caractères qui conviendraient
bien à tout ce genre : mais d'un autre côté, Oppien le faisant littoral, semble le placer dans la mer ; et Pline lui-même (*sup.* l. ix,
c. 25) en fait autant (*hoc et in mari accidere cyprino*). Il est vrai
qu'il a ajouté de son chef ces mots *in mari* au passage d'Aristote
qu'il cite en cet endroit.

Page 134, ligne 8. *Locustæ.... incubant.* Les écrevisses, en général, attachent leurs œufs aux filamens des nageoires qu'elles ont
sous la queue, en sorte qu'elles paraissent les couver.

LXXV, page 134, ligne 18. *Torpedo... intra se parit ova præmollia, in alium locum uteri transferens, etc.* Tous les poissons
chondroptérygiens ont, outre leurs ovaires, de véritables ovi-
ductus qui manquent aux poissons ordinaires, et dont la partie
inférieure, dilatée, tient lieu d'utérus, ou qui donnent dans un
utérus véritable, où les œufs descendent quand ils ont atteint la
grandeur qu'ils doivent avoir, et où même ils éclosent lorsque
l'espèce ne met au jour que des petits vivans.

LXXVI, Page 136, ligne 8. *Acus...... dehiscente propter multitudinem utero parit.* Le syngnathe aiguille (*syngnathus acus,* L.),
et en général tous les syngnathes ont sous la queue, derrière
l'anus, une fossette fermée par deux valves mobiles, dans laquelle ils déposent leurs œufs au moment de la ponte. Ensuite
ces deux valves s'ouvrent pour laisser sortir les œufs ou les petits qui en éclosent, et c'est ce qui a fait croire qu'ils ne pouvaient mettre bas que par la rupture de leur ventre.

Ligne 10. *Mus marinus.* Nous avons déjà vu qu'on regarde ce
mus marinus comme une tortue de mer, et en effet ces tortues
pondent à peu près comme il est dit ici.

LXXVII, page 136, ligne 15. *Erythini et chanæ vulvas habere truuntur.* Il veut dire que ces poissons passent pour être tous femelle s et nous avons vu ci-dessus qu'en effet Cavolini a cru découvrir qu'ils ont tous des œufs, mais qu'ils ont aussi tous de la laitance , en sorte qu'ils peuvent se féconder eux-mêmes.

Le *chana* est le *perca cabrilla* de Linnæus, et l'*erythins* est probablement le *perca scriba;* deux espèces de mon genre *serran.*

Ligne 16. *Qui trochos appellatur a Græcis . ipse se inire.* Nos colimaçons et nos limaces sont hermaphrodites , mais ont besoin d'un accouplement réciproque. La plupart des univalves de mer ont, au contraire, les sexes séparés; mais la verge du mâle est très-grande et il est obligé de la replier sous son manteau ; c'est ce qui a pu faire croire qu'il se copulait avec lui-même.

Ligne 17. *Fetus omnium aquatilium inter initia visu carent.* Cette proposition ne peut s'entendre que du fétus encore enveloppé des membranes de son œuf; car, en général, les plus petits poissons montrent déjà, dès le moment de leur naissance, des yeux très-beaux et très-vifs.

LXXXIII, page 142, ligne 18. *Piscium genera... Theophrasto.* Nous ne connaissons pas bien ces poissons de l'Euphrate dont a parlé Théophraste, comme en général les poissons d'eau douce étrangers sont la partie la plus ignorée de l'Ichthyologie. D'après ce qu'il rapporte de leurs formes et de leurs habitudes, ce doivent être des espèces du genre *gobius* de Linnæus, surtout de la subdivision appelée *periophthalmus* par Bloch ; ces espèces ont coutume de ramper sur les herbes marines et même sur les rivages.

Page 144, ligne 4. *Circa Heracleam, etc.* Il paraît qu'il s'agit ici de ces espèces de loches (*cobitis fossilis,* L.) qui se tiennent dans la vase, et qui subsistent long-temps dans sa profondeur, après que l'eau qui la recouvrait a manqué : il arrive souvent de les trouver vivantes, lorsque l'on creuse dans des fonds desséchés de marais ou de ruisseaux.

Ligne 12. *Exiguis branchiis , quo fieri non indigos humoris.* Plusieurs poissons, dont l'orifice des ouïes est petit, ou qui ont dans l'intérieur de ces parties des organes propres à y conserver de

l'eau, peuvent, comme les anguilles, vivre quelque temps à sec ;
tels sont les périophthalmes dont je viens de parler ; les chiro-
nectes, les ophicéphales, les anabas, etc. ; mais il est difficile
de dire de quelle espèce sont ceux du Lycus dont il est ici question.

LXXXVI, page 150, ligne 1. *Stellam in mari... parva admo-.
dum caro, etc.* L'étoile de mer (*asterias*, L.), revêtue d'un test
calleux, n'a, à l'intérieur, que ses viscères et ses ovaires presque sans muscles apparens.

Igneum fervorem, etc. Pline a raison de dire qu'il ne sait sur
quelle autorité on pourrait parler de cette propriété : elle est
fabuleuse.

LXXXVII, page 150, ligne 9. *Dactyli.* Les dails, sorte de
coquillage multivalve, vivent dans la vase durcie ou même dans
l'intérieur des rochers, dans lesquels ils se creusent des cavités
d'où ils ne peuvent sortir. Il faut briser les pierres pour les prendre. Leur goût est poivré, et ils répandent une lueur phos-
phorique.

LXXXVIII, page 152, ligne 4. *Balæna et musculus. etc.* Dans
un autre endroit (lib. XI, cap. 62, HARD.), Pline dit que le *musculus* (*qui balænam antecedit*) a, au lieu de dents, des soies
dans la bouche, et il paraît avoir rendu par ce nom le μυστίκηπος
d'Aristote (*Hist.*, l. III, c. 12), et au liv. XXXII, c. 11, il en
compte parmi les *bellux*, les plus grands animaux aquatiques. Ce
serait donc une espèce de baleine, et probablement le rorqual de
la Méditerranée ; je le croirais d'autant plus que le mot *antecedit*
à l'endroit ci-dessus (l. XI, c. 62) pourrait bien signifier *superat*,
et que le rorqual devienne plus grand que d'autres baleines. Mais
dans l'endroit que nous commentons (l. IX, c. 88), il est annoncé simplement comme un conducteur de la baleine ; et les
autres auteurs, Oppien, Élien, Plutarque, Claudien, parlent de
ce conducteur comme d'un petit poisson ; il y a donc eu de la
part de Pline, ou peut-être de celle des autres auteurs, quelqu'une de ces confusions de nomenclature si ordinaires aux an-

ciens. Au reste, rien ne confirme cette nécessité où les anciens croyaient la baleine d'être conduite par un autre animal; peut-être l'entendaient-ils du cachalot, dont un des yeux est petit et peut-être oblitéré.

LIVRE DIXIÈME.

C. PLINII SECUNDI
HISTORIARUM MUNDI
LIBER X.

De struthiocamelo.

I. 1. Sᴇǫᴜɪᴛᴜʀ natura avium, quarum grandissimi et pæne bestiarum generis, struthiocameli Africi vel Æthiopici, altitudinem equitis insidentis equo excedunt, celeritatem vincunt : ad hoc demum datis pennis, ut currentem adjuvent : cetero non sunt volucres, nec a terra tolluntur. Ungulæ iis cervinis similes, quibus dimicant, bisulcæ, et comprehendendis lapidibus utiles, quos in fuga contra sequentes ingerunt pedibus. Concoquendi sine delectu devorata mira natura : sed non minus stoliditas, in tanta reliqui corporis altitudine, quum colla frutice occultaverunt, latere sese existimantium. Præmia ex iis ova, propter amplitudinem, pro quibusdam habita vasis, conosque bellicos, et galeas adornantes pennæ.

HISTOIRE NATURELLE

DE PLINE.

LIVRE X.

DESCRIPTION DES OISEAUX.

—

L'autruche.

I. 1. Nous sommes arrivés à l'histoire des oiseaux : les plus grands sont les autruches, qui semblent se rapprocher de la classe des quadrupèdes, et se trouvent en Afrique ou en Éthiopie. Elles surpassent en hauteur un homme à cheval, et le devancent à la course. Leurs ailes ne leur ont été données que pour les aider à courir ; elles ne volent point, et même ne s'élèvent point de terre. Leurs pieds sont fourchus comme ceux du cerf : elles s'en servent pour combattre et pour saisir des pierres qu'elles lancent dans leur fuite contre ceux qui les poursuivent. La nature les a douées de l'étonnante faculté de digérer toutes les substances indifféremment ; mais l'intelligence est si faible dans un si grand corps, qu'elles se croient entièrement à couvert lorsqu'elles ont caché leur cou dans les broussailles. On recherche principalement leurs œufs à cause de leur grosseur, qui est telle qu'on

De phœnice.

II. 2. Æthiopes atque Indi, discolores maxime et inenarrabiles ferunt aves, et ante omnes nobilem Arabia phœnicem, haud scio an fabulose, unum in toto orbe, nec visum magnopere. Aquilæ narratur magnitudine, auri fulgore circa colla, cetero purpureus, cæruleam roseis caudam pennis distinguentibus, cristis fauces, caputque plumeo apice honestante. Primus atque diligentissimus togatorum de eo prodidit Manilius, senator ille maximis nobilis doctrinis doctore nullo : neminem exstitisse qui viderit vescentem : sacrum in Arabia soli esse, vivere annis quingentis sexaginta, senescentem casiæ thurisque surculis construere nidum, replere odoribus, et superemori. Ex ossibus deinde et medullis ejus nasci primo ceu vermiculum : inde fieri pullum : principioque justa funera priori reddere, et totum deferre nidum prope Panchaiam in solis urbem, et in ara ibi deponere. Cum hujus alitis vita magni conversionem anni fieri prodidit idem Manilius, iterumque significationes tempestatum et siderum easdem reverti. Hoc autem circa meridiem incipere, quo die signum arietis sol intraverit. Et fuisse ejus conversionis annum prodente se, P. Licinio, Cn. Cornelio coss. ducentesimum

s'en sert au lieu de vases; et leurs plumes, qui ornent les cimiers et les casques.

Le phénix.

II. 2. L'Inde et l'Éthiopie voient naître des oiseaux parés de diverses couleurs, et qu'on ne saurait décrire; · mais l'Arabie possède le plus merveilleux de tous, si toutefois son existence n'est pas fabuleuse, le phénix, unique dans l'univers, et qu'on n'a pas vu souvent. On le dit de la grandeur de l'aigle. Son cou a l'éclat rayonnant de l'or; le reste du plumage est pourpre : quelques pennes incarnates se déploient sur sa queue d'azur ; des crêtes garnissent le dessous de sa gorge, et sa tête est décorée d'une huppe. Manilius, ce sénateur si célèbre par ses connaissances qu'il n'a dues qu'à lui seul, est le premier Romain qui nous ait appris sur le phénix qu'on ne l'a jamais vu manger, qu'il est consacré au soleil en Arabie, qu'il vit cinq cent soixante ans ; que, parvenu à la vieillesse, il construit un nid avec des branches de cannelle et d'encens, et que, l'ayant rempli de parfums, il y meurt. De ses os et de sa moelle naît comme un ver qui devient un petit oiseau. Ce nouveau phénix commence par rendre à l'autre les devoirs funèbres, ensuite il porte le nid entier dans la ville du soleil, près de la Panchaïe, où il le dépose sur l'autel. Selon le même Manilius, la révolution de la grande année se rapporte à la vie du phénix, et lorsqu'elle s'achève, les saisons et les signes se retrouvent au même point. Il fixe l'époque de ce renouvellement au jour où le soleil entre dans le signe du bélier, à midi. Il ajoute que

quintum decimum. Cornelius Valerianus phœnicem devolavisse in Ægyptum tradidit, Q. Plautio, Sex. Papinio coss. Allatus est et in Urbem, Claudii principis censura, anno Urbis DCCC, et in comitio propositus, quod actis testatum est, sed quem falsum esse nemo dubitaret.

Aquilarum genera.

III. 3. Ex his quas novimus, aquilæ maximus honos, maxima et vis. Sex earum genera: Melanaetos a Græcis dicta. eademque Valeria, minima magnitudine, viribus præcipua, colore nigricans: sola aquilarum fetus suos alit: ceteræ, ut dicemus, fugant: sola sine clangore, sine murmuratione. Conversatur autem in montibus. Secundi generis pygargus, in oppidis mansitat et in campis, albicante cauda. Tertii morphnos, quam Homerus et percnon vocat, aliqui et clangam, et anatariam, secunda magnitudine et vi : huicque vita circa lacus. Phemonoe Apollinis dicta filia, dentes ei esse prodidit, mutæ alias, carentique lingua : eamdem aquilarum nigerrimam, prominentiore cauda. Consentit et Bœus. Ingenium est ei, testudines raptas frangere e sublimi jaciendo: quæ sors interemit poetam Æschylum, præ-

l'année où il écrivait, sous le consulat de P. Licinius et de Cn. Cornelius, est la deux cent quinzième de cette période. C. Valerianus rapporte que le phénix passa en Égypte sous le consulat de Q. Plautius et de Sex. Papinius. Il a été apporté jusque dans nos murs, et montré à l'assemblée du peuple pendant la censure de l'empereur Claude, l'an 800 de Rome. Ce fait est attesté par les Actes ; mais personne ne doute que ce ne fût un phénix supposé.

Les aigles ; leurs diverses espèces.

III. 3. L'aigle est, de tous les oiseaux que nous connaissons, le plus noble et le plus fort. Il y en a six espèces : celle qu'on nomme en grec melanaetos, dans notre langue valeria, est la moins grosse, la première par la force, et de couleur noirâtre : c'est la seule qui nourrisse ses petits ; les autres, comme nous le dirons, chassent leurs aiglons du nid : c'est la seule qui ne fasse entendre ni cri ni murmure ; elle n'habite que les montagnes. La seconde espèce, le pygargue, préfère le voisinage des plaines et des lieux habités ; sa queue est blanchâtre. La troisième, le morphnos, qu'Homère appelle aussi percnos : quelques-uns lui donnent encore le nom d'aigle criard et d'anataire ; c'est la seconde pour la grandeur et la force : elle vit autour des lacs. Phémonoé, qu'on a crue fille d'Apollon, a publié que cet aigle a des dents, qu'il est muet et sans langue, qu'il est le plus noir de tous, et celui dont la queue a le plus d'étendue. Boeus est du même sentiment. Il enlève les

dictam fatis (ut ferunt) ejus diei ruinam secura
cæli fide caventem. Quarti generis est percnopterus :
eadem oripelargus, vulturina specie, alis minimis, reliqua magnitudine antecellens, sed imbellis et degener,
ut quam verberet corvus. Eadem jejunæ semper avidi-
tatis, et querulæ murmurationis. Sola aquilarum exanima
fert corpora : ceteræ, quum occidere, considunt. Hæc
facit, ut quintum genus γνήσιον vocetur, velut verum,
solumque incorruptæ originis, media magnitudine, colore subrutilo, rarum conspectu. Superest haliæetos,
clarissima oculorum acie, librans ex alto sese : visoque
in mari pisce, præceps in eum ruens, et discussis pectore aquis rapiens. Illa, quam tertiam fecimus, circa
stagna aquaticas aves adpetit mergentes se subinde, donec sopitas lassatasque rapiat. Spectanda dimicatio, ave
ad perfugia litorum tendente, maxime si condensa arundo
sit : aquila inde ictu abigente alæ, et quum adpetit, in
lacus cadente : umbramque suam nanti sub aqua a litore ostendente : rursus ave in diverso, et ubi minime
se credat exspectari, emergente. Hæc causa gregatim
avibus natandi, quia plures simul non infestantur, res-
persu pennarum hostem obcæcantes. Sæpe et aquilæ ipsæ
non tolerantes pondus adprehensum, una merguntur.
Haliæetus tantum implumes etiamnum pullos suos percutiens, subinde cogit adversos intueri solis radios, et

tortues, et, par un instinct singulier, il les brise en les laissant tomber du haut des airs ; c'est ce qui causa la mort du poète Eschyle. L'oracle, dit-on, avait prédit qu'il périrait ce jour-là par la chute d'une maison : pour éviter ce malheur, il se tenait en rase campagne, se fiant à la solidité des cieux. La quatrième espèce est le percnoptère, autrement oripélarge, qui tient du vautour, et surpasse les autres en grosseur, quoiqu'il ait à proportion les plus petites ailes; mais il est lâche et abâtardi au point de se laisser battre par le corbeau. Cet aigle est toujours affamé, insatiable, et fait entendre un murmure plaintif. C'est le seul qui emporte des animaux morts ; les autres se posent à terre quand ils ont tué leur proie. Par opposition à cette espèce dégénérée, l'on appelle la cinquième *gnesion*, comme étant la seule de race franche et pure. Cet aigle est de moyenne grandeur; sa couleur tire sur le fauve : on ne l'aperçoit que rarement. L'haliæète forme la dernière espèce. Sa vue est très-perçante. Il plane au haut des airs; et dès qu'il voit un poisson dans la mer, il fond sur lui et l'enlève, après avoir écarté l'eau avec sa poitrine. L'aigle de la troisième espèce se précipite, le long des étangs, sur les oiseaux aquatiques : ceux-ci plongent mille et mille fois; mais, vaincus enfin par la fatigue et le sommeil, ils deviennent sa proie. Chasse curieuse ! l'oiseau poursuivi se réfugie vers le rivage où les roseaux sont les plus épais; l'aigle le débusque de cet asile en le battant de ses ailes ; mais, en voulant le saisir, il tombe dans l'étang : l'oiseau qui nage sous l'eau, apercevant l'ombre de l'aigle, se détourne et va sortir à l'endroit où

si conniventem humectantemque animadvertit, præcipitat e nido, velut adulterinum atque degenerem : illum
cujus acies firma contra stetit, educat. Haliæeti suum
genus non habent, sed ex diverso aquilarum coitu nascuntur. Id quidem, quod ex iis natum est, in ossifragis
genus habet, e quibus vultures progenerantur minores:
et ex iis magni, qui omnino non generant. Quidam ad-
jiciunt genus aquilæ, quam barbatam vocant : Tusci
vero ossifragam.

Natura earum.

IV. Tribus primis, et quinto aquilarum generi inæ-
dificatur nido lapis aetites, quem aliqui dixere gangi-
tem : ad multa remedia utilis, nihil igne deperdens. Est
autem lapis iste prægnans, intus, quum quatias, alio
velut in utero sonante. Sed vis illa medica non nisi nido
direptis. Nidificant in petris et arboribus : pariunt et
ova terna : excludunt pullos binos : visi sunt et tres
aliquando. Alterum expellunt tædio nutriendi. Quippe
eo tempore ipsis cibum negavit natura, prospiciens ne

il compte que son ennemi l'attend le moins. Les oiseaux aquatiques nagent en troupes nombreuses , parce que, réunis, ils ne redoutent aucune attaque ; car l'eau qu'ils font jaillir avec leurs ailes aveugle leur ennemi. Souvent aussi les aigles, ne pouvant soutenir le poids de l'oiseau qu'ils saisissent , sont entraînés avec lui au fond de l'eau. L'haliæète bat ses petits, avant qu'ils ne soient couverts de plumes, pour les forcer à regarder le soleil ; s'il en voit un clignoter ou larmoyer, il le précipite du nid comme bâtard et dégénéré : il nourrit seulement celui qui soutient l'éclat de la lumière. Les haliæètes ne forment point une espèce propre ; ils proviennent du mélange des diverses races d'aigles. Leurs petits sont du genre des ossifrages : de ces derniers naissent les petits vautours, et de ceux-ci les grands, qui restent inféconds. Quelques auteurs ajoutent une septième espèce, qu'ils nomment l'aigle barbu ; c'est l'ossifrage des Toscans.

Caractères distinctifs des aigles.

IV. Dans la construction de l'aire des trois premières espèces et de la cinquième, entre la pierre aétite, que quelques-uns appellent gangite, bonne pour plusieurs remèdes, et qui ne perd rien au feu. Elle renferme en elle une autre pierre qu'on entend résonner, lorsqu'on la secoue ; mais elle n'a de vertu qu'autant qu'on l'a prise dans l'aire même. Les aigles font leurs nids dans les rochers et sur les arbres : ils pondent trois œufs, mais ils ne font éclore que deux petits ; quelquefois cependant on en a vu trois ; s'ils en ont deux, ils en

omnium ferarum fetus raperentur. Ungues quoque earum invertuntur diebus his, albescunt inedia pennæ, ut merito partus suos oderint. Sed ejectos ab his cognatum genus ossifragi excipiunt, et educant cum suis. Verum adultos quoque persequitur parens, et longe fugat, æmulos scilicet rapinæ. Et alioqui unum par aquilarum magno ad populandum tractu, ut satietur, indiget. Determinant ergo spatia, nec in proximo prædantur. Rapta non protinus ferunt, sed primo deponunt : expertæque pondus, tunc demum abeunt. Oppetunt non senio, nec ægritudine, sed fame, in tantum superiore adcrescente rostro, ut aduncitas aperiri non queat. A meridiano autem tempore operantur, et volant : prioribus horis diei, donec impleantur hominum conventu fora, ignavæ sedent. Aquilarum pennæ mixtas reliquarum alitum pennas devorant. Negant unquam solam hanc alitem fulmine exanimatam : ideo armigeram Jovis consuetudo judicavit.

Quando legionum signa esse cœperint.

V. 4. Romanis eam legionibus C. Marius in secundo

chassent un , ennuyés de nourrir ; car , dans cette saison , la nature prévoyante leur a refusé la pâture pour prévenir la destruction des petits de tous les autres animaux. A cette époque leurs ongles se renversent, leur plumage blanchit par la disette qu'ils éprouvent, en sorte que leur haine pour leur progéniture n'est pas sans motif. Les ossifrages, espèce congénère, reçoivent les aiglons rebutés et les élèvent avec leurs petits. Mais la mère les poursuit alors même qu'ils ont pris leur croissance, et les chasse au loin pour qu'ils ne viennent point partager sa proie. Au surplus, chaque couple d'aigles a besoin, pour sa nourriture, d'une grande étendue de pays : ils règlent donc leurs limites, et leurs rapines ne s'étendent point au delà. Ils n'emportent pas leur proie dans l'instant qu'ils l'ont saisie, ils la posent à terre ; et, après en avoir éprouvé le poids, ils prennent leur vol. Ils ne meurent point de vieillesse ni de maladie, mais de faim ; parce que la partie supérieure de leur bec s'alonge si fort, en se recourbant, qu'ils ne peuvent plus l'ouvrir. Ils ne butinent et ne parcourent les airs qu'au milieu du jour ; le matin , ils restent oisifs jusqu'à l'heure où la multitude afflue dans les marchés. Mêlées à celles des autres oiseaux, leurs plumes les détruisent. On dit que cet oiseau est le seul que le tonnerre ne frappe jamais. C'est par cette raison qu'on lui fait porter la foudre de Jupiter.

Quand l'aigle est-il devenu l'enseigne de la légion ?

V. 4. C. Marius, pendant son second consulat, af-

consulatu suo proprie dicavit. Erat et antea prima cum quatuor aliis : lupi, minotauri, equi, aprique singulos ordines anteibant. Paucis ante annis sola in aciem portari coepta erat : reliqua in castris relinquebantur. Marius in totum ea abdicavit. Ex eo notatum, non fere legionis unquam hiberna esse castra, ubi aquilarum non sit jugum.

Primo et secundo generi non minorum tantum quadrupedum rapina, sed etiam cum cervis proelia. Multum pulverem volutatu collectum, insidens cornibus excutit in oculos, pennis ora verberans, donec praecipitet in rupes. Nec unus hostis illi satis est : acrior est cum dracone pugna, multoque magis anceps, etiamsi in aere. Ova hic consectatur aquilae aviditate malefica : at illa ob hoc rapit ubicumque visum. Ille multiplici nexu alas ligat, ita se implicans, ut simul decidat.

De aquila, quae in rogum virginis se misit.

VI. 5. Est percelebris apud Seston urbem aquilae gloria : educatam a virgine retulisse gratiam, aves primo, mox deinde venatus adgerentem. Defuncta postremo, in rogum accensum ejus injecisse sese, et simul confla-

fecta l'aigle exclusivement aux enseignes des légions romaines. Jusqu'alors il avait partagé cet honneur avec quatre autres animaux : après l'aigle, le loup, le minotaure, le cheval et le sanglier précédaient les rangs. Depuis quelques années on portait l'aigle seul au combat, les autres restaient dans le camp; Marius les supprima tout-à-fait : dès-lors on n'a presque jamais vu de lieux réservés à une légion pour ses quartiers d'hiver où il ne se trouvât une paire d'aigles.

L'aigle de la première et de la seconde espèce ne se contente pas d'enlever les petits quadrupèdes, il attaque même le cerf. Perché sur son bois, il lui secoue dans les yeux la poussière qu'il a ramassée en se roulant à terre, et le frappe de ses ailes sur la face jusqu'à ce qu'il le précipite dans les rochers. Un seul ennemi ne lui suffit pas. Il poursuit le serpent avec plus d'acharnement et le combat avec bien moins d'avantage, quoiqu'au milieu de l'air. Le serpent recherche avidement les œufs de l'aigle pour les détruire; l'aigle, pour se venger, l'enlève partout où il le trouve. Celui-ci lui lie les ailes par ses replis multipliés, s'enlaçant tellement autour de lui qu'ils tombent tous deux ensemble.

D'un aigle qui se précipita sur le bûcher d'une jeune fille.

VI. 5. Un aigle, dans la ville de Sestos, s'est acquis une grande célébrité. Élevé par une jeune fille, il prouva sa reconnaissance en lui apportant d'abord des oiseaux, puis du gibier de toute espèce. Enfin, quand elle fut morte, il se jeta dans les flammes du bûcher et se laissa

grasse. Quam ob causam incolæ, quod vocant Heroum
in eo loco fecere, appellatum Jovis et virginis, quoniam
illi deo ales adscribitur.

De vulture.

VII. 6. Vulturum prævalent nigri. Nidos nemo adtigit :
ideo etiam fuere, qui putarent illos ex adverso orbe advolare, falso : nidificant enim in excelsissimis rupibus.
Fetus quidem sæpe cernuntur, fere bini. Umbricius aru-
spicum in nostro ævo peritissimus, parere tradit ova tredecim : uno ex iis reliqua ova nidumque lustrare, mox
abjicere. Triduo autem ante advolare eos, ubi cadavera
futura sunt.

Sanqualis avis, et immussulus.

VIII. 7. Sanqualem avem, atque immussulum, augures romani in magna quæstione habent. Immussulum
aliqui vulturis pullum arbitrantur esse, et sanqualem
ossifragæ. Massurius sanqualem ossifragum esse dicit,
immussulum autem pullum aquilæ, priusquam albicet
cauda. Quidam post Mucium augurem visos non esse
Romæ confirmavere : ego (quod veri similius) in desidia
rerum omnium non arbitror agnitos.

brûler avec elle. En mémoire de cet évènement, les habitans élevèrent en ce lieu une sorte de monument qu'ils appellent Heroum, et qu'ils consacrèrent à Jupiter et à la jeune fille, parce que l'aigle est l'oiseau de ce dieu.

Du vautour.

VII. 6. Parmi les vautours, les noirs sont les plus vigoureux. Personne n'est parvenu jusqu'à leurs nids, ce qui a fait penser à quelques auteurs qu'ils viennent d'une région opposée à la nôtre, mais à tort, car ils font leurs nids sur les rochers les plus élevés. On aperçoit assez souvent leurs petits, ordinairement au nombre de deux. Umbricius, le plus habile des aruspices de notre siècle, prétend qu'ils pondent treize œufs, qu'ils en emploient un à purifier les autres et le nid lui-même, qu'ensuite ils le jettent. Il ajoute qu'ils volent trois jours à l'avance dans les lieux où il doit y avoir des cadavres.

Le sanquale ; l'immussule.

VIII. 7. Le sanquale et l'immussule sont le sujet d'une question fort controversée parmi les augures romains. Quelques-uns pensent que l'immussule est le petit du vautour, et le sanquale celui de l'ossifrage. Massurius dit que le sanquale est l'ossifrage, et l'immussule le petit de l'aigle, avant que sa queue ne blanchisse. Quelques auteurs ont assuré que ces oiseaux n'ont point été vus à Rome depuis l'augure Mucius. Je crois, avec plus de vraisemblance, que. dans l'indifférence générale où nous vivons, ils n'ont point été reconnus.

Accipitres : buteo.

IX. 8. Accipitrum genera sedecim invenimus : ex iis ægithum claudum altero pede prosperrimi augurii nuptialibus negotiis et pecuariæ rei. Triorchem a numero testium, cui principatum in auguriis Phemonoe dedit : buteonem hunc appellant Romani, familia etiam ex eo cognominata, quum prospero auspicio in ducis navi sedisset. Epileon Græci vocant, qui solus omni tempore apparet : ceteri hieme abeunt. Distinctio generum ex aviditate. Alii non nisi ex terra rapiunt avem : alii non nisi circa arbores volitantem : alii sedentem in sublimi : aliqui volantem in aperto. Itaque et columbæ novere ex iis pericula, visoque considunt, vel subvolant, contra naturam ejus auxiliantes sibi. In insula Africæ Cerne in oceano accipitres totius Massæsyliæ humi fetificant : nec alibi nascuntur, illis adsueti gentibus.

In quibus locis societate accipitres et homines aucupentur.

X. In Thraciæ parte super Amphipolim homines atque accipitres societate quadam aucupantur. Hi ex silvis et arundinctis excitant aves : illi supervolantes depri-

Les éperviers ; le buteo.

IX. 8. Nous trouvons seize espèces d'éperviers. Nous distinguerons l'égithe, boiteux d'un pied, et du plus heureux présage pour les mariages et les bestiaux ; le triorche, ainsi appelé du nombre de ses testicules, à qui Phémonoé a donné le premier rang parmi les augures favorables : les Romains l'appellent *buteo* ; une famille même en a tiré son surnom, lorsque par un auspice heureux un de ces oiseaux fut venu se poser sur le navire du chef. Les Grecs nomment épiléos l'espèce qui seule se montre toute l'année; les autres disparaissent pendant l'hiver. On distingue les espèces par leur manière de saisir leur proie. Les uns ne s'emparent de l'oiseau qu'à terre ; d'autres l'enlèvent seulement quand il voltige autour des arbres : d'autres, lorsqu'il est perché sur une branche élevée: quelques-uns, quand il vole en plein air. Aussi les colombes savent ce qu'elles ont à craindre de cet ennemi : à sa vue, elles s'arrêtent ou s'envolent, s'aidant de son instinct contre lui-même. Les éperviers de toute la Massésylie font leurs nids à terre dans l'île de Cerné, le long des côtes d'Afrique, dans l'Océan ; et ceux de ces contrées-là ne naissent point ailleurs.

Où les éperviers et les hommes se réunissent pour chasser.

X. Dans la partie de la Thrace au dessus d'Amphipolis, les hommes et les éperviers s'associent en quelque sorte pour la chasse. Ceux-là font lever les oiseaux des ro-

munt. Rursus captas aucupes dividunt cum iis. Traditum est, missas in sublime sibi excipere eos : et quum tempus sit capturæ, clangore ac volatus genere invitare ad occasionem. Simile quiddam lupi ad Mæotim paludem faciunt. Nam nisi partem a piscantibus suam accepere, expansa eorum retia lacerant. Accipitres avium non edunt corda. Nocturnus accipiter cymindis vocatur, rarus etiam in silvis, interdiu minus cernens. Bellum internecinum gerit cum aquila, cohærentesque sæpe prehenduntur.

Quæ avis sola a suo genere interimatur : quæ avis singula ova pariat.

XI. 9. Coccyx ex accipitre videtur fieri, tempore anni figuram mutans, quoniam tunc non apparent reliqui, nisi perquam paucis diebus : ipse quoque modico tempore æstatis visus non cernitur postea. Est autem neque aduncis unguibus solus accipitrum, nec capite similis illis, neque alio quam colore, ac rictu columbi potius. Quin et sumitur ab accipitre, si quando una apparuere : sola omnium avis a suo genere interempta. Mutat autem et vocem : procedit vere, occultatur Caniculæ ortu : semperque parit in alienis nidis, maxime palumbium, majori ex parte singula ova, quod nulla alia avis : raro

seaux et des forêts, ceux-ci rabattent les oiseaux qui volent dans les airs. Après la chasse, les éperviers reçoivent leur part de la proie. On dit qu'ils saisissent en l'air le gibier qu'on leur jette, et que, l'instant de cette capture leur paraissant arrivé, ils avertissent les chasseurs par leurs cris et par un vol particulier. Les loups-marins font quelque chose d'analogue auprès du Palus-Méotide; car, si les pêcheurs négligent de leur laisser leur part, ils déchirent les filets qu'on a laissés tendus. Les éperviers ne mangent point le cœur des oiseaux. L'épervier nocturne s'appelle cymindis, est rare même dans les forêts, et voit mal pendant le jour. Il fait à l'aigle une guerre implacable; aussi les prend-on souvent accrochés l'un à l'autre.

Oiseau qui ne périt que victime de sa propre espèce. Oiseau qui ne pond qu'un œuf.

XI. 9. Le coucou semble n'être qu'un épervier, qui change de forme à une certaine époque de l'année; car alors on ne voit pas les autres, si ce n'est pendant un très-petit nombre de jours. Le coucou lui-même disparaît après s'être montré une partie de l'été. Seul des éperviers il n'a pas les ongles crochus, ni la tête de ce genre; par la couleur et par le bec, il ressemble plutôt à la colombe. Il n'est pas même épargné par l'épervier lorsqu'ils se rencontrent : de tous les oiseaux, il est le seul qui soit détruit par son espèce. Il change aussi de voix; il paraît au printemps et se cache au lever de la Canicule. Toujours il pond dans le nid des autres, sur-

bina. Causa subjiciendi pullos, putatur, quod sciat se
invisam cunctis avibus, nam minutæ quoque infestant :
ita non fore tutam generi suo stirpem opinatur, ni fefel-
lerit : quare nullum facit nidum, alioqui trepidum animal. Educat ergo subditum adulterato feta nido. Ille
avidus ex natura, præripit cibos reliquis pullis, itaque
pinguescit, et nitidus in se nutricem convertit : illa gaudet ejus specie, miraturque sese ipsam, quod talem pe-
pererit : suos comparatione ejus damnat, ut alienos,
absumique etiam se inspectante patitur, donec corripiat
ipsam quoque jam volandi potens. Nulla tunc avium
suavitate carnis comparatur illi.

Milvi.

XII. 10. Milvi ex eodem accipitrum genere, magnitudine differunt. Notatum in his, rapacissimam et fa-
melicam semper alitem nihil esculenti rapere umquam
ex funerum ferculis, nec Olympiæ ex ara. Ac ne feren-
tium quidem manibus, nisi lugubri municipiorum immo-
lantium ostento. Iidem videntur artem gubernandi do-
cuisse caudæ flexibus : in cælo monstrante natura, quod
opus esset in profundo. Milvi et ipsi hibernis mensibus

tout dans celui des pigeons ramiers, ordinairement un seul œuf, ce qui n'arrive à aucun autre oiseau, rarement deux. On pense qu'il est poussé à placer ainsi ses petits, parce qu'il sait la haine que lui portent tous les oiseaux, car les plus faibles même lui font la guerre. Il croit ne pouvoir garantir sa progéniture qu'en les trompant ; ainsi cet oiseau, d'ailleurs timide, ne fait aucun nid. La couveuse qui fait éclore l'œuf adultère, élève cet enfant supposé. Celui-ci, naturellement avide, enlève la nourriture à ses jeunes compagnons : il devient gras et brillant d'embonpoint, il attire à lui toute l'affection de sa nourrice ; elle se complaît, elle s'admire dans son ouvrage ; ses propres enfans, en comparaison, lui deviennent étrangers ; elle souffre même qu'il s'en repaisse à ses yeux ; mais lorsqu'il est en état de voler, il la dévore elle-même. Alors il n'est point d'oiseaux dont la chair soit aussi délicate.

Milans.

XII. 10. Les milans, qui appartiennent aussi au genre des éperviers, n'en diffèrent que par la grandeur. On a observé que cet oiseau vorace et toujours affamé n'enlève point les viandes consacrées aux funérailles, ni sur l'autel d'Olympie ; et que, s'il touche à celles qu'on porte en plein air, c'est un présage funeste aux villes qui offrent le sacrifice. Il semble avoir enseigné, par le mouvement de sa queue, l'art de conduire le gouvernail, la nature montrant dans les cieux ce qu'il faut faire sur la mer. Les milans aussi disparaissent pendant l'hiver ; cepen-

latent, non tamen ante hirundinem abeuntes. Traduntur autem et a solstitiis adfici podagra.

Digestio avium per genera.

XIII. 11. Volucrum prima distinctio pedibus maxime constat. Aut enim aduncos ungues habent, aut digitos, aut palmipedum in genere sunt, uti anseres et aquaticæ fere aves. Aduncos ungues habentia, carne tantum vescuntur ex parte magna.

Cornices : inauspicatæ aves. Quibus mensibus non sint inauspicatæ.

XIV. 12. Cornices et alio pabulo : ut quæ duritiam nucis rostro repugnantem, volantes in altum in saxa tegulasve jaciunt iterum ac sæpius, donec quassatam perfringere queant. Ipsa ales est inauspicatæ garrulitatis, a quibusdam tamen laudata. Ab Arcturi sidere ad hirundinum adventum notatur eam in Minervæ lucis templisque raro, alicubi omnino non aspici, sicut Athenis. Præterea sola hæc etiam volantes pullos aliquandiu pascit : inauspicatissima fetus tempore, hoc est, post solstitium.

dant ils ne partent pas avant les hirondelles. On dit
qu'aux solstices ils sont attaqués de la goutte.

Classification des oiseaux.

XIII. 11. La forme des pieds surtout fournit les ca-.
ractères distinctifs pour la classification des oiseaux. Car,
ou ils ont des ongles crochus, ou des doigts, ou ils appartiennent au genre des palmipèdes, comme les oies et
presque tous les oiseaux aquatiques. Ceux qui ont les
ongles crochus ne vivent que de chair pour la plupart.

Des corneilles. Oiseaux de mauvais augure. A quelle époque l'augure cesse d'être sinistre.

XIV. 12. Les corneilles se nourrissent encore d'un
autre aliment. N'ayant pas le bec assez fort pour briser
les noix, elles s'élèvent, et, du haut des airs, elles les jettent à plusieurs reprises sur les rochers ou les toits jusqu'à ce qu'elles les aient cassées. Le croassement de cet
oiseau est de mauvais augure ; cependant quelques-uns
le vantent comme heureux. On observe que, depuis le
lever de l'Arcture jusqu'au retour des hirondelles, la corneille se montre rarement dans les bois sacrés et dans les
temples de Minerve, et point du tout en de certains
lieux, par exemple, à Athènes. De plus, c'est le seul oiseau qui continue à nourrir ses petits, même après qu'ils
ont pris leur essor. Il est du plus sinistre présage dans
le temps de la couvaison, c'est-à-dire après le solstice.

De corvis.

XV. Ceteræ omnes ex eodem genere pellunt nidis pullos, ac volare cogunt, sicut et corvi : qui et ipsi non carne tantum aluntur, sed robustos quoque fetus suos fugant longius. Itaque parvis in vicis non plus bina conjugia sunt : circa Cranonem quidem Thessaliæ singula perpetuo : genitores soboli loco cedunt. Diversa in hac, ac supradicta alite quædam. Corvi ante solstitium generant, iidem ægrescunt sexagenis diebus, siti maxime, antequam fici coquantur autumno. Cornix ab eo tempore corripitur morbo. Corvi pariunt quum plurimum quinos. Ore eos parere aut coire vulgus arbitratur : ideoque gravidas, si ederint corvinum ovum, per os partum reddere : atque in totum, difficulter parere, si tecto inferantur. Aristoteles negat, non hercule magis, quam in Ægypto ibim : sed illam exosculationem, quæ sæpe cernitur, qualem in columbis, esse. Corvi in auspiciis soli videntur intellectum habere significationum suarum. Nam quum Mediæ hospites occisi sunt, omnes e Peloponneso et Attica regione volaverunt. Pessima eorum significatio, quum glutiunt vocem velut strangulati.

Corbeaux.

XV. Tous les autres oiseaux du même genre chassent leurs petits du nid et les contraignent à voler : les corbeaux, quoiqu'ils ne vivent pas seulement de chair, font la même chose ; ils ne souffrent pas même que leurs petits, devenus adultes, demeurent dans leur voisinage. Aussi n'en voit-on pas plus de deux couples dans les cantons peu étendus. Il n'y en a jamais qu'un dans les environs de Cranon, en Thessalie ; le père et la mère cèdent la place à leurs enfans. Il y a quelques différences entre cet oiseau et le précédent. Les corbeaux produisent avant le solstice : ils sont malades soixante jours et souffrent surtout de la soif avant la maturité des figues d'automne. La corneille, à cette époque, commence à être attaquée de cette maladie. Les corbeaux pondent ordinairement cinq œufs. Le vulgaire croit qu'ils pondent ou qu'ils s'accouplent par le bec ; que, pour cette raison, une femme enceinte, si elle mange un œuf de corbeau, rendra son enfant par la bouche, et qu'en général elle accouchera difficilement si on porte un œuf de corbeau dans la maison. Aristote nie expressément que le corbeau, non plus que l'ibis en Égypte, s'accouplent de la sorte : les baisers qu'ils se donnent si souvent, ne sont pas différens de ceux des colombes. Les corbeaux seuls, dans les auspices, paraissent avoir l'intelligence des choses qu'ils annoncent. Lorsque les hôtes de Médias furent assassinés, ils s'enfuirent tous du Péloponnèse et de l'Attique. Leur plus sinistre présage a lieu quand ils étouffent leur voix, comme si on les étranglait.

De bubone.

XVI. Uncos ungues et nocturnæ aves habent, ut noctuæ, bubo, ululæ. Omnium horum hebetes interdiu oculi. Bubo funebris, et maxime abominatus publicis præcipue auspiciis, deserta incolit : nec tantum desolata, sed dira etiam et inaccessa : noctis monstrum, nec cantu aliquo vocalis, sed gemitu. Itaque in urbibus aut omnino in luce visus, dirum ostentum est. Privatorum domibus insidentem plurimum scio non fuisse feralem. Volat numquam quo libuit, sed transversus aufertur. Capitolii cellam ipsam intravit Sex. Palpelio Histro, L. Pedanio coss. propter quod nonis martiis urbs lustrata est eo anno.

Aves quarum vita aut notitia intercidit.

XVII. 13. Inauspicata est et incendiaria avis, propter quam sæpenumero lustratam urbem in annalibus invenimus, sicut L. Cassio, C. Mario coss., quo anno et bubone viso lustrata est. Quæ sit avis ea, nec reperitur, nec traditur. Quidam ita interpretantur, incendiariam esse quæcumque apparuerit carbonem ferens ex aris vel altaribus. Alii spinturnicem eam vocant : sed hæc ipsa quæ esset inter aves, qui se scire diceret, non inveni.

Hibou.

XVI. Les oiseaux de nuit, comme le chat-huant, le hibou, la hulotte, ont aussi les ongles crochus. Tous ont la vue faible pendant le jour. Le hibou, oiseau funèbre, présage abhorré surtout dans les auspices publics, habite les lieux déserts, abandonnés, affreux même et inaccessibles; monstre de la nuit qui n'a point de chant, et qui ne fait que gémir: aussi quand il est vu dans les villes, ou seulement aperçu pendant le jour, est-il d'un sinistre augure. Je sais pourtant qu'il s'est souvent posé sur les maisons des particuliers sans y causer aucun malheur. Il ne vole jamais en droite ligne, il va de travers comme emporté par le vent. Sous le consulat de Sex. Palpelius Hister et de L. Pedanius, un hibou entra jusque dans le sanctuaire du Capitole, et à ce sujet la ville fut purifiée cette année, aux nones de mars.

Oiseaux dont la race est éteinte ou la connaissance perdue.

XVII. 13. L'oiseau nommé *incendiaria* est aussi de mauvais augure, et nous trouvons dans les annales que souvent il a été cause que la ville a été purifiée, comme il arriva sous le consulat de L. Cassius et de C. Marius, pendant lequel elle le fut aussi à l'occasion d'un hibou. Ni les livres, ni la tradition ne nous apprennent quel est cet oiseau. Quelques-uns expliquant son nom, jugent qu'on appelle ainsi tout oiseau qui aura été vu enlever du feu des autels et des sacrifices.

14. Cliviam quoque avem ab antiquis nominatam, animadverto ignorari. Quidam clamatoriam dicunt, Labeo prohibitoriam. Et apud Nigidium subis appellatur avis, quæ aquilarum ova frangat.

15. Sunt præterea complura genera depicta in Etrusca disciplina, sed ulli non visa : quæ nunc defecisse mirum est, quum abundent etiam quæ gula humana populatur.

Quæ a cauda nascantur.

XVIII. 16. Externorum de auguriis peritissime scripsisse Hylas nomine putatur. Is tradit noctuam, bubonem, picum arbores cavantem, trygonem, cornicem, a cauda de ovo exire : quoniam pondere capitum perversa ova, posteriorem partem corporum fovendam matri adplicent.

De Noctuis.

XIX. 17. Noctuarum contra aves solers dimicatio. Majore circumdatæ multitudine, resupinæ pedibus repugnant, collectæque in arctum, rostro et unguibus totæ teguntur. Auxiliatur accipiter collegio quodam naturæ,

D'autres le nomment spinturnix ; mais je n'ai trouvé personne qui prétendît le connaître.

14. J'observe que l'oiseau nommé *clivia* par les anciens est également inconnu. Quelques-uns l'appellent *clamatoria*, Labéon *prohibitoria*. Nigidius parle aussi du subis, qui brise les œufs de l'aigle.

15. Beaucoup d'autres espèces ont été figurées dans les rituels étrusques ; mais personne ne les a vues. Il est étonnant que ces espèces manquent aujourd'hui, puisque celles même dont la gourmandise de l'homme fait sa proie, se trouvent en abondance.

Oiseaux dont la queue sort la première.

XVIII. 16. Hylas passe pour celui des étrangers qui a le mieux écrit sur la science augurale. Il enseigne que le chat-huant, le hibou, le pic, qui perce le bois, le trygon et la corneille sortent de l'œuf par la queue, parce que les œufs, renversés par la pesanteur de la tête, présentent immédiatement à la mère la partie postérieure à couver.

Oiseaux de nuit.

XIX. 17. Les chats-huants combattent avec beaucoup d'adresse contre les oiseaux ; investis par un nombre supérieur, ils se renversent sur le dos et se défendent avec les pieds, ramassant leur corps qu'ils couvrent tout entier de leur bec et de leurs ongles. L'épervier, par une

bellumque partitur. Noctuas sexagenis diebus hiemis cubare, et novem voces habere tradit Nigidius.

De pico Martio.

XX. 18. Sunt et parvæ aves uncorum unguium, ut pici, Martio cognomine insignes, et in auspiciis magni. Quo in genere arborum cavatores scandentes in subreptum felium modo : illi vero et supini, percussi corticis sono, pabulum subesse intelligunt. Pullos in cavis educant avium soli. Adactos cavernis eorum a pastore cuneos, admota quadam ab his herba, elabi creditur vulgo. Trebius auctor est, clavum cuneumve adactum, quanta libeat vi, arbori in qua nidum habeat, statim exsilire, cum crepitu arboris, quum insederit clavo aut cuneo. Ipsi principales Latio sunt in auguriis, a rege, qui nomen huic avi dedit. Unum eorum præscitum transire non queo. In capite prætoris urbani Ælii Tuberonis, in foro jura pro tribunali reddentis, sedit ita placide, ut manu prehenderetur. Respondere vates, « exitium imperio portendi, si dimitteretur : at si exanimaretur, prætori. » Et ille avem protinus concerpsit : nec multo post implevit prodigium.

espèce de sympathie, vient à son secours et partage le combat. Nigidius écrit que les chats-huants couvent pendant soixante jours en hiver, et qu'ils ont neuf sortes de voix.

Le pic de Mars.

XX. 18. Il y aussi de petits oiseaux qui ont les ongles crochus, comme les pics, consacrés à Mars, et d'une grande importance dans les auspices. Ceux de cette espèce creusent les arbres, y grimpent à la manière des chats, mais le corps renversé ; ils frappent l'écorce et connaissent au son qu'elle rend, si elle cache quelque nourriture. Seuls des oiseaux, ils élèvent leurs petits dans les creux des arbres. On croit vulgairement que lorsqu'un berger en a bouché l'entrée avec un coin, ils le font tomber en y appliquant une certaine herbe. Trebius croit qu'un coin ou un clou enfoncé avec quelque force que ce soit dans un arbre qui renferme un nid de pics, s'échappe en faisant éclater l'arbre, dès que l'oiseau s'est posé sur ces objets. Dans le Latium ils tiennent le premier rang pour les augures, depuis que le roi Picus leur a donné son nom. Je ne puis passer sous silence un de leurs présages. Élius Tubéron, préteur de Rome, étant dans le forum sur son tribunal, un pic vint se poser sur sa tête et se laissa prendre avec la main. Les devins répondirent que si on le lâchait, Rome était menacée de sa ruine, et que si on le tuait, le préteur mourrait. A l'instant Tubéron le mit en pièces, et peu après le présage fut accompli.

De his qui uncos ungues habent.

XXI. 19. Vescuntur et glande in hoc genere, pomisque multæ, sed quæ carne tantum non vivunt, excepto milvo : quod ipsum in auguriis dirum est. Uncos ungues habentes omnino non congregantur, et sibi quæque prædantur. Sunt autem omnes fere altivolæ, præter nocturnas; et magis, majores. Omnibus alæ grandes, corpus exiguum. Ambulant difficulter. In petris raro consistunt, curvatura unguium prohibente.

De pavonibus.

XXII. 20. Nunc de secundo genere dicamus, quod in duas dividitur species, oscines, et alites : illarum generi cantus oris, his magnitudo differentiam dedit : itaque præcedent et ordine : omnesque reliquas in his pavonum genus, quum forma, tum intellectu ejus et gloria.

Gemmantes laudatus expandit colores, adverso maxime sole, quia sic fulgentius radiant. Simul umbræ quosdam repercussus ceteris, qui et in opaco clarius micant, conchata quærit cauda : omnesque in acervum contra-

Des oiseaux pourvus de serres.

XXI. 19. Les oiseaux qui appartiennent à ce genre ne se nourrissent pas seulement de chair ; ils mangent aussi des glands et des fruits, à l'exception du milan, qui est d'un très-sinistre présage, quand il use de cette nourriture. Les oiseaux qui ont les ongles crochus ne se rassemblent jamais en troupes : chacun chasse pour soi. Ils volent presque tous fort haut, à l'exception des oiseaux nocturnes, et les plus grands s'élèvent le plus. Ils ont tous les ailes grandes et le corps petit ; ils marchent difficilement ; ils se posent rarement sur les rochers ; la courbure de leurs ongles les en empêche.

Paons.

XXII. 20. Parlons à présent du second genre qui se divise en deux espèces ; les oiseaux dont on consulte le chant et ceux dont on consulte le vol. La nature du chant chez les uns, et la grandeur du corps chez les autres, constitue leurs différences ; je commencerai par les derniers, et le paon précèdera tous les autres, tant parce qu'il est le plus beau, que parce qu'il a le sentiment et l'orgueil de sa beauté.

Lorsqu'on lui donne des louanges, il déploie ses couleurs éblouissantes, surtout en face du soleil, parce qu'alors les reflets en sont plus étincelans. Il cherche, en formant la roue, à relever encore l'éclat de la lumière par des nuances plus sombres ; il rassemble en une seule

hit pennarum, quos spectari gaudet, oculos. Idem,
cauda annuis vicibus amissa cum foliis arborum, donec
renascatur iterum cum flore, pudibundus ac mærens
quærit latebram. Vivit annis xxv. Colores incipit fundere in trimatu. Ab auctoribus non gloriosum tantum
animal hoc traditur, sed et malevolum, sicut anser ve-
recundum : quoniam has quoque quidam addiderunt
notas in his, haud probatas mihi.

Quis primum pavonem cibi causa occiderit. Quis farcire insti-
tuerit.

XXIII. Pavonem cibi gratia Romæ primus occidit
orator Hortensius, aditiali cena sacerdotii. Saginare primus instituit circa novissimum piraticum bellum M. Aufidius Lurco, exque eo quæstu reditus sestertium sexagena
millia habuit.

De gallinaceis.

XXIV. 21. Proxime gloriam sentiunt et hi nostri vi-
giles nocturni, quos excitandis in opera mortalibus,
rumpendoque somno natura genuit. Norunt sidera, et
ternas distinguunt horas interdiu cantu. Cum sole eunt
cubitum, quartaque castrensi vigilia ad curas laborem-
que revocant. Nec solis ortum incautis patiuntur obre-

gerbe tous les yeux de ses plumes qu'il étale complai-samment à l'admiration des spectateurs ; mais, tous les ans, ses plumes tombent à la chute des feuilles : hon-teux et triste, il se cache jusqu'à ce que la saison des fleurs lui rende sa parure. La durée de sa vie est de vingt-cinq ans. C'est à la troisième année qu'il com-mence à étaler ses riches couleurs. Des auteurs en font un animal non-seulement glorieux, mais malin : suppo-sition aussi gratuite, à mon sens, que celle qui prête de la pudeur à l'oie.

Qui le premier servit un paon sur sa table; qui les fit engraisser le premier.

XXIII. L'orateur Hortensius est le premier Romain qui fit tuer le paon pour la table, à son repas de récep-tion dans le collège des pontifes; et le premier qui le fit engraisser est M. Aufidius Lurcon, vers le temps de la dernière guerre des pirates. Il se procura par ce moyen un revenu de soixante mille sesterces.

Des coqs.

XXIV. 21. Après les paons, les oiseaux les plus sen-sibles à la gloire sont ces vigilantes sentinelles, créées par la nature pour arracher l'homme au sommeil et le renvoyer à ses occupations. Ils connaissent les révolu-tions sidérales ; et, de trois en trois heures, ils mar-quent, par leur chant, les diverses époques du jour. Ils se couchent avec le soleil ; dès la quatrième veille

pere, diemque venientem nuntiant cantu, ipsum vero cantum plausu laterum. Imperitant suo generi, et regnum in quacumque sunt domo, exercent. Dimicatione paritur hoc quoque inter ipsos, velut ideo tela agnata cruribus suis intelligentes : nec finis saepe commorientibus. Quod si palma contingit, statim in victoria canunt, seque ipsi principes testantur. Victus occultatur silens, aegreque servitium patitur. Et plebs tamen aeque superba, graditur ardua cervice, cristis celsa : caelumque sola volucrum aspicit crebro, in sublime caudam quoque falcatam erigens : itaque terrori sunt etiam leonibus ferarum generosissimis. Jam ex his quidam ad bella tantum et proelia assidua nascuntur, quibus etiam patrias nobilitarunt, Rhodum, ac Tanagram. Secundus est honos habitus Melicis, et Chalcidicis, ut plane dignae aliti tantum honoris praebeat romana purpura. Horum sunt tripudia solistima. Hi magistratus nostros quotidie regunt, domosque ipsis suas claudunt aut reserant : hi fasces romanos impellunt aut retinent, jubent acies aut prohibent, victoriarum omnium toto orbe partarum auspices : hi maxime terrarum imperio imperant, extis etiam fibrisque haud aliter quam opimae victimae diis grati. Habent ostenta et praeposteri eorum vespertinique cantus. Namque totis noctibus canendo, Boeotiis nobilem illam adversus Lacedaemonios praesagivere victoriam,

militaire, ils nous rappellent à l'occupation et aux travaux. Ils ne souffrent pas que cet astre vienne nous surprendre ; leur chant annonce l'arrivée du jour, et ce chant lui-même est annoncé par le battement de leurs ailes. Ils commandent en maîtres et ils exercent la souveraineté en quelque maison qu'ils soient. L'empire chez eux est aussi le prix de la victoire, comme s'ils comprenaient la destination des armes qu'ils portent à leurs pieds : souvent les deux rivaux meurent en combattant. Si l'un d'eux est vainqueur, aussitôt il chante son triomphe et lui-même se proclame souverain. Le vaincu se cache en silence, supportant l'esclavage avec douleur. Non moins superbe, le peuple marche la tête haute et la crête levée : seuls de tous les oiseaux ils regardent habituellement le ciel, dressant en même temps leur queue recourbée en faucille ; aussi inspirent-ils de la terreur au lion même, le plus intrépide des animaux. Quelques-uns d'eux semblent naître uniquement pour la guerre et les combats ; et par là ils ont illustré leur pays natal, Rhodes et Tanagre. On assigne le second rang à ceux de Mélos et de Chalcis ; aussi n'est-ce pas sans raison que la pourpre romaine leur rend tant d'hommages. Leurs repas sont des présages solennels. Ce sont eux qui chaque jour règlent la conduite de nos magistrats, et leur ouvrent ou leur ferment leurs propres maisons : ce sont eux qui prescrivent le mouvement ou le repos aux faisceaux romains, qui ordonnent ou défendent les batailles ; ils ont annoncé toutes les victoires, remportées dans tout l'univers ; ils commandent aux maîtres du monde. Leurs entrailles et leur chair ne sont

ita conjecta interpretatione, quoniam victa ales illa non
caneret.

Quomodo castrentur. De gallinaceo locuto.

XXV. Desinunt canere castrati : quod duobus fit modis : lumbis adustis candente ferro, aut imis cruribus :
mox hulcere oblito figlina creta : facilius ita pinguescunt.
Pergami omnibus annis spectaculum gallorum publice
editur, ceu gladiatorum. Invenitur in annalibus, in Ari-
minensi agro, M. Lepido, Q. Catulo coss. in villa Ga-
lerii locutum gallinaceum, semel, quod equidem sciam.

De ansere.

XXVI. 22. Et anseri vigil cura, Capitolio testata de-
fenso, per id tempus canum silentio proditis rebus.
Quam ob causam cibaria anserum censores in primis
locant. Quin et fama amoris, Ægii dilecta forma pueri
Olenii, et Glauces Ptolemæo regi cithara canentis, quam

pas moins agréables aux dieux que les plus grasses victimes. Leurs chants, entendus le soir et à des heures extraordinaires, forment des présages. En chantant toute la nuit, ils annoncèrent aux Béotiens cette fameuse victoire sur les Lacédémoniens : les devins l'interprétèrent ainsi, parce que cet oiseau ne chante point quand il est vaincu.

Castration des coqs. D'un coq qui parla.

XXV. La castration leur ôte le chant. Cette opération se fait de deux manières : en leur brûlant ou les lombes, ou le bas des jambes avec un fer chaud, et recouvrant la plaie avec de la terre à potier : alors ils engraissent plus facilement. A Pergame, on donne chaque année publiquement des combats de coqs, ainsi que chez nous on donne des combats de gladiateurs. Nous trouvons dans les annales que, sous le consulat de M. Lepidus et de Q. Catulus, dans la métairie de Galerius au territoire d'Ariminum, un coq parla : c'est le seul exemple que je connaisse d'un pareil prodige.

De l'oie.

XXVI. 22. L'oie aussi fait une garde vigilante; nous en avons pour preuve le Capitole, sauvé dans un moment où la chose publique était trahie par le silence des chiens. C'est en mémoire de cet évènement que la première fonction des censeurs est de passer le bail pour la nourriture des oies. Cet oiseau conçoit même de l'amour

16.

eodem tempore et aries adamasse proditur. Potest et
sapientiæ videri intellectus his esse. Ita comes perpetuo
adhæsisse Lacydi philosopho dicitur, nusquam ab eo,
non in publico, non in balneis, non noctu, non interdiu digressus.

Quis primum jecur anserinum instituit.

XXVII. Nostri sapientiores, qui eos jecoris bonitate
novere. Fartilibus in magnam amplitudinem crescit :
exemptum quoque lacte mulso augetur. Nec sine causa
in quæstione est, quis primus tantum bonum invenerit,
Scipione Metellus vir consularis, an M. Seius eadem
ætate eques rom. Sed (quod constat) Messalinus Cotta,
Messalæ oratoris filius, palmas pedum ex his torrere,
atque patinis cum gallinaceorum cristis condire reperit.
Tribuetur enim a me culinis cujusque palma cum fide.
Mirum in hac alite, a Morinis usque Romam pedibus
venire. Fessi proferuntur ad primos : ita ceteri stipa-
tione naturali propellunt eos. Candidorum alterum vec-
tigal in pluma. Velluntur quibusdam locis bis anno.
Rursus plumigeri vestiuntur : mollior, quæ corpori
proxima : et e Germania laudatissima. Candidi ibi, verum minores, gantæ vocantur. Pretium plumæ eorum,

pour l'homme. On dit qu'une oie se passionna pour la beauté du jeune Égius d'Olène ; et pour Glaucé, l'une des musiciennes du roi Ptolémée, qu'on prétend avoir été dans le même temps aimée par un belier. On pourrait ajouter qu'elle a l'intelligence de la sagesse. Les auteurs parlent d'une oie qui s'était attachée au philosophe Lacyde ; elle le suivait constamment dans les rues, aux bains, sans jamais le quitter ni le jour ni la nuit.

L'inventeur des foies d'oies.

XXVII. Plus sages, les Romains ont connu la bonté de son foie. Cette partie devient prodigieusement grosse dans les oies qu'on engraisse : on l'augmente encore en la faisant tremper dans du lait miellé. Ce n'est pas sans raison qu'on cherche l'auteur d'une si belle découverte, s'il faut en faire honneur à Scipion Metellus, personnage consulaire, ou à M. Scius, chevalier romain qui vécut dans le même temps. Mais, du moins, un fait certain, c'est que le secret de rôtir les pattes d'oie et d'en composer un ragoût avec des crêtes de poulet, appartient à Messalinus Cotta, fils de l'orateur Messala. Car chacun des inventeurs recevra de moi fidèlement la palme qui lui est due. Une chose étonnante dans cet oiseau, c'est que, du pays des Morins, il vienne à pied jusqu'à Rome. On porte à la tête du troupeau les oies qui sont fatiguées : les autres les poussent devant elles par un effet de cet instinct qui les porte à se serrer en marchant. On tire un autre profit de la plume des oies blanches. En certains lieux, on les dépouille deux fois

in libras denarii quini. Et inde crimina plerumque auxiliorum præfectis, a vigili statione ad hæc aucupia dimissis cohortibus totis. Eoque deliciæ processere, ut sine hoc instrumento durare jam ne virorum quidem cervices possint.

De commageno.

XXVIII. Aliud reperit Syriæ pars, quæ Commagene vocatur : adipem eorum in vase æreo cum cinnamo nive multa obrutum, ac rigore gelido maceratum, ad usum præclari medicaminis, quod ab gente dicitur Commagenum.

Chenalopeces, chenerotes, tetraones, otides.

XXIX. Anserini generis sunt chenalopeces : et quibus lautiores epulas non novit Britannia, chenerotes, fere ansere minores. Decet tetraonas suus nitor, absolutaque nigritia, in superciliis cocci rubor. Alterum eorum genus vulturum magnitudinem excedit, quorum et colorem reddit. Nec ulla ales, excepto struthiocamelo,

l'an, et elles se couvrent encore de nouvelles plumes.
Le duvet le plus doux est celui qui est le plus près du
corps; le plus estimé vient de la Germanie. Les oies y
sont blanches, mais plus petites; on les nomme gantes.
Leur plume se vend cinq deniers la livre. De là, pour
l'ordinaire, les désordres reprochés aux commandans
des auxiliaires qui envoient à la chasse des oies des cohortes entières, au lieu de les tenir à leur poste. Nous
en sommes venus à ce point de mollesse que déjà les
hommes eux-mêmes ne peuvent plus dormir, si leur
tête ne repose sur le duvet.

Du commagène.

XXVIII. La partie de la Syrie appelée Commagène a
trouvé un autre secret : c'est de laisser macérer par un
froid rigoureux, couverte d'une couche épaisse de
neige, la graisse d'oie mêlée de cannelle dans un vase
d'airain, pour en faire ce précieux médicament qu'on
appelle commagène, du nom du pays.

Les chénalopèces, les chénérotes, les tétraons, les otides.

XXIX. Au genre de l'oie appartiennent les chénalopèces et les chénérotes, un peu plus petites, qui forment le mets le plus exquis de la Grande Bretagne. Les
tétraons sont remarquables par le lustre et le beau noir
de leur plumage, et par la couleur écarlate de leurs sourcils. Une de leurs espèces surpasse en grosseur les vautours auxquels ils ressemblent pour la couleur. Si l'on

majus corpore implens pondus, in tantum aucta, ut in terra quoque immobilis prehendatur. Gignunt eos Alpes, et septentrionalis regio. In aviariis saporem perdunt. Moriuntur contumacia spiritu revocato. Proximæ eis sunt, quas Hispania aves tardas appellat, Græcia otidas, damnatas in cibis. Emissa enim ossibus medulla, odoris tædium extemplo sequitur.

Grues.

XXX. 23. Inducias habet gens pygmæa abscessu gruum (ut diximus) cum iis dimicantium. Immensus est tractus, quo veniunt, si quis reputet a mari Eoo. Quando proficiscantur consentiunt : volant ad prospiciendum alte : ducem, quem sequantur, eligunt : in extremo agmine per vices, qui acclament, dispositos habent, et qui gregem voce contineant. Excubias habent nocturnis temporibus, lapillum pede sustinentes, qui laxatus somno et decidens indiligentiam coarguat. Ceteræ dormiunt capite subter alam condito, alternis pedibus insistentes. Dux erecto providet collo, ac prædicit. Eædem mansuefactæ lasciviunt, gyrosque quosdam indecoro cursu vel singulæ peragunt. Certum est, Pontum transvolaturas, primum omnium angustias petere, inter duo promontoria Criumetopon, et Carambin : mox saburra stabiliri. Quum medium transierint,

excepte l'autruche, il n'est point d'oiseau plus pesant, à tel point qu'il se laisse prendre à terre, sans remuer. Ils naissent sur les Alpes et dans les pays septentrionaux. Dans les volières, ils perdent leur qualité. Ils se font mourir en retenant leur respiration. Après eux, les plus gros sont ceux que l'Espagne appelle oiseaux lourds, et la Grèce otides, dédaignés pour la table. L'odeur de la moelle tirée de leurs os fait soulever le cœur.

Les grues.

XXX. 23. Les pygmées jouissent d'une trêve au départ des grues, qui leur font la guerre, ainsi que nous l'avons dit. Leur traversée est immense, si l'on songe qu'elles viennent de la mer orientale. Elles conviennent d'un jour pour le départ; elles volent fort haut pour découvrir de loin; elles choisissent un chef pour les diriger; quelques-unes d'entre elles se placent tour à tour à la queue de la troupe pour rappeler par leurs cris celles qui s'écarteraient. Des sentinelles veillent pendant la nuit, tenant dans leur patte une petite pierre dont la chute, quand elles s'endorment, décèle leur négligence : le reste dort la tête cachée sous l'aile, se soutenant alternativement sur un pied et sur l'autre. Le chef, le cou tendu, observe et avertit. Les grues apprivoisées sont folâtres, et même, en courant seules, elles décrivent des cercles avec des mouvemens grotesques. Il est certain que les grues, lorsqu'elles s'apprêtent à traverser le Pont-Euxin, s'approchent du détroit entre les promontoires Criumétopos et Carambis, où elles se lestent avec du sa-

abjici lapillos e pedibus : quum attigerint continentem, et e gutture arenam. Cornelius Nepos, qui divi Augusti principatu obiit, quum scriberet turdos paulo ante cœptos saginari, addidit, ciconias magis placere, quam grues : quum hæc nunc ales inter primas expetatur, illam nemo velit attigisse.

De ciconiis.

XXXI. Ciconiæ quonam e loco veniant, aut quo se referant, incompertum adhuc est. E longinquo venire non dubium, eodem quo grues modo : illas hiemis, has æstatis advenas. Abituræ congregantur in loco certo : comitatæque sic, ut nulla sui generis relinquatur, nisi captiva et serva, ceu lege prædicta die recedunt. Nemo vidit agmen discedentium, quum discessurum appareat : nec venire, sed venisse cernimus : utrumque nocturnis fit temporibus. Et quamvis ultra citrave pervolent, numquam tamen advenisse usquam, nisi noctu, existimantur. Pythonos comen vocant in Asia patentibus campis, ubi congregatæ inter se commurmurant, eamque quæ novissima advenit, lacerant, atque ita abeunt. Notatum, post idus augustas non temere visas ibi. Sunt qui ciconiis non inesse linguas confirment. Honos iis serpentium exitio tantus, ut in Thessalia capitale fuerit occidisse, eademque legibus pœna, quæ in homicidam.

ble. Au milieu du trajet, elles laissent tomber les petites pierres de leurs pieds; arrivées à terre, elles rejettent le sable qu'elles ont dans la gorge. Cornelius Nepos, qui mourut sous Auguste, parlant de l'usage récent d'engraisser les grives , ajoute qu'on préférait les cigognes aux grues. Aujourd'hui la grue est recherchée comme un mets exquis : personne ne voudrait goûter de la cigogne.

Les cigognes.

XXXI. D'où viennent les cigognes, où se retirent-elles? C'est encore un problème. Nul doute qu'elles ne viennent de loin, de la même manière que les grues : celles-ci voyagent l'été; celles-là l'hiver. Avant de partir, elles se réunissent dans un lieu déterminé : nulle ne manque au rendez-vous, à moins qu'elle ne soit captive et esclave; elles s'éloignent comme si le jour était fixé par une loi. Personne ne les voit partir quoiqu'elles annoncent leur départ; personne non plus ne les voit venir; on s'aperçoit seulement qu'elles sont venues. Le départ et l'arrivée ont lieu la nuit; et qu'elles volent en deçà ou au delà, on croit qu'elles n'arrivent jamais que la nuit. Rassemblées dans les vastes plaines de l'Asie qu'on appelle *Pythonos come*, elles jasent entre elles , mettant en pièces celle qui arrive la dernière, et partent après cette exécution. On a observé qu'on ne les voit guère en cet endroit après les ides d'août. Quelques auteurs assurent que les cigognes n'ont point de langue. On leur porte tant d'honneur pour la destruction des serpens, qu'en Thessalie c'était un crime au premier chef de les

De oloribus.

XXXII. Simili anseres quoque et olores ratione commeant : sed horum volatus cernitur : liburnicarum modo rostrato impetu feruntur, facilius ita findentes aera, quam si recta fronte impellerent : a tergo sensim dilatante se cuneo porrigitur agmen, largeque impellenti praebetur aurae. Colla imponunt praecedentibus : fessos duces ad terga recipiunt. Ciconiae nidos eosdem repetunt : genitricum senectam invicem educant. Olorum morte narratur flebilis cantus (falso, ut arbitror), aliquot experimentis. Iidem mutua carne vescuntur inter se.

De avibus peregrinis quae veniunt : coturnices, glottides, cychramus, otus.

XXXIII. Verum haec commeantium per maria terrasque peregrinatio non patitur differri minores quoque, quibus est natura similis : utcumque enim supradictas magnitudo et vires corporum invitare videri possint. Coturnices ante etiam semper adveniunt, quam grues : parva avis, et quum ad nos venit, terrestris potius, quam sublimis. Advolant et hae simili modo, non sine periculo navigantium, quum adpropinquavere terris.

tuer ; les lois avaient décerné la même peine que pour l'homicide.

Les cygnes.

XXXII. Les oies et les cygnes voyagent semblablement, mais on aperçoit leur vol. Ils s'avancent en formant une pointe, comme celle des navires liburniens; dans cet ordre ils fendent l'air plus aisément que s'ils le pressaient de front. Le coin qu'ils forment s'élargissant peu à peu en arrière. la troupe s'étend et présente une grande surface au vent qui la pousse. Les derniers posent leur cou sur ceux qui les précèdent. Les guides fatigués sont reçus au dernier rang. Les cigognes retournent aux mêmes nids ; les jeunes, à leur tour, nourrissent les mères devenues vieilles. On raconte, d'après quelques exemples faussement allégués, je crois, que le cygne à sa mort fait entendre un cri plaintif. Ces mêmes oiseaux se mangent entre eux.

Oiseaux étrangers qu'on voit en nos climats : caille, glottis, cychrame, otus.

XXXIII. Ces émigrations des oiseaux traversant les mers et les terres ne permettent pas que je diffère l'histoire des plus petits, qui ont le même instinct ; quoique, dans les premiers, leur grandeur et leur force semblent les y inviter. Les cailles arrivent même toujours avant les grues : c'est un petit oiseau qui, une fois arrivé, se tient à terre bien plus qu'il ne s'élève dans les airs. Elles volent de la même manière, non sans danger pour les navigateurs, à l'approche de terre ; car souvent

Quippe velis sæpe incidunt, et hoc semper noctu, mer-
guntque navigia. Iter est his per hospitia certa. Austro
non volant, humido scilicet et graviore vento. Aura tamen vehi volunt, propter pondus corporum, viresque
parvas. Hinc volantium illa conquestio labore expressa.
Aquilone ergo maxime volant ortygometra duce. Pri-
mam earum terræ adpropinquantem accipiter rapit.
Semper hinc remeantes comitatum sollicitant : abeunt-
que una persuasæ glottis, et otus, et cychramus.

Glottis prælongam exserit linguam : unde ei nomen.
Hanc initio blandita peregrinatione avide profectam,
pœnitentia in volatu, cum labore scilicet, subit : reverti incomitatam piget, et sequi : nec unquam plus
uno die pergit : in proximo hospitio deserit. Verum invenitur alia, antecedente anno relicta : simili modo in
singulos dies. Cychramus perseverantior festinat etiam
pervenire ad expetitas sibi terras. Itaque noctu is eas
excitat, admonetque itineris. Otus bubone minor est,
noctuis major, auribus plumeis eminentibus : unde et
nomen illi : quidam latine asionem vocant : imitatrix
alias avis ac parasita, et quodam genere saltatrix. Capitur haud difficulter, ut noctuæ, intenta in aliquo,
circumeunte alio. Quod si ventus agmen adverso flatu

la volée entière s'abat sur les voiles toujours pendant la nuit, et submerge le navire. Elles ont dans leurs voyages des stations réglées. Elles ne volent point par le vent du midi, parce qu'il est humide et lourd ; cependant elles ont besoin que le vent les soutienne, à cause de leur pesanteur et de leur faiblesse : de là vient qu'en volant on les entend se plaindre de la fatigue qu'elles éprouvent. Elles volent donc surtout par le vent du nord, ayant l'ortygomètre à leur tête. L'épervier enlève la première qui approche de terre. Quand elles repartent, elles sollicitent d'autres oiseaux à les accompagner. Le glottis, l'otus et le cychrame, persuadés, partent avec elles.

Le glottis est ainsi nommé à cause de l'extrême longueur de sa langue. Séduit par leurs sollicitations, il part d'abord avec plaisir, bientôt la fatigue amène le repentir ; il est quelque temps partagé entre le désir de les quitter et la honte de revenir seul : jamais il ne les accompagne plus d'un jour ; au premier gîte, il les abandonne ; mais elles y trouvent un autre glottis laissé l'année précédente, et la même chose arrive tous les jours. Le cychrame, plus persévérant, est impatient d'arriver au terme. Il les éveille pendant la nuit et presse le départ. L'otus est plus petit que le hibou et plus grand que le chat-huant, ayant les oreilles surmontées d'une aigrette de plumes relevées, d'où lui vient son nom. Quelques-uns l'appellent en latin *asio* ; oiseau, au surplus, imitateur, parasite et danseur. On le prend sans peine, comme les chats-huans ; pendant qu'il regarde un des chasseurs, un autre le saisit. Si le vent, venant

cœperit inhibere, pondusculis lapidum adprehensis, aut gutture arena repleto, stabilitæ volant. Coturnicibus veneni semen gratissimus cibus : quam ob causam eas damnavere mensæ, simulque comitialem propter morbum despui suetum, quem solæ animalium sentiunt, præter hominem.

Hirundines.

XXXIV. 24. Abeunt et hirundines hibernis mensibus, sola carne vescens avis ex iis quæ aduncos ungues non habent : sed in vicina abeunt, apricos secutæ montium recessus : inventæque jam sunt ibi nudæ atque deplumes. Thebarum tecta subire negantur, quoniam urbs illa sæpius capta sit : nec Bizyæ in Thracia, propter scelera Terei. Cæcina Volaterranus equestris ordinis, quadrigarum dominus, comprehensas in urbem secum auferens, victoriæ nuntias amicis mittebat, in eumdem nidum remeantes, illito victoriæ colore. Tradit et Fabius Pictor in annalibus suis, quum obsideretur præsidium romanum a Ligustinis, hirundinem a pullis ad se adlatam : ut lino ad pedem ejus adligato nodis significaret, quoto die adveniente auxilio eruptio fieri deberet.

à souffler dans une direction contraire, arrête la troupe, nos oiseaux saisissent des cailloux, ou se remplissent de sable le gosier, pour se lester dans le vol. Les cailles sont très-avides de semences vénéneuses, ce qui les a fait bannir des tables. Une autre raison de cette proscription, c'est le mal caduc, auquel elles sont sujettes, seules entre les animaux, excepté l'homme.

Hirondelles.

XXXIV. 24. Les hirondelles nous quittent aussi dans la mauvaise saison. De tous les oiseaux qui n'ont pas les ongles crochus, ce sont les seuls qui vivent de chair. Elles passent dans des contrées voisines, où elles cherchent l'abri des montagnes exposées au soleil. On les y trouve quelquefois nues et sans plumes. On dit qu'elles ne font point leurs nids dans les maisons de Thèbes, parce que cette ville a été prise plusieurs fois; non plus qu'à Bizya en Thrace, à cause du crime de Térée. Cécina de Volaterre, de l'ordre équestre, entrepreneur des chars pour la course, emportait des hirondelles à Rome, et les renvoyait pour annoncer à ses amis les succès des courses. Elles revenaient dans leur nid, peintes de la couleur victorieuse. Fabius Pictor écrit dans ses Annales qu'une garnison romaine étant assiégée par les Liguriens, on lui apporta une hirondelle prise dans son nid ; afin qu'en lui attachant une ficelle à la patte, il fît connaître aux assiégés, par le nombre des nœuds, le jour qu'ils seraient secourus, pour qu'ils fissent une sortie.

De avibus nostris quæ discedunt, et quo abeant : turdi, merulæ, sturni. De avibus quæ plumas amittunt in occultatione : turtur, palumbes. Sturnorum et hirundinum volatus.

XXXV. Abeunt et merulæ, turdique, et sturni simili modo in vicina. Sed hi plumam non amittunt, nec occultantur : visi sæpe ibi, quo hibernum pabulum petunt : itaque in Germania hieme maxime turdi cernuntur. Verius turtur occultatur, pennasque amittit. Abeunt et palumbes, quonam et in iis incertum. Sturnorum generi proprium catervatim volare, et quodam pilæ orbe circumagi, omnibus in medium agmen tendentibus. Volucrum soli hirundini flexuosi volatus velox celeritas : quibus ex causis neque rapinæ ceterarum alitum obnoxia est. Ea demum sola avium nonnisi in volatu pascitur.

Quæ avium perennes, quæ semestres, quæ trimestres : galguli, upupæ.

XXXVI. 25. Temporum magna differentia avibus. Perennes, ut columbæ : semestres, ut hirundines : trimestres, ut turdi et turtures : et quæ, quum fetum eduxere, abeunt, ut galguli, upupæ.

Oiseaux voyageurs de notre climat : où se rendent-ils ? Grives,
merles, étourneaux. Oiseaux qui muent dans la retraite : tourterelles, ramiers. Vol des étourneaux et des hirondelles.

XXXV. Les merles, les grives et les étourneaux
passent de même dans les pays voisins ; mais ils ne
perdent pas leurs plumes, et ils ne se tiennent pas
cachés. Souvent on les a vus dans les régions où ils vont
chercher leur nourriture pendant l'hiver. Aussi les grives
surtout abondent-elles en Germanie pendant cette saison.
On peut assurer que la tourterelle se tient cachée et perd
ses plumes. Les ramiers changent aussi de pays, mais
l'on ne sait où ils vont. Les étourneaux ont une manière
de voler qui leur est propre : ils volent par troupes en
formant un peloton roulant sur lui-même, où chacun
cherche toujours à se rapprocher du centre. L'hirondelle
seule a un vol flexueux et très-rapide, ce qui l'empêche
de devenir la proie des autres oiseaux ; elle est aussi le
seul oiseau qui ne prend sa nourriture qu'en volant.

Oiseaux qui restent chez nous toute l'année ; oiseaux qui séjournent
six mois ou trois mois : galgules, huppes.

XXXVI. 25. Les oiseaux ne se montrent pas tous pendant le même espace de temps. On voit les uns toute
l'année, comme les colombes ; d'autres six mois, comme
les hirondelles ; ou trois, comme les grives et les tourterelles. D'autres, tels que les galgules et les huppes,
partent après avoir élevé leurs petits.

Memnonides.

XXXVII. 26. Auctores sunt, omnibus annis advolare Ilium ex Æthiopia aves, et confligere ad Memnonis tumulum, quas ob id memnonidas vocant. Hoc idem quinto quoque anno facere eas in Æthiopia circa regiam Memnonis, exploratum sibi Cremutius tradit.

Meleagrides.

XXXVIII. Simili modo pugnant meleagrides in Bœotia. Africæ hoc est gallinarum genus, gibberum, variis sparsum plumis : quæ novissimæ sunt peregrinarum avium in mensas receptæ propter ingratum virus. Verum Meleagri tumulus nobiles eas fecit.

Seleucides.

XXXIX. 27. Seleucides aves vocantur, quarum adventum ab Jove precibus impetrant Casii montis incolæ, fruges eorum locustis vastantibus. Nec unde veniant, quove abeant, compertum, numquam conspectis, nisi quum præsidio earum indigetur.

Ibis.

XL. 28. Invocant et Ægyptii ibes suas contra serpen-

Memnonides.

XXXVII. 26. Selon certains auteurs, il vient tous
les ans de l'Éthiopie à Ilion des oiseaux qui se livrent des
combats près du tombeau de Memnon, ce qui les a fait
appeler memnonides. Cremutius donne comme un fait
vérifié par lui, que tous les cinq ans ces oiseaux font la
même chose en Éthiopie, près du palais de Memnon.

Méléagrides.

XXXVIII. En Béotie, les méléagrides se livrent de
pareils combats. C'est une sorte de poules d'Afrique,
bossues et d'un plumage varié. De toutes les espèces
étrangères, elles sont les dernières qu'on ait admises
sur les tables, à cause de leur mauvaise odeur ; mais le
tombeau de Méléagre les a rendues célèbres.

Séleucides.

XXXIX. 27. On nomme séleucides certains oiseaux
que Jupiter, fléchi par les prières des habitans du mont
Casius, envoie contre les sauterelles qui ravagent leurs
moissons. On n'a point encore découvert d'où ils viennent ni où ils vont, car on ne les voit jamais que lorsqu'on a besoin de leur secours.

Ibis.

XL. 28. Les Égyptiens invoquent aussi leurs ibis

tium adventum : et Elei Myiagron deum, muscarum
multitudine pestilentiam adferente: quæ protinus inter-
eunt, quam litatum est ei deo.

Quæ quibus locis aves non sint.

XLI. 29. Sed in secessu avium et noctuæ paucis diebus latere traduntur : quarum genus in Creta insula
non est : etiam si qua invecta sit, emoritur. Nam hæc
quoque mira naturæ differentia : alia aliis locis negat :
tanquam genera frugum fruticumve, sic et animalium,
non nasci, translatitium : invecta emori, mirum. Quid
est illud unius generis saluti adversum? quæve ista naturæ invidia? aut qui terrarum dicti avibus termini?
Rhodus aquilam non habet. Transpadana Italia juxta
Alpes Larium lacum appellat, amœnum arbusto agro,
ad quem ciconiæ non permeant : sicuti nec octavum citra lapidem ab eo, immensa alioqui finitimo Insu-
brium tractu examina graculorum monedularumque,
cui soli avi furacitas argenti aurique præcipue mira est.
Picus Martius in tarentino agro negatur esse. Nuper,
et adhuc tamen rara, ab Apennino ad urbem versus
cerni cœpere picarum genera, quæ longa insignes
cauda variæ appellantur. Proprium his calvescere omnibus annis, quum serantur rapa. Perdices non transvo-
lant Bœotiæ fines in Attica: nec ulla avis in Ponto, insula

contre l'incursion des serpens, et les Éléens le dieu
Myiagre, lorsque la multitude des mouches apporte des
maladies pestilentielles; elles meurent aussitôt qu'on a
sacrifié à ce dieu

Lieux où ne se trouvent jamais certains oiseaux, et quels oiseaux.

XLI. 29. On prétend aussi que les chouettes, à l'époque
où les oiseaux se retirent, restent cachées pendant quelques
jours. Il ne s'en trouve point dans l'île de Crète ; celles
même qu'on y transporte, périssent. Et c'est encore-là une
des étranges bizarreries de la nature : il est des choses
qu'elle refuse à certains lieux. Nous voyons sans surprise
que, parmi les animaux comme parmi les grains et les
fruits, des espèces ne viennent point en de certaines contrées; mais qu'il y en ait qui périssent transportées en ces
mêmes contrées, c'est ce qui est étonnant. Qu'y a-t-il donc
qui soit aussi funeste à une seule espèce? Quelle est cette
envie de la nature, ou quelles sont sur la terre les limites
assignées aux oiseaux? Rhodes n'a point l'aigle. Dans
l'Italie Transpadane, près des Alpes, est le lac Larius (de
Côme), bordé de vergers; les cigognes n'y viennent jamais,
et même à huit milles de distance l'on n'aperçoit ni le graculus (geai), ni la monédule (choucas), seul oiseau qui
ait l'étrange manie de dérober l'or et l'argent, tandis
qu'on en voit des troupes immenses dans le pays des In-
subriens, qui est limitrophe. On dit que le pic de Mars
n'existe point dans le territoire de Tarente. Il n'y a pas
long-temps qu'on voit, depuis l'Apennin jusqu'à Rome,
les pies à longue queue, qu'on appelle variées, et encore

qua sepultus est Achilles, sacratam ei ædem. In fidenate agro juxta urbem ciconiæ nec pullos nec nidum faciunt. At in agrum volaterranum palumbium vis e mari quotannis advolat. Romæ in ædem Herculis in foro Boario nec muscæ, nec canes intrant. Multa præterea similia, quæ prudens subinde omitto in singulis generibus, fastidio parcens : quippe quum Theophrastus tradat invectitias esse in Asiam etiam columbas, et pavones, et corvos, et in Cyrenaica vocales ranas.

De oscinum generibus, et quæ mutant colorem et vocem.

XLII. Alia admiratio circa oscines : fere mutant colorem vocemque tempore anni, ac repente fiunt aliæ : quod in grandiore alitum genere grues tantum : hæ enim senectute nigrescunt. Merula ex nigra rufescit, canit æstate, hieme balbutit, circa solstitium muta. Rostrum quoque anniculis in ebur transfiguratur dumtaxat maribus. Turdis color æstate circa cervicem varius, hieme concolor.

y sont-elles assez rares. Ce qui leur est particulier, c'est qu'elles deviennent chauves tous les ans lorsqu'on sème les raves. Les perdrix, dans l'Attique, ne franchissent jamais les frontières de la Béotie; et dans celle des îles du Pont où est le tombeau d'Achille, nul oiseau ne passe au delà du temple consacré à ce héros. Les cigognes ne font point leurs petits ni leurs nids sur le territoire de Fidène; et tous les ans une multitude de ramiers vient de la mer dans les campagnes de Volaterre. A Rome, il n'entre ni mouches ni chiens dans le temple d'Hercule, sur le marché aux bœufs. Je pourrais citer sur chaque espèce une foule de traits semblables; je les omets à dessein, dans la crainte de me rendre ennuyeux. Théophraste, par exemple, avance que les colombes, les paons et les corbeaux ont été portés en Asie, et les grenouilles coassantes dans la Cyrénaïque.

Oiseaux chanteurs. Oiseaux qui changent de couleur et de voix.

XLII. Les oiseaux chanteurs nous offrent un autre sujet d'admiration : ils changent presque entièrement de couleur et de voix à une certaine époque de l'année, et deviennent tout à coup différens d'eux-mêmes. Les grues sont les seuls des grands oiseaux où s'observe ce phénomène, car elles noircissent en vieillissant. Le merle, de noir devient roussâtre : l'été il chante; l'hiver il balbutie quelques petits cris, et il se tait au solstice. A l'âge d'un an, le bec des mâles seulement prend la couleur de l'ivoire. Les grives ont la nuque de couleur variée durant l'été, d'une seule couleur durant l'hiver.

De lusciniis.

XLIII. Lusciniis diebus ac noctibus continuis quindecim garrulus sine intermissu cantus, densante se
frondium germine, non in novissimum digna miratu
ave. Primum tanta vox tam parvo in corpusculo, tam
pertinax spiritus. Deinde in una perfecta musicæ scien-
tia modulatus editur sonus : et nunc continuo spiritu
trahitur in longum, nunc variatur inflexo, nunc distinguitur conciso, copulatur intorto, promittitur revocato,
infuscatur ex inopinato; interdum et secum ipse mur-
murat; plenus, gravis, acutus, creber, extentus : ubi
visum est, vibrans, summus, medius, imus. Breviter-
que omnia tam parvulis in faucibus, quæ exquisitis ti-
biarum tormentis ars hominum excogitavit : ut non sit
dubium hanc suavitatem præmonstratam efficaci auspicio, quum in ore Stesichori cecinit infantis. Ac ne quis
dubitet artis esse, plures singulis sunt cantus, nec iidem
omnibus, sed sui cuique. Certant inter se, palamque
animosa contentio est. Victa morte finit sæpe vitam,
spiritu prius deficiente, quam cantu. Meditantur aliæ
juveniores, versusque quos imitentur accipiunt. Audit
discipula intentione magna, et reddit, vicibusque reti-
cens. Intelligitur emendatæ correptio, et in docente
quædam reprehensio. Ergo servorum illis pretia sunt,

Rossignols.

XLIII. Le ramage du rossignol se fait entendre quinze jours et quinze nuits sans interruption, lorsque le feuillage des arbres commence à s'épaissir. Cet oiseau n'a pas le moins de droits à notre admiration : d'abord cette force de voix dans un si petit corps, ce souffle si prolongé. Les modulations de son chant semblent le fruit d'une étude approfondie de la science musicale : coups de gosier prolongés, cadences variées, batteries vives et légères, roulades précipitées, reprises soutenues, demi-silences inattendus, quelquefois un simple gazouillement ; le rossignol cause alors avec lui-même. Sa voix est tour-à-tour pleine, grave, aiguë, perlée, étendue ; il chante à son gré le dessus, la haute-contre, la taille et la basse ; en un mot, un si faible organe produit tous les sons que l'art des hommes a su tirer des instrumens les plus parfaits : aussi ne peut-on douter que celui qui chanta sur la bouche de Stésichore enfant, n'ait annoncé par un présage infaillible la douceur de sa poésie. Et ne croyez pas que l'art soit étranger à ces oiseaux : chaque rossignol chante plusieurs airs, et ces airs ne sont pas les mêmes pour tous, chacun a les siens. Ils se disputent le prix du chant avec une opiniâtreté bien marquée ; souvent il en coûte la vie au vaincu, qui ne cesse de chanter qu'en cessant de respirer. D'autres, plus jeunes, étudient et reçoivent les airs qu'ils doivent imiter. Le disciple écoute avec une attention extrême ; il répète la leçon, et se tait pour écouter encore. On reconnaît que

et quidem ampliora, quam quibus olim armigeri parabantur. Scio sestertiis sex, candidam alioquin, quod est prope invisitatum, venisse, quæ Agrippinæ Claudii principis conjugi dono daretur. Visum jam sæpe, jussas canere cœpisse, et cum symphonia alternasse : sicut homines repertos, qui sonum earum, addita in transversas arundines aqua, foramen inspirantes, linguæque parva aliqua opposita mora, indiscreta redderent similitudine. Sed eæ tantæ tamque artifices argutiæ a quindecim diebus paulatim desinunt, nec ut fatigatas possis dicere, aut satiatas. Mox æstu aucto in totum alia vox fit, nec modulata, aut varia. Mutatur et color. Postremo hieme ipsa non cernitur. Linguis earum tenuitas illa prima non est, quæ ceteris avibus. Pariunt vere primo quum plurimum sena ova.

De melancoryphis, erithacis, phœnicuris.

XLIV. Alia ratio ficedulis : nam formam simul coloremque mutant : hoc nomen autumno : non habent postea : melancoryphi vocantur. Sic et erithacus hieme, idem phœnicurus æstate. Mutat et upupa, ut tradit Æschylus poeta, obscena alias pastu avis, crista visenda plicatili, contrahens eam subrigensque per longitudinem capitis.

le maître reprend et que l'élève se corrige : aussi les rossignols s'achètent aussi cher que les esclaves, et même plus cher que ne se payaient autrefois les écuyers. Je sais qu'un de ces oiseaux, qui de plus était blanc, ce qui ne se voit presque jamais, a été vendu six mille sesterces : c'était un présent pour Agrippine, femme de l'empereur Claude. On en a vu souvent qui chantaient au commandement, et alternaient dans un chœur. Il s'est aussi trouvé des hommes qui, soufflant dans un chalumeau rempli d'eau et garni d'une languette, imitaient le rossignol de manière à faire illusion. Au reste, ces modulations si savantes cessent peu à peu au bout de quinze jours, sans qu'on puisse dire que ce soit par lassitude ou par dégoût. Quand les chaleurs arrivent, leur voix devient tout autre, sans mélodie et sans nuance. Leur couleur change aussi. Enfin, pendant l'hiver l'oiseau disparaît. La langue des rossignols n'est pas pointue comme celle des autres oiseaux. Ils pondent, au commencement du printemps, ordinairement six œufs.

Mélancoryphes (tête-noire), érithaques (rouge-gorge), phénicures (rouge-queue).

XLIV. Autre changement dans les ficédules, car ils perdent en même temps leur forme et leur couleur. On les appelle ainsi pendant l'automne; ensuite ils portent le nom de mélancoryphes. C'est ainsi que l'oiseau nommé érithaque en hiver, s'appelle phénicure en été. Le poète Eschyle attribue aussi un changement à la huppe, qui se nourrit des alimens les plus sales, et se fait remarquer par une aigrette qui peut se replier, qu'elle dresse et qu'elle abaisse le long de sa tête.

OEnanthe , chlorio , merulæ , ibis.

XLV. OEnanthe quidem etiam statos latebræ dies habet, exoriente Sirio occultata, ab occasu ejusdem prodit : quod miremur, ipsis diebus utrumque. Chlorion quoque, qui totus est luteus, hieme non visus, circa solstitia procedit.

3o. Merulæ circa Cyllenen Arcadiæ, nec usquam aliubi, candidæ nascuntur. Ibis circa Pelusium tantum nigra est , ceteris omnibus locis candida.

Tempus avium genituræ.

XLVI. 3i. Oscines, præter exceptas, non temere fetus faciunt ante æquinoctium vernum, aut post autumnale : ante solstitium autem dubios , post solstitium vitales.

Halcyones : dies earum navigabiles.

XLVII. 3a. Eo maxime sunt insignes halcyones. Dies earum partus, maria, quique navigant , novere. Ipsa avis paulo amplior passere , colore cyaneo ex parte majore , tantum purpureis et candidis admixta pennis, collo gracili ac procero. Alterum genus earum magnitudine distinguitur et cantu. Minores in arundinetis canunt.

Énanthe, chlorion, merle, ibis.

XLV. L'énanthe reste aussi un certain temps sans se
montrer : caché au lever de Sirius, il reparaît à son coucher, et, ce qui est surprenant, aux jours précis du lever
et du coucher de cette constellation. Le chlorion, qui est
entièrement jaune, caché en hiver, se montre vers les
solstices.

3o. Les merles naissent blancs aux environs de Cyllène en Arcadie, et nulle part ailleurs. L'ibis est noir,
seulement aux environs de Péluse, blanc dans tous les
autres lieux.

Époques de la reproduction chez les oiseaux.

XLVI. 31. Les oiseaux de chant, sauf les exceptions,
ne pondent guère avant l'équinoxe du printemps, ni après
celui d'automne : les pontes avant le solstice sont hasar-
dées ; après, elles réussissent.

Alcyons : jours alcyoniens, favorables à la navigation.

XLVII. 3₂. Sous ce rapport surtout, les alcyons mé-
ritent d'être remarqués. Les mers et les navigateurs connaissent les jours qu'ils font leur couvée. L'oiseau est
un peu plus gros que le moineau : il a le cou mince et
long ; la plus grande partie de son plumage est bleue,
entremêlée seulement de quelques plumes blanches et
pourpres. Il y en a une autre espèce qui diffère par la

Halcyonem videre rarissimum est, nec nisi Vergiliarum occasu, et circa solstitia brumamve, nave aliquando circumvolata statim in latebras abeuntem. Fetificant bruma, qui dies halcyonides vocantur, placido mari per eos et navigabili, Siculo maxime. Faciunt autem septem ante brumam diebus nidos, et totidem sequentibus pariunt. Nidi earum admirationem habent pilæ figura, paulum eminenti, ore perquam angusto, grandium spongiarum similitudine : ferro intercidi non queunt, franguntur ictu valido, ut spuma arida maris. Nec unde confingantur, invenitur. Putant ex spinis aculeatis : piscibus enim vivunt. Subeunt et in amnes. Pariunt ova quina.

De reliquo aquaticarum genere.

XLVIII. Gaviæ in petris nidificant : mergi et in arboribus. Pariunt plurimum terna : sed gaviæ æstate, mergi incipiente vere.

De solertia avium in nidis. Hirundinum opera mira. Ripariæ.

XLIX. 33. Halcyonum nidi figura, reliquarum quoque solertiæ admonet : neque alia parte ingenia avium

grandeur et le chant. Ceux de la petite espèce chantent
dans les roseaux. Rien de plus rare que de voir un alcyon : il ne se montre qu'au coucher des Pléiades et vers
le solstice d'hiver; et, après avoir voltigé quelque temps
autour du vaisseau, il retourne dans sa retraite. Il
pond au solstice d'hiver, pendant les jours appelés alcyoniens, époque où la mer est calme et navigable, surtout celle de Sicile. Les alcyons font leurs nids pendant
les sept jours qui précèdent le solstice, ils pondent les
sept jours suivans. Ces nids sont admirables : ils ont la
forme d'une boule un peu alongée par le haut, avec une
entrée fort étroite, et ressemblent à de grandes éponges.
On ne peut les couper avec le fer, il faut les briser par un
coup violent, comme l'écume sèche de la mer. On n'en
connaît pas la matière. On pense qu'ils sont composés
d'arêtes de poisson, vu que l'alcyon s'en nourrit. Ces
oiseaux entrent aussi dans les rivières. Ils pondent cinq
œufs.

Des autres oiseaux aquatiques.

XLVIII. Les gavia (mouettes) et les mergus (plongeons)
nichent dans les rochers, mais ceux-ci nichent aussi sur les
arbres. Ils pondent ordinairement trois œufs, les premiers
en été, les derniers au commencement du printemps.

Adresse des oiseaux dans la construction de leurs nids. Bâtisse
  merveilleuse des hirondelles. De celles qu'on nomme hirondelles
  de rivage.

XLIX. 33. Le nid des alcyons me rappelle l'adresse
des autres oiseaux, car il n'est aucune partie où leur

magis admiranda sunt. Hirundines luto construunt, stramento roborant. Si quando inopia est luti, madefactæ multa aqua pennis pulverem spargunt. Ipsum vero nidum mollibus plumis floccisque consternunt tepefaciendis ovis, simul ne durus sit infantibus pullis. In fetu summa æquitate alternant cibum. Notabili munditia egerunt excrementa pullorum : adultioresque circumagi docent, et foris saturitatem emittere. Alterum genus hirundinum est rusticarum et agrestium, quæ raro in domibus, diversos figura, sed eadem materia confingunt nidos, totos supinos, faucibus porrectis in angustum, utero capaci : mirum qua peritia et occultandis habiles pullis, et substernendis molles. In Ægypti Heracleotico ostio mollem continuatione nidorum evaganti Nilo inexpugnabilem opponunt stadii fere unius spatio : quod humano opere perfici non posset. In eadem juxta oppidum Copton insula est sacra Isidi, quam ne laceret amnis idem, muniunt opere, incipientibus vernis diebus, palea et stramento rostrum ejus firmantes, continuatis per triduum noctibus tanto labore, ut multas in opere emori constet. Eaque militia illis cum anno redit semper. Tertium est earum genus, quæ ripas excavant, atque ita internidificant. Harum pulli ad cinerem ambusti, mortifero faucium malo, multisque aliis morbis humani corporis medentur. Non faciunt hæ nidos,

industrie soit plus admirable. Les hirondelles construisent leurs nids avec de la boue, et les consolident avec
de la paille ; si la boue leur manque, elles se mouillent
tout le corps et secouent l'eau de leurs ailes sur la poussière. Elles tapissent de duvet et de flocons l'intérieur
du nid, afin que les œufs se tiennent chauds, et que les
nouveau-nés reposent mollement. Elles donnent à leurs
petits la becquée tour-à-tour avec une parfaite égalité.
Elles jettent avec un soin bien remarquable les ordures ;
et, quand les petits sont devenus un peu plus forts,
elles les instruisent à se tourner pour se vider hors du
nid. Il est une autre espèce d'hirondelles rustiques et
champêtres : celles-ci font rarement leurs nids dans les
maisons ; elles les construisent de la même matière, mais
en leur donnant une forme différente. Ils sont renversés ;
l'entrée se prolonge en se rétrécissant ; l'intérieur est
spacieux. Par cet artifice admirable, elles cachent leurs
petits et leur procurent un lit commode. En Égypte,
à la bouche Héracléotique, elles opposent, par le ras-
semblement de leurs nids, une digue d'environ un stade,
inexpugnable aux débordemens du Nil. Les hommes ne
pourraient venir à bout d'un pareil ouvrage. Dans le même
pays, près de la ville de Coptos, au commencement du
printemps, elles fortifient la pointe d'une île consacrée à
Isis, avec de la paille et du foin, et travaillent pendant trois
jours et trois nuits de suite avec une telle ardeur, que plusieurs meurent de fatigue. Chaque année la même corvée
recommence. Une troisième espèce d'hirondelles creuse
des trous sur le bord de la mer, et y dépose ses œufs. Les
petits de celles-ci, réduits en cendres, guérissent l'esqui-

migrantque multis diebus ante, si futurum est ut auc-
tus amnis attingat.

Acanthyllis, etc.

L. In genere vitiparrarum est, cui nidus ex musco
arido ita absoluta perficitur pila, ut inveniri non possit aditus. Acanthyllis appellatur, eadem figura ex lino
intexens. Picorum alicui suspenditur surculo primis in
ramis cyathi modo, ut nulla quadrupes possit accedere.
Galgulos quidem ipsos dependentes pedidus somnum
capere confirmant, quia tutiores ita se sperent. Jam pu-
blicum quidem omnium est tabulata ramorum susti-
nendo nido provide eligere, camerare ab imbri, aut
fronde protegere densa. In Arabia cinnamolgos avis appellatur : cinnami surculis nidificat. Plumbatis eos sa-
gittis decutiunt indigenæ, mercis gratia. In Scythis avis
magnitudine otidis, binos parit, in leporina pelle semper in cacuminibus ramorum suspensa. Picæ quum di-
ligentius visum ab homine nidum sensere, ova transge-
runt alio. Hoc in his avibus, quarum digiti non sunt
accommodati complectendis transferendisque ovis, miro
traditur modo. Namque surculo super bina ova imposito ac ferruminato alvi glutino, subdita cervice medio, æqua utrimque libra deportant alio.

nancie et plusieurs autres maladies du corps humain. Ces dernières ne construisent pas de nids; et, si la crue du fleuve doit les atteindre, elles s'éloignent plusieurs jours d'avance.

Acanthyllis, etc.

L. Dans le genre des oiseaux qu'on nomme *vitiparra*, est une espèce qui compose son nid de mousse sèche : il est rond et si bien fermé, qu'on n'en saurait trouver l'entrée. L'acanthyllis façonne le sien de la même manière, avec du lin. Quelques pics donnent à leur nid la forme d'une coupe, et le suspendent aux premières branches des arbres, afin que nul quadrupède ne puisse l'atteindre. On assure que les galgulus dorment suspendus par les pieds, se croyant ainsi plus en sûreté. Un fait avoué de tous, c'est qu'ils choisissent une branche large pour soutenir leur nid, qu'ils le voûtent pour le garantir de la pluie, ou qu'ils l'abritent sous un épais feuillage. L'oiseau d'Arabie nommé cinnamologe construit son nid avec des pousses de cinname. Les habitans l'abattent avec des flèches plombées, pour en faire le trafic. Il y a dans la Scythie un oiseau de la grandeur de l'otis, qui pond deux œufs dans une peau de lièvre toujours suspendue à la cime des arbres. Les pies, lorsqu'elles s'aperçoivent que leur nid a été observé attentivement par quelqu'un, transportent les œufs dans un autre endroit. Ces oiseaux, dont les ongles ne sont pas propres à embrasser ni transporter les œufs, emploient, dit-on, un moyen admirable : avec une matière glutineuse tirée de leur ventre, ils attachent un

Merops. De perdicibus.

LI. Nec vero iis minor solertia, quæ cunabula in terra faciunt, corporis gravitate prohibitæ sublime petere. Merops vocatur, genitores suos reconditos pascens, pallido intus colore pennarum, superne cyaneo, primori subrutilo. Nidificat in specu sex pedum defossa altitudine.

Perdices spina et frutice sic muniunt receptaculum, ut contra feras abunde vallentur. Ovis stragulum molle pulvere contumulant, nec in quo loco peperere incubant : neve cui frequentior conversatio sit suspecta, transferunt alio. Illæ quidem et maritos suos fallunt, quoniam intemperantia libidinis frangunt earum ova, ne incubando detineantur. Tunc inter se dimicant mares desiderio feminarum : victum aiunt venerem pati. Id quidem et coturnices Trogus, et gallinaceos aliquando : perdices vero a domitis feros, et novos, aut victos, iniri promiscue. Capiuntur quoque pugnacitate ejusdem libidinis, contra aucupis indicem exeunte in prœlium duce totius gregis. Capto eo procedit alter, ac subinde singuli. Rursus circa conceptum feminæ capiuntur, contra aucupum feminam exeuntes, ut rixando

œuf à chaque bout d'un léger rameau; puis, posant le cou dessous et faisant le balancier égal, ils les transportent où ils veulent.

Mérops. Des perdrix.

LI. L'industrie n'est pas moins admirable en ceux qui font leurs nids à terre, parce qu'ils sont trop pesans pour pouvoir s'élever. Le mérops, qui nourrit ses père et mère dans leur retraite, a le plumage pâle en dessous, bleuâtre sur le corps, et d'un roux ardent à l'extrémité des ailes. Il fait son nid dans les grottes, à six pieds en terre.

Les perdrix munissent si bien leurs nids d'épines et de broussailles, qu'ils n'ont rien à craindre des bêtes de proie; elles forment un lit de poussière pour y déposer mollement leurs œufs. L'endroit où elles les ont pondus n'est pas celui où elles les couvent : elles les transportent ailleurs, de peur qu'un séjour trop fréquent ne devienne suspect; elles se cachent même de leurs mâles, parce que, tourmentés du besoin de jouir, ils cassent les œufs pour empêcher l'incubation. Alors, privés de femelles, ils se battent entre eux, et le vainqueur, dit-on, assouvit sa passion sur le vaincu. Trogus écrit que les cailles font de même, et quelquefois aussi les coqs. Il ajoute que les perdrix mâles apprivoisés cochent les mâles sauvages nouvellement amenés ou vaincus, sans différence. Cette humeur guerrière, inspirée par l'amour, devient funeste à leur liberté. Le chef de la compagnie se détache pour attaquer le mâle que lui présente l'oiseleur; il est bientôt pris : alors un autre lui succède,

abigant eam. Neque in alio animali par opus libidinis.
Si contra mares steterint feminæ, aura ab his flante prægnantes fiunt : hiantes autem exserta lingua per id
tempus æstuant. Concipiunt et supervolantium adflatu,
sæpe voce tantum audita masculi. Adeoque vincit li-
bido etiam fetus caritatem, ut illa furtim et in occulto
incubans, quum sensit feminam aucupis accedentem
ad marem, recanat revocetque, et ultro præbeat se libi-
dini. Rabie quidem tanta feruntur, ut in capite aucu-
pantium sæpe cæcæ metu sedeant. Si ad nidum is cœpit
accedere, procurrit ad pedes ejus feta, prægravem aut
delumbem sese simulans, subitoque in procursu aut
brevi aliquo volatu cadit, fracta aut ala aut pedibus :
procurrit iterum, jam jam prehensurum effugiens, spem-
que frustrans, donec in diversum abducat a nidis. Eadem pavore libera ac materna vacans cura, in sulco re-
supina gleba se terræ pedibus adprehensa operit. Perdi-
cum vita ad sedecim annos durare existimatur.

et tous viennent ensuite l'un après l'autre. On prend les femelles dans la saison où elles conçoivent, lorsqu'elles courent vers la chanterelle du chasseur, pour la forcer à quitter la place en la harcelant. Dans nul autre animal l'œuvre de la fécondation ne s'opère d'une manière semblable. Si les femelles se trouvent sous le vent des mâles, l'air qui en vient les rend fécondes : pendant ce temps on les voit, tout enflammées, ouvrant le bec et tirant la langue : elles conçoivent même lorsque les mâles passent au dessus d'elles en volant ; souvent il suffit qu'elles aient entendu leur voix. L'ardeur du plaisir l'emporte tellement sur la tendresse maternelle, que cette perdrix qui couve furtivement et dans un lieu caché, voyant la chanterelle s'approcher du mâle, le rappelle par ses cris et va s'offrir à ses désirs. Elles sont transportées d'une passion si furieuse, que souvent, aveuglées par la crainte, elles se posent sur la tête des chasseurs. Si l'oiseleur s'approche du nid, la mère se présente à ses pieds, feignant d'être accablée ou éreintée ; après avoir couru ou volé quelques pas, elle tombe tout à coup comme si elle avait les pattes ou l'aile cassées, puis se remet à fuir, s'échappant des mains du chasseur qui croit la saisir, et trompant son espérance jusqu'à ce qu'elle l'ait éloigné de sa couvée. Lorsqu'elle est délivrée de toute crainte et que la tendresse maternelle est rassurée, elle se couche à la renverse dans un sillon, et se couvre d'une motte de terre qu'elle tient dans ses pattes. On croit que les perdrix vivent jusqu'à seize ans.

De columbis.

LII. 34. Ab his columbarum maxime spectantur simili ratione mores iidem : sed pudicitia illis prima, et neutri nota adulteria. Conjugii fidem non violant, communemque servant domum. Nisi cœlebs, aut vidua, nidum non relinquit. Et imperiosos mares, subinde etiam iniquos ferunt : quippe suspicio est adulterii, quamvis natura non sit. Tunc plenum querela guttur, sævique rostro ictus, mox in satisfactione exosculatio, et circa Veneris preces crebris pedum orbibus adulatio. Amor utrique sobolis æqualis : sæpe et ex hac causa castigatio, pigrius intrante femina ad pullos. Parturienti solatia et ministeria ex mare. Pullis primo salsiorem terram collectam gutture in ora inspuunt, præparantes tempestivitatem cibo. Proprium generis ejus et turturum, quum bibant, colla non resupinare, largeque bibere jumentorum modo.

35. Vivere palumbes ad xxx annum, aliquos ad xl habemus auctores, uno tantum incommodo unguium, eodem et argumento senectæ, qui citra perniciem reciduntur. Cantus omnibus similis atque idem, trino conficitur versu, præterque in clausula gemitu : hieme mu-

Des pigeons.

LII. 34. Après les perdrix, c'est dans les pigeons qu'on remarque le plus cette ardeur pour le plaisir ; mais la première de leurs qualités est la chasteté ; l'adultère est inconnu chez eux. Fidèle au lien conjugal, chaque couple habite une maison commune. Nul ne quitte son nid s'il n'est veuf ou célibataire. La femelle trouve dans son mâle un maître quelquefois injuste, car il la soupçonne d'infidélité, contre son naturel : alors sa gorge s'enfle, il gronde et donne de cruels coups de bec ; mais bientôt il répare ses torts par des baisers, il tourne cent fois autour de sa compagne, et la cajole pour obtenir ses faveurs. Tous deux chérissent également leur progéniture, et souvent, pour cette cause, la femelle est châtiée quand elle est trop paresseuse à rejoindre ses petits. Le mâle la console tandis qu'elle pond, et partage les soins maternels. Pour préparer leurs petits à recevoir les alimens, ils leur soufflent dans le bec une terre salée qu'ils tiennent en réserve dans leur gosier. Un des caractères de ces oiseaux, ainsi que des tourterelles, c'est de boire sans renverser la tête ; ils boivent largement, comme les bêtes de somme.

35. Des auteurs assurent que les ramiers vivent jusqu'à trente ans, et quelquefois jusqu'à quarante, sans autre incommodité que l'accroissement de leurs ongles, qui est aussi l'indice de leur vieillesse. On peut sans danger les leur couper. Tous ont constamment le même chant, composé de trois notes et terminé par un gémissement. Ils

tis, a vere vocalibus. Nigidius putat, quum ova incubet, sub tecto nominatam palumbem relinquere nidos. Pariunt autem post solstitium. Columbæ et turtures octonis annis vivunt.

36. Contra passeri minimum vitæ, cui salacitas par. Mares negantur anno diutius durare, argumento quia nulla veris initio appareat nigritudo in rostro, quæ ab æstate incipit. Feminis longiusculum spatium.

Verum columbis inest quidam et gloriæ intellectus. Nosse credas suos colores, varietatemque dispositam : quin etiam ex volatu quæritur plaudere in cælo, varieque sulcare. Qua in ostentatione, ut vinctæ, præbentur accipitri, implicatis strepitu pennis, qui non nisi ipsis alarum humeris eliditur : alioqui soluto volatu in multum velociores. Speculatur occultus fronde latro, et gaudentem in ipsa gloria rapit.

37. Ob id cum iis habenda est avis, quæ tinnunculus vocatur. Defendit enim illas, terretque accipitres naturali potentia, in tantum ut visum vocemque ejus fugiant. Hac de causa præcipuus columbis amor eorum. Feruntque, si in quatuor angulis defodiantur in ollis novis oblitis, non mutare sedem columbas (quod auro insectis alarum articulis quæsiere aliqui, non aliter innoxiis vulneribus) : multivaga alioqui ave. Est enim

se taisent l'hiver et reprennent leur voix au printemps. Nigidius pense qu'un ramier abandonne son nid quand son nom est prononcé sous le même toit où il couve. Ils pondent après le solstice. Les pigeons et les tourterelles vivent huit ans.

36. Le moineau, qui n'est pas moins ardent en amour, vit très-peu de temps; on prétend que les mâles ne passent pas l'année. On se fonde sur ce qu'au printemps on n'aperçoit aucune tache noire à leur bec, quoiqu'il ait commencé à noircir dès l'été. Les femelles vivent un peu plus long-temps.

Les pigeons paraissent avoir une idée de la gloire. On croirait qu'ils connaissent l'éclat et les nuances de leurs couleurs, et qu'en volant au haut des cieux ils cherchent même à s'applaudir de leurs ailes, à varier leurs évolutions. Cette vaine ostentation les livre comme enchaînés à l'épervier; car ce bruit qu'ils font n'étant produit que par le choc des ailes, le désordre des pennes les arrête. Leur vol sans entraves est beaucoup plus prompt que celui de l'épervier. Le brigand les épie, caché dans un feuillage, et les saisit au sein même de leur gloire.

37. Pour cette raison, il faut tenir avec eux l'oiseau qu'on nomme tinnunculus. Il les défend, et, par une vertu qui lui est naturelle, il épouvante les éperviers au point qu'ils n'osent soutenir ni sa vue ni son cri; aussi les pigeons ont-ils pour lui la plus tendre affection. On rapporte que si l'on enterre aux quatre coins du colombier, dans des pots neufs bien lutés, le corps de cet oiseau, les pigeons ne changent point de demeure. Quelques-uns ont cherché à les fixer, en leur coupant

ars illis inter se blandiri et corrumpere alias, furtoque comitatiores reverti.

Opera earum mirabilia, et pretia.

LIII. Quin et internuntiæ in rebus magnis fuere, epistolas adnexas earum pedibus obsidione Mutinensi in castra consulum Decimo Bruto mittente. Quid vallum, et vigil obsidio, atque etiam retia amne prætenta profuere Antonio, per cælum eunte nuntio? Et harum amore insaniunt multi : super tecta exædificant turres iis, nobilitatemque singularum et origines narrant, vetere jam exemplo. L. Axius eques romanus ante bellum civile pompeianum denariis quadringentis singula paria venditavit, ut M. Varro tradit. Quin et patriam nobilitavere, in Campania grandissimæ provenire existimatæ.

Differentiæ volatus, et incessus.

LIV. Harum volatus in reputationem ceterarum quoque volucrum nos impellit.

38. Omnibus animalibus reliquis certus et uniusmodi, et in suo cuique genere incessus est : aves solæ vario

les ailes avec un instrument d'or, car autrement les blessures sont dangereuses. Au surplus, les pigeons aiment le changement. Ils ont l'art de séduire et de corrompre les étrangers ; souvent ils reviennent, ramenant avec eux beaucoup de compagnons qu'ils ont débauchés.

Travaux merveilleux des pigeons ; prix auxquels ils montent.

LIII. Ils ont servi de messagers dans des affaires importantes. Pendant le siège de Mutinum (Modène), Decimus Brutus envoyait dans le camp des consuls des lettres attachées aux pattes des pigeons. Que servaient à Antoine la profondeur des retranchemens, la vigilance des troupes, les filets tendus dans toute la largeur du fleuve, quand le courrier prenait sa route par le ciel ? Bien des gens aussi se passionnent pour ces oiseaux ; ils leur bâtissent des tours au dessus de leurs maisons ; ils racontent la généalogie et la noblesse de chacun d'eux : cet exemple est déjà bien ancien. L. Axius, chevalier romain, avant la guerre civile de Pompée, vendait ses pigeons quatre cents deniers la paire, au rapport de M. Varron. Les pigeons de la Campanie, qu'on croit être la plus grande espèce, ont même illustré leur pays natal.

Différences de vol et de progression chez les oiseaux.

LIV. Ceci me conduit à parler aussi du vol des autres oiseaux.

38. Tous les autres animaux ont, chacun dans leur genre, un mode de progression constant et uniforme ;

meatu feruntur et in terra, et in aere. Ambulant aliquæ, ut cornices : saliunt aliæ, ut passeres, merulæ : currunt, ut perdices, rusticulæ : ante se pedes jaciunt, ut ciconiæ, grues : expandunt alas, pendentesque raro intervallo quatiunt, aliæ crebrius, sed et primas dumtaxat pennas : aliæ et tota latera pandunt : quædam vero majore ex parte compressis volant, percussoque semel, aliquæ et gemino ictu aere feruntur, velut inclusum eum prementes, ejaculantur sese in sublime, in rectum, in pronum. Impingi putes aliquas, aut rursus ab alto cadere has, illas salire. Anates solæ, quæque sunt ejusdem generis, in sublime protinus sese tollunt, atque e vestigio cælum petunt, et hoc etiam ex aqua. Itaque in foveas, quibus feras venamur, delapsæ solæ evadunt. Vultur, et feræ graviores, nisi ex procursu, aut altiore cumulo immissæ, non evolant : cauda reguntur. Aliæ circumspectant, aliæ flectunt colla. Nonnullæ vescuntur ea quæ rapuere pedibus. Sine voce non volant multæ : aut e contrario semper in volatu silent. Subrectæ, pronæ, obliquæ, in latera, in ora, quædam et resupinæ feruntur : ut si pariter cernantur plura genera, non in eadem natura meare videantur.

les oiseaux seuls ont une manière différente de se mouvoir, soit sur la terre, soit dans l'air. Quelques-uns marchent, comme les corneilles; d'autres sautillent, comme les moineaux et les merles; courent, comme les perdrix et les bécasses; jettent leurs pieds en avant, comme les cigognes et les grues. Il en est qui étendent leurs ailes et les tiennent presque immobiles en volant : d'autres les agitent plus fréquemment, mais seulement aux extrémités; d'autres découvrent leurs flancs tout entiers. Il y en a aussi qui, après avoir frappé l'air une fois, et quelques-uns deux fois, prennent leur vol, resserrant leurs ailes, comme pour comprimer l'air qu'elles enferment, et se jettent dans une direction verticale, horizontale ou inclinée. Plusieurs sont comme lancés; d'autres paraissent tomber du ciel, d'autres bondir; les canards seuls, et ceux du même genre, s'élèvent en droite ligne du point de départ, même en sortant de l'eau, aussi sont-ils les seuls qui s'échappent des fosses où nous prenons les animaux sauvages. Le vautour et les oiseaux pesans ne s'élèvent qu'après avoir couru ou s'être jetés de quelque hauteur; leur queue leur sert de gouvernail. Il en est qui voient tout autour d'eux, d'autres tournent le cou. Quelques-uns dévorent en l'air la proie qu'ils tiennent dans leurs serres. Plusieurs ne volent jamais sans crier; d'autres, au contraire, se taisent toujours en volant. Dans le vol ils sont debout, penchés, de travers, la tête en bas, quelques-uns même sur le dos; en sorte que si l'on observe plusieurs espèces à la fois, elles ne sembleront pas se mouvoir dans le même élément.

VII.   19

Apodes, sive cypselli.

LV. 39. Plurimum volant, quæ apodes, quia careant usu pedum : ab aliis cypselli appellantur, hirundinum specie. Nidificant in scopulis. Hæ sunt, quæ toto mari cernuntur : nec umquam tam longo naves, tamque continuo cursu recedunt a terra, ut non circumvolitent eas apodes. Cetera genera residunt et insistunt : his quies, nisi in nido, nulla : aut pendent, aut jacent.

De pastu avium. Caprimulgi. Platea.

LVI. Et ingenia æque varia, ad pastum maxime.

40. Caprimulgi appellantur grandioris merulæ aspectu, fures nocturni : interdiu enim visu carent. Intrant pastorum stabula, caprarumque uberibus advolant suctum propter lactis : qua injuria uber emoritur, caprisque cæcitas, quas ita mulsere, oboritur. Platea nominatur, advolans ad eas, quæ se in mari mergunt, et capita illarum morsu corripiens, donec capturam extorqueat. Eadem quum devoratis se implevit conchis, calore ventris coctas evomit, atque ita ex iis esculenta legit, testas excernens.

Apodes ou cypselles.

LV. 39. Les apodes, ainsi nommés parce qu'ils n'ont pas l'usage de leurs pieds, volent habituellement ; ils sont appelés cypselles par d'autres : c'est une espèce d'hirondelles. Ils font leur nid dans les rochers. Ce sont eux qu'on aperçoit partout en mer. Quelles que soient la longueur et la continuité de la course, jamais les vaisseaux ne s'éloignent assez du rivage pour qu'on ne voie pas les apodes voltiger à l'entour. Les autres espèces se posent et s'arrêtent. Pour les apodes, nul repos que dans le nid : ils sont ou en l'air ou couchés.

De la nourriture des oiseaux. Caprimulges. Platéa.

LVI. L'instinct des oiseaux est également divers pour ce qui concerne la manière de se nourrir.

40. On appelle caprimulges certains oiseaux qui ressemblent à un gros merle : ce sont des voleurs de nuit, car le jour ils ne voient pas. Ils entrent dans les étables des bergers, et s'attachent aux mamelles des chèvres pour sucer le lait, ce qui dessèche la mamelle et cause la cécité aux chèvres traites de la sorte. Le platéa (la spatule) attaque les oiseaux qui plongent dans la mer, et leur mord la tête jusqu'à ce qu'il ait arraché leur proie : ce même oiseau s'étant rempli de coquillages , quand la chaleur de ses entrailles les a ramollis, les rejette, et, séparant alors les écailles, il mange la chair.

De ingeniis avium. Carduelis, taurus, anthus.

LVII. 41. Villaribus gallinis et religio inest. Inhorrescunt edito ovo, excutiuntque sese, et circumactæ purificant, ac festuca aliqua sese, et ova lustrant.

42. Minimæ avium cardueles imperata faciunt, nec voce tantum, sed pedibus et ore pro manibus. Est quæ boum mugitus imitatur, in arelatensi agro taurus appellata, alioqui parva. Est quæ equorum quoque hinnitus, anthus nomine, herbæ pabulo adventu eorum pulsa imitatur, ad hunc modum se ulciscens.

De avibus quæ loquuntur: psittaci.

LVIII. Super omnia humana voces reddunt, psittaci quidem etiam sermocinantes. India hanc avem mittit, sittacen vocat, viridem toto corpore, torque tantum miniato in cervice distinctam. Imperatores salutat, et quæ accipit verba, pronuntiat : in vino præcipue lasciva. Capiti ejus duritia eadem, quæ rostro. Hoc, quum loqui discit, ferreo verberatur radio : non sentit aliter ictus. Quum devolat, rostro se excipit, illi innititur, levioremque se ita pedum infirmitati facit.

Instinct des oiseaux : chardonneret, taurus, anthus.

LVII. 41. Les poules domestiques ont aussi des pratiques religieuses : elles se hérissent après avoir pondu ; elles se secouent et se purifient, elles et leurs œufs, en tournant autour avec un fétu de paille.

42. Les chardonnerets, oiseaux de la plus petite espèce, exécutent ce qu'on leur commande, non-seulement avec leur voix, mais encore avec leurs pieds et leur bec, qui leur tiennent lieu de mains. Il y a un oiseau, d'ailleurs petit, nommé taurus, dans le territoire d'Arles, qui imite le mugissement du bœuf. Un autre, qu'on appelle anthus, imite le hennissement des chevaux, se vengeant ainsi lorsque, par leur approche, ils le forcent à quitter le pâturage.

Oiseaux qui parlent : les perroquets.

LVIII. Bien plus, les perroquets imitent la parole de l'homme, et suivent même une conversation. L'Inde nous envoie cet oiseau, qu'elle nomme sittace. Tout son plumage est vert ; seulement un collier rouge brille autour de son cou. Il salue les empereurs et répète les mots qu'il entend. Le vin surtout le met en gaîté. Sa tête a la même dureté que son bec. Quand on lui apprend à parler, on le frappe sur cette partie avec une petite verge de fer, autrement il ne sent pas les coups. Lorsqu'il s'abat, il se reçoit sur son bec, qui lui sert à soutenir son corps, et supplée ainsi à la faiblesse de ses pieds.

Picæ glandares.

LIX. Minor nobilitas, quia non ex longinquo venit, sed expressior loquacitas, generi picarum est. Adamant verba quæ loquantur. Nec discunt tantum, sed diligunt : meditantesque intra semet, cura atque cogitatione intentionem non occultant. Constat emori victas difficultate verbi, ac nisi subinde eadem audiant, memoria falli : quærentesque mirum in modum hilarari, si interim audierint id verbum. Nec vulgaris illis forma, quamvis non spectanda. Satis illis decoris in specie sermonis humani est. Verum addiscere alias negant posse, quam quæ ex genere earum sunt, quæ glande vescantur : et inter eas facilius, quibus quini sunt digiti in pedibus : ac ne eas quidem ipsas, nisi primis duobus vitæ annis. Latior iis est lingua : omnibusque in suo cuique genere, quæ sermonem imitantur humanum : quamquam id pæne in omnibus contingit. Agrippina Claudii cæsaris turdum habuit (quod numquam ante) imitantem sermones hominum. Quum hæc proderem, habebant et cæsares juvenes sturnum, item luscinias, græco atque latino sermone dociles : præterea meditantes in diem, et assidue nova loquentes, longiore etiam contextu. Docentur secreto, et ubi nulla alia vox misceatur, adsidente qui crebro dicat ea, quæ condita velit, ac cibis blandiente.

Pies qui vivent de glands.

LIX. La pie est moins renommée, parce qu'elle ne vient pas de loin ; mais son langage est plus expressif. Les pies aiment à répéter des paroles ; elles ne les apprennent pas seulement, elles les affectionnent ; étudiant en elles-mêmes, elles montrent leur empressement par leur soin et leur application : on en a vu mourir des efforts que leur coûtait un mot difficile. Elles oublient aussi, à moins qu'elles n'entendent de temps en temps les mêmes choses : leur joie éclate lorsqu'elles ont entendu le mot qu'elles cherchaient. Leur forme n'est pas commune, sans avoir rien de frappant ; elles sont assez belles du talent qu'elles ont d'imiter le langage humain. On prétend que toutes les espèces de pies n'apprennent pas à parler, mais seulement celles qui se nourrissent de glands ; et, parmi ces dernières, celles qui ont cinq doigts aux pieds apprennent plus facilement, encore ne peut-on les instruire que dans les deux premières années. Elles ont la langue plus large, ainsi que, dans chaque espèce, tous les oiseaux qui imitent la parole, ce qu'ils font presque tous. Agrippine, femme de l'empereur Claude, avait, ce qui ne s'était jamais vu, une grive qui parlait. Au moment même où j'écris, les jeunes Césars ont un étourneau et des rossignols qui apprennent des mots grecs et latins, étudiant chaque jour et répétant des mots nouveaux, et même des phrases assez longues. On les instruit dans un lieu retiré, et où ils ne puissent entendre aucune autre voix. Le maître,

Propter corvum loquentem seditio populi romani.

LX. 43. Reddatur et corvis sua gratia, indignatione quoque populi romani testata, non solum conscientia. Tiberio principe ex fetu supra Castorum ædem genito pullus, in oppositam sutrinam devolavit, etiam religione commendatus officinæ domino. Is mature sermoni adsuefactus, omnibus matutinis evolans in Rostra, forum versus, Tiberium, dein Germanicum et Drusum cæsares nominatim, mox transeuntem populum romanum salutabat, postea ad tabernam remeans, plurium annorum adsiduo officio mirus. Hunc sive æmulatione vicinitatis, manceps proximæ sutrinæ, sive iracundia subita, ut voluit videri, excrementis ejus posita calceis macula, exanimavit : tanta plebei consternatione, ut primo pulsus ex ea regione, mox et interemptus sit, funusque innumeris aliti celebratum exsequiis, constratum lectum super Æthiopum duorum humeros, præcedente tibicine, et coronis omnium generum, ad rogum usque, qui constructus dextra viæ Appiæ ad secundum lapidem, in campo Rediculi appellato, fuit. Adeo satis justa causa populo romano visa est exsequiarum, inge-

assis auprès d'eux, redit plusieurs fois ce qu'il veut gra-
ver dans leur mémoire, et les caresse en leur donnant
à manger.

Sédition du peuple romain causée par la mort d'un corbeau
dressé.

LX. 43. Rendons aussi justice au mérite du corbeau,
mérite senti par le peuple romain, attesté même par son
indignation. Sous l'empire de Tibère, un jeune corbeau,
tombant d'un nid placé sur le temple des Dioscures, s'a-
battit en volant dans une boutique de cordonnier adossée
au temple, qui le rendait sacré pour le maître de la boutique. L'oiseau apprit de bonne heure à parler; tous les
matins il s'envolait sur la tribune : là, tourné vers le
forum, il saluait, par leurs noms, Tibère, les césars Ger-
manicus et Drusus, ensuite le peuple romain qui passait
sur la place, puis il retournait à la boutique, et pendant plusieurs années il s'acquitta de cet office admirablement. Un cordonnier voisin le tua par jalousie, ou,
comme il voulut le faire croire, dans un premier moment de colère, parce qu'il lui avait gâté quelque chaussure. La multitude en fureur commença par le chasser
loin du temple, et bientôt le mit en pièces. On fit à
l'oiseau des funérailles solennelles. Le lit funèbre fut
porté sur les épaules de deux Éthiopiens, précédés d'un
joueur de flûte, avec des couronnes de toute espèce, jusqu'au bûcher, construit à la droite de la voie Appienne,
à deux milles de Rome, dans le champ nommé *Redicu-*
lus. Le talent d'un oiseau parut donc au peuple romain
un motif assez juste de funérailles, ou la cause suffi-

nium avis, aut supplicii de cive romano, in ea urbe, in qua multorum principum nemo duxerat funus : Scipionis vero Æmiliani post Carthaginem Numantiamque deletas ab eo, nemo vindicaverat mortem. Hoc gestum M. Servilio, C. Cestio coss. a. d. v kalend. april. Nunc quoque erat in urbe Roma, hæc prodente me, equitis rom. cornix e Bætica, primum colore mira admodum nigro : deinde plura contexta verba exprimens, et alia crebro addiscens. Necnon et recens fama Crateri Monocerotis cognomine, in Erizena regione Asiæ corvorum opera venantis, eo quod devehebat in silvas eos insidentes corniculis humerisque : illi vestigabant agebantque, eo perducta consuetudine, ut exeuntem sic comitarentur et feri. Tradendum putavere memoriæ quidam, visum per sitim lapides congerentem in situlam monumenti, in qua pluvia aqua durabat, sed quæ attingi non posset : ita descendere paventem expressisse tali congerie, quantum poturo sufficeret.

Diomedeæ.

LXI. 44. Nec Diomedeas præteribo aves: Juba catarractas vocat : eis esse dentes, oculosque igneo colore, cetero candidis, tradens. Duos semper iis duces : alterum ducere agmen, alterum cogere. Scrobes excavare

sante du supplice d'un citoyen romain, dans une ville où personne n'avait conduit le deuil de plusieurs grands personnages, où personne n'avait vengé la mort de Scipion Émilien, destructeur de Carthage et de Numance. Ce fait se passa sous le consulat de M. Servilius et de C. Cestius, le cinquième jour avant les calendes d'avril. Au moment où j'écris, il existe à Rome une corneille apportée de la Bétique, et qui appartient à un chevalier romain : elle est d'un noir admirable; elle prononce des phrases entières, et en apprend chaque jour de nouvelles. On a parlé dernièrement d'un certain Craterus, surnommé Monoceros, qui chassait avec des corbeaux dans l'Érizène, contrée d'Asie. Il les portait dans les forêts, perchés sur des baguettes et sur ses épaules : les corbeaux cherchaient le gibier; et il avait poussé l'art si loin, que, lorsqu'il sortait pour la chasse, les corbeaux sauvages eux-mêmes l'accompagnaient. Quelques écrivains ont cru devoir transmettre à la postérité qu'on a vu un corbeau, pressé de la soif, jeter des cailloux dans une urne sépulcrale où se conservait l'eau du ciel; comme il n'y pouvait atteindre, et qu'il n'osait descendre au fond de l'urne, il fit, par ce moyen, monter une quantité d'eau suffisante à ses besoins.

Oiseaux de Diomède.

LXI. 44. Je ne passerai pas sous silence les oiseaux de Diomède : Juba les appelle cataractes. Il dit qu'ils ont des dents, les yeux couleur de feu, et le plumage blanc; qu'ils ont toujours deux chefs, dont l'un conduit

rostro , inde crate consternere, et operire terra, quæ
ante fuerit egesta : in his fetificare. Fores binas omnium
scrobibus : orientem spectare, quibus exeant in pascua :
occasum, quibus redeant. Alvum exoneraturas subvolare
semper, et contrario flatu. Uno hæ in loco totius orbis
visuntur, in insula, quam diximus nobilem Diomedis
tumulo atque delubro, contra Apuliæ oram, fulicarum
similes. Advenas barbaros clangore infestant, Græcis
tantum adulantur, miro discrimine, velut generi Diomedis hoc tribuentes : ædemque eam quotidie pleno
gutture madentibus pennis perluunt atque purificant :
unde origo fabulæ, Diomedis socios in earum effigies
mutatos.

Quæ animalia nihil discant.

LXII. 45. Non omittendum est, quum de ingeniis
disserimus, e volucribus hirundines esse indociles, e
terrestribus mures : quum elephanti jussa faciant, leones jugum subeant ; in mari vituli, totque piscium genera mitescant.

la troupe et l'autre ferme la marche ; qu'ils creusent, avec leur bec, des trous qu'ils couvrent d'une claie, sur laquelle ils étendent la terre qu'ils en ont tirée ; qu'ils y font leur nid. Tous ces trous ont deux ouvertures, l'une vers l'orient, par laquelle ils sortent pour chercher leur nourriture ; l'autre vers l'occident, par laquelle ils rentrent ; que, pour se débarrasser le ventre, ils s'élèvent toujours en l'air, volant contre le vent. Ces oiseaux, qui ressemblent aux foulques, ne se voient que dans un seul lieu de l'univers, dans l'île située vis-à-vis la côte de l'Apulie, que nous avons dit être célèbre par le tombeau et le temple de Diomède. Ils persécutent par leurs cris les étrangers qui abordent dans l'île. Par un discernement qui tient du prodige, ils ne témoignent d'amitié qu'aux Grecs, comme s'ils rendaient hommage aux compatriotes de ce héros. Chaque jour ils arrosent et purifient le temple avec l'eau qu'ils répandent de leur bec et qu'ils secouent de leurs ailes trempées : de là l'origine de la fable qui dit que ce sont les compagnons de Diomède changés en oiseaux.

Animaux rebelles à l'éducation.

LXII. 45. Nous ne devons pas omettre, lorsque nous traitons de l'intelligence, que, parmi les oiseaux, les hirondelles, et, parmi les animaux terrestres, les rats, sont indociles ; tandis que les éléphans exécutent les ordres qu'on leur donne, que les lions subissent le joug, et que les veaux marins et tant d'espèces de poissons s'apprivoisent.

De potu avium : de porphyrione.

LXIII. 46. Bibunt aves suctu : ex his, quibus longa colla, intermittentes, et capite resupinato velut infundentes sibi. Porphyrio solus morsu bibit. Idem est proprio genere, omnem cibum aqua subinde tinguens, deinde pede ad rostrum, veluti manu, adferens. Laudatissimi in Commagene. Rostra iis, et prælonga crura rubent.

Hæmatopodes.

LXIV. 47. Hæc quidem et hæmatopodi, multo minori, quamquam eadem crurum altitudine. Nascitur in Ægypto. Insistit ternis digitis. Præcipue ei pabulum muscæ. Vita in Italia paucis diebus.

De pastu avium.

LXV. Graviores omnes fruge vescuntur, altivolæ carne tantum. Inter aquaticas, mergi solliciti sunt devorare, quæ ceteræ reddunt.

Onocrotali.

LXVI. Olorum similitudinem onocrotali habent : nec distare existimarentur omnino, nisi faucibus ipsis ines-

De la manière de boire chez les oiseaux : le porphyrion.

LXIII. 46. Les oiseaux boivent en aspirant ; ceux qui ont un long cou boivent à plusieurs reprises et en renversant la tête, comme s'ils versaient l'eau dans leur corps ; le porphyrion seul boit en mordant : il a aussi l'habitude de tremper dans l'eau tout ce qu'il mange, et de le porter à son bec avec son pied, comme avec une main. Les plus vantés sont ceux de la Commagène. Ils ont le bec rouge, ainsi que les jambes, qui sont fort longues.

Hématopodes.

LXIV. 47. Il en est de même de l'hématopode, beaucoup plus petit, mais de la même hauteur de jambes. Il naît en Égypte. Il a trois doigts aux pieds. Les mouches sont sa principale nourriture. Il vit peu de jours en Italie.

Nourriture des oiseaux.

LXV. Tous les oiseaux pesans sont frugivores ; ceux de haut vol ne vivent que de chair. Parmi les aquatiques, les plongeons dévorent ce que rendent les autres.

Les onocrotales.

LXVI. Les onocrotales ressemblent aux cygnes, et l'on ne croirait pas qu'ils en diffèrent, s'ils n'avaient au

set alterius uteri genus. Huc omnia inexplebile animal congerit, mira ut sit capacitas. Mox perfecta rapina, sensim inde in os reddita, in veram alvum ruminantis moræ refert. Gallia hos septentrionali proxima oceano mittit.

De peregrinis avibus : phalerides, phasianæ, numidicæ.

LXVII. In Hercynio Germaniæ saltu invisitata genera alitum accepimus, quarum plumæ ignium modo colluceant noctibus. In ceteris nihil præter nobilitatem longinquitate factam, memorandum occurrit.

48. Phalerides in Seleucia Parthorum, et in Asia, aquaticarum laudatissimæ : rursus Phasianæ in Colchis geminas ex pluma aures submittunt, subriguntque. Numidicæ in parte Africæ Numidia, omnesque jam in Italia.

Phœnicopteri, attagenæ, phalacrocoraces, pyrrhocoraces, lago
podes.

LXVIII. Phœnicopteri linguam præcipui saporis esse, Apicius docuit, nepotum omnium altissimus gurges. Attagen maxime ionius celebratur, vocalis alias, captus vero obmutescens, quondam existimatus inter raras aves.

bas du gosier une seconde poche : cet animal insatiable y amasse tout ce qu'il mange, tant la capacité en est prodigieuse! Quand il a fini de butiner, il ramène peu à peu les alimens dans son bec, et les fait passer dans son véritable estomac, à la manière des ruminans. La Gaule voisine de l'océan Septentrional nous envoie ces oiseaux.

Oiseaux étrangers : phalérides, faisans, oiseaux de Numidie.

LXVII. Nous avons ouï dire que dans la forêt Hercynienne, en Germanie, il existe une sorte d'oiseaux que nous n'avons point vus, et dont les plumes brillent la nuit comme des feux; les autres n'ont rien de remarquable que la circonstance de l'éloignement.

48. Dans la Séleucie, province des Parthes, et dans l'Asie, sont les phalérides, les plus estimés des oiseaux aquatiques. Dans la Colchide se trouvent les faisans, qui ont aux oreilles une touffe de plumes qu'ils baissent et redressent à volonté. Les oiseaux de Numidie sont dans la partie de l'Afrique qui porte ce nom, et déjà dans toute l'Italie.

Phénicoptères, attagènes, phalacrocorax, pyrrhocorax, lagopodes.

LXVIII. Apicius, le plus raffiné de tous les gourmands, nous a appris que la langue du phénicoptère est d'un goût exquis. On vante surtout l'attagen d'Ionie, oiseau chanteur qui se tait quand il est pris, et que l'on comptait autrefois parmi les oiseaux rares. On le prend

Jam et in Gallia Hispaniaque capitur, et per Alpes
etiam , ubi et phalacrocoraces, aves Balearium insula-
rum peculiares : sicut Alpium pyrrhocorax, luteo rostro, niger : et præcipuo sapore lagopus : pedes leporino
villo nomen ei hoc dedere, cetero candidæ, columbarum
magnitudine. Non extra terram eam vesci facile, quando
nec viva mansuescit, et corpus occisæ statim marcescit.
Est et alia nomine eodem, a coturnicibus magnitudine
tantum differens, croceo tinctu cibis gratissima. Visam
in Alpibus ab se peculiarem Ægypti et ibim Egnatius
Calvinus præfectus earum prodidit.

De novis avibus : bibiones.

LXIX. 49. Venere in Italiam Bebriacensibus bellis
civilibus trans Padum et novæ aves (ita enim adhuc vocantur) turdorum specie, paulum infra columbas magnitudine, sapore gratæ. Baleares insulæ nobiliorem etiam
supra dicto porphyrionem mittunt. Ibi et buteo accipitrum generis in honore mensarum est : item bibiones :
sic enim vocant minorem gruem.

De fabulosis avibus.

LXX. Pegasos equino capite volucres, et gryphas au-
rita aduncitate rostri fabulosos reor : illos in Scythia,

aujourd'hui dans la Gaule, en Espagne, et même sur
les Alpes, où se trouvent aussi le phalacrocorax, oiseau
particulier aux îles Baléares, le pyrrhocorax des Alpes,
dont le bec est jaune et le plumage noir, et le lagopode,
qui est un excellent manger. Ce nom lui vient de ce
qu'il a les pieds garnis d'un poil semblable à celui du .
lièvre. Du reste, il est blanc, et de la grandeur du pigeon. Il n'est pas facile d'en goûter hors du lieu natal,
parce qu'il ne s'apprivoise pas, et se gâte dès qu'il est
tué. Il y a un autre oiseau du même nom qui ne diffère
de la caille que par sa grandeur, et dont la chair, avec
une sauce au safran, est un mets très-agréable. Egnatius
Calvinus, préfet des Alpes, dit avoir vu dans ces montagnes l'ibis propre à l'Égypte.

Nouveaux oiseaux : les bibions.

LXIX. 49. Durant les guerres civiles de Bébriac, les
oiseaux nouveaux (on leur donne encore aujourd'hui ce
nom) sont venus en Italie au delà du Pô ; ils ressemblent
aux grives ; ils sont un peu moins grands que les pigeons, et agréables au goût. Les îles Baléares nous envoient un porphyrion plus estimé que le précédent. Dans
ce pays, le butéo, du genre des éperviers, est recherché pour la table, ainsi que les bibions : c'est le nom
qu'on donne à la petite grue.

Oiseaux fabuleux.

LXX. Les pégases, animaux ailés à tête de cheval,
et les gryphons aux oreilles saillantes, au bec crochu,

2o.

hos in Æthiopia. Equidem et tragopana, de qua plures
adfirmant, majorem aquila, cornua in temporibus curvata habentem, ferruginei coloris, tautum capite phœni-
ceo. Nec sirenes impetraverint fidem : licet adfirmet
Dino, Clitarchi celebrati auctoris pater, in India esse :
mulcerique earum cantu, quos gravatos somno lacerent. Qui credit ista, et Melampodi profecto aures lambendo, dedisse intellectum avium sermonis dracones
non abnuet : vel quæ Democritus tradit, nominando
aves, quarum confuso sanguine serpens gignatur : **quem
quisquis ederit, intellecturus sit alitum colloquia** : quæque de una ave galerita privatim commemorat, etiam
sine his immensa vitæ ambage circa auguria. Nominantur ab Homero scopes, avium genus : neque harum sa-
tyricos motus, quum insidentur, plerisque memoratos
facile conceperim mente : neque ipsæ jam aves noscun-
tur. Quamobrem de confessis disseruisse præstiterit.

Quis gallinas farcire instituerit : quique hoc primi censores ve-
tuerint.

LXXI. 5o. Gallinas saginare Deliaci cœpere : unde
pestis exorta, opimas aves et suopte corpore unctas de-

ne sont pour moi que des êtres fabuleux ; ceux-là dans la Scythie, ceux-ci dans l'Éthiopie. J'en dis autant du tragopan, malgré les auteurs qui assurent que cet animal est plus grand que l'aigle, qu'il a sur les tempes deux cornes recourbées, que son plumage est couleur de rouille, et sa tête pourpre. Je ne crois pas non plus aux sirènes, quoique Dinon, père de Clitarque, auteur célèbre, assure qu'elles existent dans l'Inde, qu'elles charment les hommes par leurs chants, pour les mettre en pièces lorsqu'ils sont accablés par le sommeil. Qui ajoute foi à de pareils contes pourra croire aussi que des dragons donnèrent à Mélampe l'intelligence du langage des oiseaux en lui léchant les oreilles ; il croira ce que dit Démocrite, qui cite certains oiseaux dont le sang mélangé donne naissance à un serpent qui fait comprendre les entretiens des oiseaux à quiconque le mange ; et tout ce que le même auteur rapporte particulièrement de l'oiseau huppé. La science augurale est déjà assez embrouillée, sans la surcharger de ces rêveries. Homère parle d'une espèce d'oiseaux qu'il nomme scops. Je ne puis concevoir ce que la plupart des auteurs content des mouvemens grotesques que font les scops lorsqu'ils sont investis. Ces oiseaux mêmes ne sont plus connus ; il vaut donc mieux donner quelques détails sur ceux dont l'existence n'est pas contestée.

À qui l'on doit l'art d'engraisser les poules ; édit prohibitif des censeurs à ce sujet.

LXXI. 5o. Les Déliens ont les premiers engraissé les poules. C'est d'eux que vient cette passion de dévorer

vorandi. Hoc primum antiquis cœnarum interdictis exceptum invenio jam lege C. Fannii cos. xı annis ante tertium punicum bellum, « ne quid volucre poneretur, præter unam gallinam, quæ non esset altilis » : quod deinde caput translatum, per omnes leges ambulavit. Inventumque diverticulum est, in fraude earum, gallinaceos quoque pascendi lacte addito cibis : multo ita gratiores adprobantur. Feminæ quidem ad saginam non omnes eliguntur, nec nisi in cervice pingui cute. Postea culinarum artes, ut clunes spectentur, ut dividantur in tergora, ut a pede uno dilatatæ repositoria occupent. Dedere et Parthi cocis suos mores. Nec tamen in hoc mangonio quidquam totum placet : hic clune, alibi pectore tantum laudatis.

Quis primus aviaria instituerit. De Æsopi patina.

LXXII. Aviaria primus instituit, inclusis omnium generum avibus, M. Lænius Strabo Brundisii equestris ordinis. Ex eo cœpimus carcere animalia coercere, quibus rerum natura cælum adsignaverat.

5ı. Maxime tamen insignis est in hac memoria, Clo-

des oiseaux chargés d'embonpoint et arrosés de leur
propre graisse. Je trouve dans les anciens règlemens
somptuaires cette défense énoncée en premier lieu par la
loi du consul C. Fannius, onze ans avant la troisième
guerre punique, « qu'on ne servît point d'autre volaille
qu'une seule poule, et encore ne devait-elle pas être en-
graissée. » Cet article a été répété depuis dans toutes les
lois. Pour l'éluder, on imagina de nourrir, avec des alimens
détrempés dans le lait, les jeunes coqs, qui sont, par ce
moyen, réputés beaucoup plus délicats. Toutes les poules
ne sont pas également bonnes à engraisser; on ne choisit
que celles qui ont la peau du cou grasse. Ensuite s'exerce
l'art du cuisinier, pour que la volaille ait les cuisses d'une
belle apparence, qu'elle soit fendue le long du dos, et
qu'aussitôt qu'on la tire par un seul pied, les différentes
parties s'étendent sur toute la surface du plat. Les Parthes aussi ont donné leurs modes aux cuisiniers; et
pourtant, malgré tout leur savoir-faire, nulle pièce ne
plaît tout entière; ici on ne vante que la cuisse, là on
n'aime que l'aile.

De l'inventeur des volières. Le plat d'Ésope.

LXXII. M. Lænius Strabon, de l'ordre équestre, le
premier fit construire à Brindes des volières où il ren-
ferma des oiseaux de toute espèce. C'est depuis ce moment que nous avons commencé à resserrer dans une
prison les animaux à qui la nature avait assigné le ciel
pour domaine.

51. Mais ce qu'il y a de plus fameux en ce genre,

dii Æsopi tragici histrionis patina, H-S centum taxata :
in qua posuit aves cantu aliquo aut humano sermone
vocales, H-S sex singulas coemptas : nulla alia indu-
ctus suavitate, nisi ut in his imitationem hominis man-
deret, ne quæstus quidem suos reveritus illos opimos,
et voce meritos : dignus prorsus filio, a quo devoratas
diximus margaritas. Non sit tamen (ut verum fatear)
facile inter duos judicium turpitudinis : nisi quod minus est summas rerum naturæ opes, quam hominum
linguas, cœnasse.

Generatio avium : quæ præter aves ova gignant.

LXXIII. 52. Generatio avium simplex videtur esse,
quum et ipsa sua habeat miracula, quoniam et quadrupedes ova gignunt, chamæleones, lacertæ, et quæ diximus inter serpentes. Pennatorum autem infecunda
sunt, quæ aduncos habent ungues : cenchris sola ex his
supra quaterna edit ova. Tribuit hoc avium generi natura, ut fecundiores essent fugaces earum, quam fortes.
Plurima pariunt struthiocameli, gallinæ, perdices. Soli
coitus avibus duobus modis : femina humi considente,
ut in gallinis : aut stante, ut in gruibus.

c'est le plat de l'acteur tragique Clodius Æsope, qui coûta cent mille sesterces : il n'était composé que d'oiseaux qui chantaient ou qui parlaient, payés chacun au prix de six mille sesterces. Æsope n'y cherchait d'autre plaisir que celui de manger en eux une imitation de l'homme, oubliant que c'était à sa voix qu'il devait lui-même son immense fortune; digne père de ce Clodius qui dévora des perles, comme nous l'avons rapporté. A dire vrai, il n'est pas aisé de décider lequel des deux a commis l'action la plus honteuse. Peut-être, cependant, est-il moins horrible d'avoir mangé les chefs-d'œuvre les plus riches de la nature, que de s'être nourri de langues humaines.

Reproduction des oiseaux. Noms des autres animaux ovipares.

LXXIII. 52. La génération des oiseaux paraît simple dans ses moyens, quoiqu'elle ait elle-même ses merveilles, puisque des quadrupèdes produisent aussi des œufs : tels sont les caméléons, les lézards, et ceux que nous avons mis au nombre des serpens. Parmi les oiseaux, ceux qui ont les ongles crochus sont peu féconds ; le cenchris est le seul de cette classe qui ponde au delà de quatre œufs. La nature a donné plus de fécondité aux oiseaux timides qu'aux oiseaux courageux. Ceux qui font les pontes les plus nombreuses sont les autruches, les poules, les perdrix. L'accouplement ne s'opère que de deux manières parmi les oiseaux : la femelle s'accroupit comme la poule, ou reste debout comme la grue.

Ovorum genera, et natura.

LXXIV. Ovorum alia sunt candida, ut columbis, perdicibus : alia pallida, ut aquaticis : alia punctis distincta, ut meleagridi : alia rubri coloris, ut phasianis, cenchridi. Intus autem omne ovum volucrum bicolor. Aquaticis lutei plus quam albi, idque ipsum magis luridum quam ceteris. Piscium unus color, in quo nil candidi. Avium ova ex calore fragilia, serpentium ex frigore lenta, piscium ex liquore mollia. Aquatilium, rotunda : reliqua fere fastigio cacuminata. Exeunt a rotundissima sui parte, dum pariuntur, molli putamine, sed protinus durescente, quibuscumque emergunt portionibus. Quæ oblonga sint ova, gratioris saporis putat Horatius Flaccus. Feminam edunt, quæ rotundiora gignuntur, reliqua marem. Umbilicus ovis a cacumine inest, ceu gutta eminens in putamine.

53. Quædam omni tempore coeunt, ut gallinæ, et pariunt, præterquam duobus mensibus hiemis brumalibus. Ex iis juvencæ plura, quam veteres, sed minora, et in eodem fetu prima ac novissima. Est autem tanta fecunditas, ut aliquæ et sexagena pariant, aliquæ quo-

Des diverses espèces d'œufs; leur nature.

LXXIV. Parmi les œufs, les uns sont blancs, comme ceux des pigeons et des perdrix; les autres, pâles comme ceux des oiseaux aquatiques; variés et tachetés, comme ceux des méléagrides : ceux des faisans et du cenchris sont rouges. Tous les œufs des oiseaux sont de deux couleurs en dedans; ceux des oiseaux aquatiques ont plus de jaune que de blanc, et le jaune est plus pâle que dans les autres. Ceux des poissons n'ont point de blanc; ils sont d'une seule couleur. Les œufs des oiseaux sont cassans, à cause de la chaleur de l'animal; ceux des serpens sont souples, à cause de leur froideur; ceux des poissons sont mous, à cause de l'élément humide où ils se trouvent. Les œufs des oiseaux aquatiques sont ronds; les autres sont ordinairement allongés vers le sommet : ils sortent par le plus gros bout. Au moment de la ponte la coquille est molle; mais elle se durcit aussitôt, à mesure que chaque partie se montre au jour. Horace pense que les œufs oblongs sont d'un goût plus délicat; les plus ronds produisent des femelles, et les autres des mâles. Sous le sommet de l'œuf est le germe, comme une goutte de liqueur qui surnage dans la coque.

53. Certains oiseaux, tels que les poules, s'accouplent et pondent en tout temps, excepté les deux mois froids de l'hiver. Les jeunes poules pondent plus souvent que les vieilles, mais leurs œufs sont moins gros. Dans une même ponte, les premiers et les derniers œufs sont les plus petits. Telle est la fécondité de cette espèce, qu'il y en a qui

tidie, aliquæ bis die, aliquæ in tantum, ut effetæ mo-
riantur. Adrianis laus maxima. Columbæ decies anno
pariunt, quædam et undecies : in Ægypto vero etiam
brumali mense. Hirundines, et merulæ, et palumbi, et
turtures bis anno pariunt : ceteræ aves fere semel. Turdi
in cacuminibus arborum luto nidificantes pæne contex-
tim, in secessu generant. A coitu diebus decem ova ma-
turescunt in utero. Vexatæ autem gallinæ et columbæ
penna evulsa, aliave simili injuria, diutius. Omnibus
ovis medio vitelli parva inest velut sanguinea gutta,
quod esse cor avium existimant, primum in omni corpore id gigni opinantes : in ovo certe gutta ea salit,
palpitatque. Ipsum animal ex albo liquore ovi corporatur. Cibus in luteo est. Omnibus intus caput majus toto
corpore : oculi compressi capite majores. Increscente
pullo, candor in medium vertitur, luteum circumfundi-
tur. Vicesimo die, si moveatur ovum, jam viventis intra putamen vox auditur. Ab eodem tempore plume-
scit : ita positus, ut caput supra dextrum pedem habeat,
dextram vero alam supra caput. Vitellus paulatim defi-
cit. Aves omnes in pedes nascuntur, contra quam reliqua animalia. Quædam gallinæ omnia gemina ova pariunt, et geminos interdum excludunt, ut Cornelius
Celsus auctor est, alterum majorem. Aliqui negant
omnino geminos excludi. Plus vicena quina incubanda

pondent soixante fois ; quelques-unes donnent un œuf par jour, d'autres en donnent deux ; il en est qui pondent jusqu'à ce qu'elles meurent d'épuisement. Les plus estimées sont celles d'Adria. Les pigeons pondent dix, et quelques-uns onze fois par an ; en Égypte, ils pondent même au solstice d'hiver. Les hirondelles, les merles, les ramiers et les tourterelles font deux pontes par année ; les autres n'en font ordinairement qu'une. Les grives construisent au sommet des arbres, et avec de la boue, leur nid, qui ressemble presqu'à un tissu, et font leur couvée avant le départ. Après l'accouplement, les œufs sont dix jours à mûrir dans l'ovaire de la mère. Les poules et les pigeons qui ont eu des plumes arrachées, ou qui ont été maltraités de quelque autre manière, tardent plus long-temps. Tous les œufs ont au milieu du jaune comme une goutte de sang, qu'on croit être le cœur de l'oiseau, parce qu'on est dans l'opinion que cette partie est la première formée dans tous les animaux : il est certain, du moins, que cette goutte dans l'œuf saute et palpite. L'animal lui-même se forme du blanc et se nourrit du jaune : tous, encore renfermés dans l'œuf, ont la tête plus grosse que tout le corps. Les yeux sont fermés et plus grands que la tête. A mesure que croît l'oiseau, le blanc passe au milieu, le jaune s'étend tout à l'entour. Le vingtième jour, si l'on remue l'œuf, on entend déjà crier le poussin vivant : dès-lors il commence à se couvrir de plumes. Sa situation est telle, que la tête pose sur le pied droit, et l'aile droite sur la tête. Le vitellus diminue peu à peu. Tous les oiseaux naissent par les pieds, à l'inverse

subjici vetant. Parere a bruma incipiunt. Optima fetura ante vernum æquinoctium. Post solstitium nata non implent magnitudinem justam, tantoque minus, quanto serius provenere.

Vitia, et remedia incubantium.

LXXV. 54. Ova incubari intra decem dies edita utilissimum : vetera aut recentiora infecunda. Subjici impari numero debent. Quarto die postquam cœpere incubari, si contra lumen cacumine ovorum adprehenso una manu, purus et uniusmodi perluceat color, sterilia existimantur esse, proque eis alia substituenda. Et in aqua est experimentum : inane fluitat : itaque sidentia, hoc est, plena, subjici volunt. Concuti vero experimento vetant, quoniam non gignant confusis vitalibus venis. Incubationi datur initium post novam lunam, quia prius inchoata non proveniant. Celerius excluduntur calidis diebus. Ideo æstate undevicesimo educunt fetum : hieme, xxv. Si incubitu tonuit, ova pereunt : et accipitris audita voce vitiantur. Remedium contra tonitrus,

des autres animaux. Certaines poules ne pondent que des œufs jumeaux, dont il éclôt, suivant Cornelius Celsus, deux poussins plus grands l'un que l'autre. Quelques-uns nient la naissance de ces poussins jumeaux. On défend de donner aux poules plus de vingt-cinq œufs à couver. Elles commencent à pondre après le solstice d'hiver. Les meilleures couvées se font avant l'équinoxe du printemps. Les poussins éclos après le solstice n'arrivent pas à leur juste grandeur, et ils y parviennent d'autant moins qu'ils sont nés plus tard.

Défauts des couveuses : comment y porter remède.

LXXV. 54. Les œufs qui n'ont pas plus de dix jours sont les meilleurs à faire couver ; vieux ou trop frais, ils sont inféconds. On doit les mettre sous la poule en nombre impair. Le quatrième jour après l'incubation commencée, si, ayant pris des œufs par les deux bouts et les opposant à la lumière, ils vous paraissent clairs et d'une seule couleur, ils sont stériles ; il faut en substituer d'autres. On les éprouve aussi dans l'eau : l'œuf clair surnage ; on donnera donc à la poule ceux qui vont au fond ou qui sont pleins. On défend, par expérience, de secouer les œufs, parce que, les principes de vie étant confondus, ils ne produisent rien. L'incubation doit commencer après la nouvelle lune ; avant, elle ne réussirait pas. Les œufs éclosent plus vite pendant les chaleurs : en été dix-neuf jours suffisent ; l'hiver, il eu faut vingt-cinq. Pendant l'incubation, le tonnerre fait périr les œufs ; le cri de l'épervier les gâte. Le remède

clavus ferreus sub stramine ovorum positus, aut terra
ex aratro. Quædam autem et citra incubitum sponte
naturæ gignunt, ut in Ægypti fimetis. Scitum de quodam reperitur, Syracusis tamdiu potare solitum, donec
cooperta terra fetum ederent ova.

Augustæ ex ovis augurium.

LXXVI. 55. Quin et ab homine perficiuntur. Livia
Augusta, prima sua juventa Tiberio Cæsare ex Nerone
gravida, quum parere virilem sexum admodum cuperet,
hoc usa est puellari augurio, ovum in sinu fovendo,
atque quum deponendum haberet, nutrici per sinum
tradendo, ne intermitteretur tepor. Nec falso augurata
proditur. Nuper inde fortasse inventum, ut ova in ca-
lido loco imposita paleis igne modico foverentur, homine versante, pariterque et stato die illinc erumperet
fetus. Traditur quædam ars gallinarii cujusdam, dicen-
tis quod ex quaque esset. Narrantur et mortua gallina
mariti earum visi succedentes invicem, et reliqua fetæ
more facientes, abstinentesque se a cantu. Super omnia
est anatum ovis subditis atque exclusis admiratio, primo
non plane agnoscentis fetum : mox incertos incubitus
sollicite convocantis : postremo lamenta circa piscinæ
stagna, mergentibus se pullis natura duce.

contre le tonnerre est un clou de fer, ou de la terre
détachée d'une charrue, qu'on place sous la paille du
nid. Il y a des œufs qui éclosent naturellement, sans
incubation, comme dans les fumiers de l'Égypte. On
connaît l'histoire d'un Syracusain qui avait coutume de
boire jusqu'à ce que des œufs couverts de terre fussent
éclos.

Augure tiré des œufs par une impératrice.

LXXVI. 55. L'homme même opère cette œuvre.
Dans sa première jeunesse, l'impératrice Livie, d'abord
femme de Tibérius Néron, et alors enceinte de Tibère,
désirant ardemment avoir un fils, recourut à cet augure
usité parmi les jeunes filles. Elle prit dans son sein un œuf
pour le couver; et, lorsqu'elle était obligée de le quitter,
elle le remettait à sa nourrice pour en prendre le même
soin, afin qu'il ne se refroidît pas. On rapporte qu'elle ne
fut point trompée par le présage. C'est de là, peut-être,
qu'est venue cette invention récente d'échauffer, par un
feu modéré, des œufs placés sur la paille dans un lieu
chaud lui-même; un homme les retourne de temps en
temps, et ils éclosent tous ensemble à jour marqué. On
cite l'habileté d'un nourrisseur de volailles qui, à l'in-
spection d'un œuf, disait par quelle poule il avait été
pondu. On raconte aussi qu'une poule étant morte, les
coqs prirent successivement sa place et remplirent toutes
les fonctions de mère, s'abstenant même de chanter.
Le spectacle le plus singulier est celui d'une poule à
qui l'on a fait couver des œufs de cane; d'abord, mé-

Quales gallinæ optimæ.

LXXVII. 56. Gallinarum generositas spectatur crista erecta, interdum gemina : pennis nigris, ore rubicundo, digitis imparibus, aliquando et super quatuor digitos transverso uno. Ad rem divinam, luteo rostro pedibusque, puræ non videntur : ad opertanea sacra, nigræ. Est et pumilionum genus non sterile in his, quod non in alio genere alitum, sed quibus certa fecunditas rara, et incubatio ovis noxia.

Morbi earum, et remedia.

LXXVIII. 57. Inimicissima autem omnium generi pituita, maximeque inter messis et vindemiæ tempus. Medicina in fame, et cubitus in fumo, utique si ex lauro, aut herba sabina fiat : penna per transversas inserta nares, et per omnes dies mota : cibus, allium cum farre, aut aqua perfusus, in qua maduerit noctua, aut cum semine vitis albæ coctus; et quædam alia.

connaissant les poussins qui en sont éclos , ensuite les
appelant avec une inquiétude qui trahit son embarras,
enfin se·lamentant sur le bord de l'étang, où, guidés
par la nature, ils vont se plonger.

Quelles sont les meilleures poules.

LXXVII. 56. On reconnaît une bonne poule à la
crête droite, et même double, au bec rouge, aux
doigts inégaux , quelquefois à un cinquième doigt placé
transversalement. Dans les pratiques religieuses, celles
qui ont le bec et les pieds jaunes ne sont pas réputées
pures : pour les mystères de la bonne Déesse on choisit
des poules noires. Il y a aussi une espèce naine qui n'est
pas stérile, ce qu'on ne voit dans aucun autre oiseau ;
mais rarement elles pondent à époque fixe, et leur incubation est nuisible aux œufs.

Maladies des poules , et leurs remèdes.

LXXVIII. 57. La maladie la plus funeste à l'espèce
est la pépie, principalement entre la moisson et la ven-
dange : les remèdes sont la diète et les fumigations de
laurier et de sabine sous le juchoir. On passe dans les
narines de l'oiseau une plume qu'on retourne tous les
jours ; on les nourrit avec de la farine mêlée d'ail, ou
détrempée dans une eau où l'on aura plongé une chouette,
ou cuite avec la semence de vigne blanche. Il y a encore
d'autres recettes.

Quando aves, et quot ova pariant. Ardeolarum genera.

LXXIX. 58. Columbæ proprio ritu osculantur ante coitum. Pariunt fere bina ova : ita natura moderante, ut aliis crebrior sit fetus, aliis numerosior. Palumbes et turtures plurimum terna : nec plus quam bis vere pariunt : atque ita, si prior fetus corruptus est : et quamvis tria pepererint, numquam plus duobus educunt. Tertium quod irritum est, urinum vocant. Palumbis incubat femina post meridiana in matutinum, cetero mas. Columbæ marem semper et feminam pariunt, priorem marem, postridie feminam. Incubant in eo genere ambo, interdiu mas, noctu femina. Excludunt vicesimo die. Pariunt a coitu quinto. Æstate quidem interdum binis mensibus terna educunt paria : nam decimo octavo die excludunt, statimque concipiunt. Quare inter pullos sæpe ova inveniuntur, et alii provolant, alii erumpunt. Ipsi deinde pulli quinquemestres fetificant. Et ipsæ autem inter se (si mas non sit) feminæ æque saliunt, pariuntque ova irrita, ex quibus nihil gignitur : quæ hypenemia Græci vocant.

59. Pavo a trimatu parit. Primo anno unum aut al-

Époques des pontes : nombre des œufs. Des diverses espèces
de hérons.

LXXIX. 58. Un usage particulier aux pigeons , c'est
de préluder , par des baisers, à des caresses plus in-
times. Ils pondent ordinairement deux œufs. La nature
a réglé la ponte, plus fréquente dans certaines espèces ,
plus nombreuse en d'autres. Les ramiers et les tourterelles donnent au plus trois œufs. Ils ne font que deux
pontes au printemps , encore faut-il que la première
couvée ait été détruite : eussent-ils pondu trois œufs ,
il n'en éclôt que deux ; le troisième , qui est infécond ,
se nomme œuf éventé. La femelle du ramier couve depuis midi jusqu'au lendemain matin, le mâle la remplace
le reste du temps. Les pigeons produisent toujours un
mâle et une femelle ; le mâle éclôt le premier, la femelle le surlendemain. Ils couvent tous les deux , le
mâle pendant le jour, la femelle pendant la nuit. Les
œufs éclosent le vingtième jour. La femelle pond cinq
jours après l'accouplement. En été ils font quelquefois
trois couvées en deux mois, car leurs œufs éclosent le
dix-huitième jour , et les femelles sont aussitôt fécondées ; aussi trouve-t-on souvent des œufs parmi les petits,
et voit-on des pigeonneaux s'envoler du nid, et en même
temps d'autres sortir de l'œuf. Les petits ensuite produisent au bout de cinq mois. Les femelles elles-mêmes,
privées de mâles, ne laissent pas de s'exciter entre elles,
et pondent des œufs clairs qui ne produisent rien : les
Grecs les appellent hypénémiens.

59. Le paon est fécond à trois ans. La première an-

terum ovum, sequenti quaterna quinave, ceteris duodena, non amplius, intermittens binos dies ternosve parit, et ter anno, si gallinis subjiciantur incubanda. Mares ea frangunt desiderio incubantium. Quapropter noctu et in latebris pariunt, aut in excelso cubantes : et nisi molli strato excepta, franguntur. Mares singuli quinis sufficiunt conjugibus. Quum singulæ aut binæ fuere, corrumpitur salacitate fecunditas. Partus excluditur diebus ter novenis, aut tardius tricesimo.

Anseres in aqua coeunt, pariunt vere : aut si bruma coivere, post solstitium, quadraginta prope. Bis anno, si priorem fetum gallinæ excludant : alias plurima ova sedecim : paucissima, septem. Si quis surripiat, pariunt donec rumpantur. Aliena non excludunt. Incubanda subjici utilissimum novem, aut undecim. Incubant feminæ tantum tricenis diebus : si vero tepidiores sint, viginti quinque. Pullis eorum urtica contactu mortifera, nec minus aviditas, nunc satietate nimia, nunc suamet vi : quando adprehensa radice, morsu sæpe conantes avellere, ante colla sua abrumpunt. Contra urticam remedium est, stramento ab incubitu subdita radix earum.

60. Ardeolarum tria genera : leucon, asterias, pellos.

née il pond un ou deux œufs, la seconde, quatre ou cinq, les autres, douze, jamais plus, à deux ou trois jours d'intervalle, et trois fois l'année si l'on fait couver ses œufs par une poule. Les mâles brisent les œufs pour jouir de la couveuse : c'est pourquoi la femelle pond de nuit et dans un lieu retiré, ou même dans les endroits élevés où elle est perchée, et l'œuf se brise si on ne le reçoit sur un lit de paille. Chaque mâle suffit à cinq femelles; lorsqu'il n'en a qu'une ou deux, il trouble, par sa lasciveté, l'œuvre de la génération. Les œufs éclosent le vingt-septième jour, ou le trentième au plus tard.

Les oies s'accouplent dans l'eau ; elles pondent au printemps, ou environ quarante jours après le solstice, quand elles s'accouplent l'hiver. Elles pondent deux fois si l'on fait couver leurs premiers œufs par des poules, autrement elles en donnent seize au plus et sept au moins. Si on leur dérobe leurs œufs, elles pondent jusqu'à ce qu'elles soient épuisées. Elles ne font point éclore des œufs étrangers. Le mieux est de leur donner neuf ou onze œufs à couver. Les femelles seules couvent pendant trente jours, et pendant vingt-cinq si elles sont plus échauffées. Le contact de l'ortie est mortel pour leurs petits; leur avidité ne l'est pas moins, soit par l'excès de nourriture, soit par les efforts qu'ils font souvent, saisissant une racine, ils se brisent le cou en essayant de l'arracher. Le remède contre l'ortie est la racine même de la plante, mise sous la paille de leur nid.

60. Il y a trois sortes de hérons : le blanc, l'étoilé,

Hi in coitu anguntur. Mares quidem cum vociferatu sanguinem etiam ex oculis profundunt. Nec minus ægre pariunt gravidæ. Aquila tricenis diebus incubat, et fere majores alites : minores vicenis, ut milvus et accipiter. Singulos fere parit, numquam plus ternos : is qui ægolios vocatur, quaternos; corvus aliquando et quinos : incubant totidem diebus. Cornicem incubantem mas pascit. Pica novenos : melancoryphus supra vicenos parit, semper numero impari : nec alia plures : tanto fecunditas major parvis. Hirundini cæci primo pulli, et fere omnibus quibus numerosior fetus.

Quæ ova hypenemia : quæ cynosura : quomodo optime serventur ova.

LXXX. Irrita ova, quæ hypenemia diximus, aut mutua feminæ inter se libidinis imaginatione concipiunt, aut pulvere : nec columbæ tantum, sed et gallinæ, perdices, pavones, anseres, chenalopeces. Sunt autem sterilia, et minora, ac minus jucundi saporis, et magis humida. Quidam et vento putant ea generari : qua de causa etiam zephyria appellantur. Hæc autem, vere tantum fiunt, incubatione derelicta, quæ alii cynosura dixere. Ova aceto macerata in tantum emolliuntur, ut

le cendré. Ces oiseaux éprouvent de grandes douleurs dans l'accouplement. Les mâles jettent des cris, le sang même leur sort par les yeux. Les femelles ne souffrent pas moins lorsqu'elles pondent. L'aigle couve pendant trente jours, comme presque tous les grands oiseaux ; ceux qui sont moins grands, tels que le milan et l'épervier, vingt jours. L'aigle ne fait guère qu'un petit, jamais plus de trois ; l'oiseau qu'on appelle ægolios, quatre ; et le corbeau quelquefois cinq : ils couvent un nombre égal de jours. Lorsque la corneille couve, le mâle la nourrit. La pie produit neuf œufs ; le mélancoryphe, plus de vingt, et toujours en nombre impair : aucun autre oiseau n'en fait davantage, tant la fécondité est plus grande dans les petites espèces ! Les petits de l'hirondelle, et ceux de presque toutes les espèces qui produisent beaucoup, ne voient pas dans les premiers jours.

OEufs éventés : œufs dits cynosures ; procédé pour garder les œufs.

LXXX. Les œufs clairs, que nous avons nommés hypénémiens, sont pondus par les femelles qui s'excitent entre elles par une image de l'accouplement, ou en se roulant dans la poussière ; ce qui arrive non-seulement chez les pigeons, mais aussi chez les poules, les perdrix, les paons, les oies, les chénalopèces. Ces œufs sont stériles, plus petits, moins agréables au goût et plus humides. Quelques auteurs pensent qu'ils sont engendrés par le vent : c'est pourquoi on les nomme aussi zéphyriens. On ne trouve qu'au printemps, et lorsqu'une couvaison a été

per annulos transeant. Servari ea in lomento, aut hieme in paleis, æstate in furfuribus, utilissimum. Sale exinaniri creduntur.

Quæ volucrum sola animal pariat, et lacte nutriat.

LXXXI. 61. Volucrum animal parit vespertilio tantum, cui et membranaceæ pinnæ uni. Eadem sola volucrum lacte nutrit : ubera admovet. Parens geminos volitat amplexa infantes, secumque portat. Eidem coxendix una traditur, et in cibatu culices gratissimi.

Quæ terrestrium ova pariant. Serpentium genera.

LXXXII. 62. Rursus in terrestribus ova pariunt serpentes : de quibus nondum dictum est. Coeunt complexu, adeo circumvolutæ sibi ipsæ, ut una existimari biceps possit. Viperæ mas caput inserit in os, quod illa abrodit voluptatis dulcedine. Terrestrium eadem sola intra se parit ova unius coloris et mollia, ut pisces. Tertia die intra uterum catulos excludit : deinde singulos singulis diebus parit, viginti fere numero. Itaque ceteræ tarditatis impatientes, perrumpunt latera, occisa

abandonnée, les œufs que d'autres ont appelés cynosures. Macérés dans le vinaigre, les œufs s'amollisent au point de passer par un anneau. Le meilleur moyen de les conserver, c'est de les mettre dans la farine de fèves, ou sur la paille pendant l'hiver, et dans le son l'été. On croit que dans le sel ils se vident entièrement.

Nom du seul oiseau qui soit vivipare et qui allaite.

LXXXI. 61. La chauve-souris est le seul oiseau vivipare, le seul dont les ailes soient formées d'une membrane, le seul qui ait des mamelles et qui allaite ses petits, au nombre de deux. La mère voltige en les tenant embrassés, et les transporte avec elle. On dit qu'elle n'a qu'un os au bassin. Elle est très-friande de moucherons.

Animaux terrestres ovipares. Diverses espèces de serpens.

LXXXII. 62. Parmi les animaux terrestres, les serpens aussi produisent des œufs ; je n'en ai point encore parlé. Ils s'accouplent en s'embrassant, tellement entortillés ensemble, qu'on croirait voir un seul serpent à deux têtes. Le mâle de la vipère introduit sa tête dans la gueule de la femelle, qui la ronge dans le transport du plaisir. Seule des animaux terrestres elle produit en elle-même des œufs d'une seule couleur, et mous comme ceux des poissons. Le troisième jour ils éclosent dans son corps, puis elle en enfante un par jour, jusqu'au nombre de vingt. Les derniers, impatiens de sortir, percent les flancs

parente. Ceteræ serpentes contexta ova in terra incubant, et fetum sequente excludunt anno. Crocodili vicibus incubant, mas et femina. Sed reliquorum quoque terrestrium reddatur generatio.

Terrestrium omnium generatio.

LXXXIII. 63. Bipedum solus homo animal gignit. Homini tantum primi coitus pœnitentia, augurium scilicet vitæ a pœnitenda origine. Ceteris animalibus stati per tempora anni concubitus : homini (ut dictum est) omnibus horis dierum noctiumque. Ceteris satietas in coitu, homini prope nulla. Messalina Claudii cæsaris conjux, regalem existimans palmam, elegit in id certamen nobilissimam e prostitutis ancillam mercenariæ stipis, eamque nocte ac die superavit, quinto atque vicesimo concubitu. In hominum genere maribus diverticula veneris excogitata, omnia scelere naturæ : feminis vero abortus. Quantum in hac parte multo nocentiores quam feræ sumus? Viros avidiores veneris hieme, feminas æstate, Hesiodus prodidit.

Coitus aversis elephantis, camelis, tigribus, lyncibus, rhinoceroti, leoni, dasypodi, cuniculis, quibus aversa genitalia. Cameli etiam solitudines, aut secreta certe petunt : neque intervenire datur sine pernicie. Coitus tota

et donnent la mort à la mère. Les autres serpens couvent à terre leurs œufs attachés ensemble : ils éclosent l'année suivante. Dans l'espèce du crocodile , le mâle et la femelle couvent alternativement. Mais faisons aussi connaître la génération des autres animaux terrestres.

Mode de reproduction de tous les animaux terrestres.

LXXXIII. 63. De tous les bipèdes, l'homme est le seul vivipare. L'homme seul se repent la première fois qu'il connaît la femme : ainsi le présage de la vie est un repentir ! Les autres animaux ont des saisons déterminées pour l'union des sexes; l'homme, ainsi que je l'ai dit , peut se reproduire à toutes les heures du jour et de la nuit. Chez les autres , la jouissance amène la satiété; l'homme est presque insatiable. Messaline, femme de l'empereur Claude, estimant cette palme digne d'une impératrice, choisit pour rivale une esclave mercenaire, la plus fameuse des prostituées, et triompha d'elle en soutenant vingt-cinq assauts dans l'espace d'un jour et d'une nuit. Dans l'espèce humaine, il était réservé à un sexe d'imaginer des plaisirs qui trompent la nature en l'outrageant, et à l'autre les avortemens. Combien nous sommes en ce genre plus coupables que les brutes ! Hésiode a écrit que les hommes sont plus ardens l'hiver, et les femmes l'été.

L'accouplement a lieu croupe à croupe chez les éléphans, les chameaux, les tigres, les lynx, le rhinocéros, le lion , le dasypode, les lapins, qui ont les parties de la génération dirigées en arrière. De plus, les chameaux

die : et his tantum ex omnibus, quibus solida ungula. In quadrupedum genere mares olfactus accendit. Avertuntur et canes, phocæ, lupi, in medioque coitu, invitique etiam cohærent. Supra dictorum plerisque feminæ priores superveniunt, reliquis mares. Ursi autem, ut dictum est, humanitus strati, herinacei stantes ambo inter se complexi : feles mare stante, femina subjacente : vulpes in latera projectæ, maremque femina amplexa. Taurorum cervorumque feminæ vim non tolerant : ea de causa ingrediuntur in conceptu. Cervi vicissim ad alias transeunt, et ad priores redeunt. Lacertæ, ut ea quæ sine pedibus sunt, circumplexu venerem novere.

Omnia animalia quo majora corpore, hoc minus fecunda sunt. Singulos gignunt elephanti, cameli, equi : acanthis duodenos, avis minima. Ocyssime pariunt, quæ plurimos gignunt. Quo majus est animal, tanto diutius formatur in utero. Diutius gestantur, quibus longiora sunt vitæ spatia. Neque crescentium tempestiva ad generandum ætas. Quæ solidas habent ungulas, singulos : quæ bisulcas, et geminos pariunt. Quorum in digitos

recherchent les solitudes, ou du moins les lieux écartés, et l'on ne saurait les y troubler sans danger. Leur accouplement dure un jour entier, ce qui n'arrive qu'à eux parmi tous les solipèdes. Dans la classe des quadrupèdes, l'odeur de la femelle excite le mâle : les chiens, les phoques, les loups se retournent au milieu de l'accouplement, et restent attachés ensemble, même malgré eux. Dans la plupart des espèces que j'ai nommées, les femelles les premières viennent sur le mâle ; dans les autres, ce sont les mâles. Les ours, comme il a été dit, s'accouplent couchés à la manière de l'homme ; les hérissons, tous deux debout et se tenant embrassés ; les chats, le mâle debout et la femelle étendue sous lui ; les renards, couchés sur le côté, la femelle embrassant le mâle. Les vaches ni les biches ne peuvent soutenir les assauts du mâle : voilà pourquoi elles marchent au moment de la conception. Les cerfs passent successivement à différentes biches, puis reviennent aux premières. Les lézards, comme les animaux sans pieds, s'accouplent en s'entortillant.

Tous les animaux sont d'autant moins féconds, qu'ils sont plus grands. Les éléphans, les chameaux, les chevaux ne produisent qu'un petit ; le chardonneret, fort petit oiseau, en produit douze. Ceux qui multiplient le plus enfantent le plus vite. Plus un animal est grand, plus il est de temps à se former dans le ventre de la mère. Les espèces qui ont une plus longue vie ont la gestation plus longue. L'animal, non plus, n'est point propre à engendrer qu'il n'ait pris son accroissement. Les solipèdes ne font qu'un petit ; ceux qui ont les pieds fourchus

pedum fissura divisa est, ea numerosiora in fetu. Sed superiora omnia perfectos edunt partus, hæc inchoatos : in quo sunt genere leænæ, ursæ : et vulpes informia etiam magis, quam supradicta, parit : rarumque est videre parientem. Postea lambendo calefaciunt fetus omnia ea, et figurant. Pariunt plurimum quaternos.

Cæcos autem gignunt canes, lupi, pantheræ, thoes. Canum plura genera. Laconicæ octavo mensæ utrimque generant. Ferunt sexaginta diebus, et plurimum tribus. Ceteræ canes et semestres coitum patiuntur. Implentur omnes uno coitu. Quæ ante justum tempus concepere, diutius cæcos habent catulos, nec omnes totidem diebus. Existimantur in urina attollere crus fere semestres : id est signum consummati virium roboris : feminæ hoc idem sidentes. Partus duodeni, quibus numerosissimi : cetero quini, seni, aliquando singuli, quod prodigiosum putant, sicut omnes mares, aut omnes feminas gigni. Primos quoque mares pariunt : in ceteris alternant. Incuntur a partu sexto mense. Octonos Laconicæ pariunt. Propria in eo genere maribus labore salacitas. Vivunt Laconici annis denis, feminæ duodenis : cetera genera quindenos annos, aliquando et vicenos : nec tota sua ætate generant, fere a duodecimo desinentes. Felium et ichneumonum reliqua, ut canum. Vivunt annis senis.

en font deux. Les portées des fissipèdes sont plus nombreuses. Les premiers produisent leurs petits tout conformés, ceux-ci ne les produisent qu'ébauchés : dans cette
classe sont les lionnes et les ourses. Les petits du renard
sont encore plus informes, et il est rare de surprendre
la femelle au moment où elle met bas. Ces animaux, en
léchant leurs petits, les échauffent et leur donnent une
forme. Ils en font quatre au plus.

Les loups, les chiens, les panthères, les thos font
leurs petits aveugles. Il y a plusieurs espèces de chiens :
ceux de Laconie, mâles et femelles, sont féconds à huit
mois. Les femelles portent soixante ou soixante-trois jours
au plus ; les autres chiennes reçoivent le mâle à six mois :
un seul accouplement suffit pour une portée. Celles qui
ont été couvertes avant l'âge convenable gardent leurs
petits plus long-temps aveugles, mais tous ne le sont
pas un égal nombre de jours. On croit qu'à six mois les
mâles lèvent la cuisse pour uriner, ce qui est l'indice de
l'entier développement de leurs forces ; les femelles s'ac-
croupissent. Les portées les plus nombreuses sont de
douze, ordinairement de cinq, de six, quelquefois d'un
seul, ce qui passe pour un prodige, comme lorsque
les petits sont tous mâles ou tous femelles. Les premières
portées ne donnent que des mâles, dans les suivantes
il y a des mâles et des femelles. Les mères sont couvertes six mois après le part. Les chiennes de Laconie font huit petits. Une particularité dans cette race,
c'est que la fatigue rend les mâles plus ardens. Ces
derniers vivent dix ans, et les femelles douze ; dans les
autres espèces ils vivent quinze et quelquefois vingt ans.

Dasypodes omni mense pariunt, et superfetant, sicut lepores. A partu statim implentur. Concipiunt, quamvis ubera siccante fetu. Pariunt vero cæcos. Elephanti, ut diximus, pariunt singulos, magnitudine vituli trimestris. Cameli duodecim mensibus ferunt : trimatu pariunt vere, iterumque post annum implentur a partu. Equas autem post tertium diem, aut post unum ab enixu utiliter admitti putant, coguntque invitas. Et mulier septimo die concipere facillime creditur. Equarum jubas tondere præcipiunt, ut asinorum in coitu patiantur humilitatem : comantes enim gloria superbire. A coitu solæ animalium currunt ex adverso aquilone austrove, prout marem aut feminam concepere. Colorem illico mutant rubriore pilo, vel quicumque sit, pleniore : hoc argumento desinunt admittere, etiam nolentes. Nec impedit partus quasdam ab opere, falluntque gravidæ. Vicisse Olympia prægnantem Echecratidis Thessali invenimus. Equos, et canes, et sues initum matutinum adpetere, feminas autem post meridiem blandiri diligentiores tradunt. Equas domitas lx diebus equire, antequam gregales : sues tantum coitu spumam ore fundere : verrem subantis audita voce, nisi admittatur, cibum non capere

Ils n'engendrent pas pendant toute la durée de leur vie ; ils cessent à peu près à la douzième année. Pour tout le reste, le chat et l'ichneumon ne diffèrent pas du chien. Ils vivent six ans.

Les femelles des dasypodes mettent bas tous les mois, et sont sujettes à la superfétation comme les hases. Aussitôt après le part elles redeviennent pleines. Elles conçoivent même dans le temps où leurs petits épuisent leur lait. Ceux-ci naissent les yeux fermés. Les éléphans, comme nous l'avons dit, ne produisent qu'un petit, de la grandeur d'un veau de trois mois. La femelle du chameau porte un an ; elle conçoit à trois ans, met bas au printemps, et redevient pleine au bout d'un an. On pense qu'il est bon de faire couvrir les jumens trois jours, ou même un jour après qu'elles ont pouliné ; on les force à souffrir l'approche du mâle. On croit que la femme elle-même conçoit très-facilement le septième jour après l'accouchement. On recommande de couper le crin des jumens pour qu'elles consentent à supporter la honte de s'allier avec l'âne, car cette parure les rend fières et orgueilleuses. Seules de tous les animaux, après qu'elles ont été couvertes, elles courent vers le nord ou le midi, selon qu'elles ont conçu un mâle ou une femelle. Aussitôt elles changent de couleur, le poil devient plus rouge, ou plus foncé s'il est d'une couleur différente : on reconnaît alors qu'elles ne souffrent plus les approches du mâle ; aussi le refusent-elles avec obstination. Le part ne les empêche pas toutes de travailler, et quelquefois on ne s'aperçoit pas qu'elles soient pleines. Nous lisons que la jument du Thessalien Échécratide, étant pleine,

usque in maciem : feminas autem in tantum efferari, ut hominem lacerent, candida maxime veste indutum. Rabies ea aceto mitigatur naturæ asperso. Aviditas coitus putatur et cibis fieri : sicut viro eruca, pecori cæpa. Quæ ex feris mitigentur, non concipere, ut anseres : apros vero tarde, et cervos, nec nisi ab infantia educatos, mirum est. Quadrupedum prægnantes venerem arcent, præter equam et suem. Sed superfetant dasypus et lepus tantum.

Quæ sit animalium in uteris positio.

LXXXIV. 64. Quæcumque animal pariunt, in capita gignunt circumacto sub enixum fetu : alias in utero porrecto. Quadrupedes gestantur extensis ad longitudinem cruribus, et ad alvum suam applicatis : homo in semet conglobatus, inter duo genua naribus sitis. Molas, de qui-

remporta le prix aux courses d'Olympie. Les chevaux, les porcs, les chiens recherchent les femelles le matin ; l'après-midi ce sont les femelles qui cherchent les mâles, à ce que disent les observateurs les plus exacts. Des jumens domptées entrent en chaleur soixante jours avant celles qu'on nourrit en troupeaux Les porcs seuls écument dans l'accouplement ; un verrat qui entend le cri d'une truie en chaleur s'abstient de nourriture, au point de maigrir s'il ne peut en jouir ; et les truies deviennent si furieuses qu'elles déchirent les hommes, surtout ceux qui sont vêtus de blanc. On apaise cette rage en leur arrosant les parties génitales avec du vinaigre. On prétend que certains alimens provoquent à l'amour ; que l'eruca (roquette) produit cet effet sur l'homme, et l'ognon sur le menu bétail. Un fait surprenant, c'est que des animaux sauvages qu'on apprivoise, comme les oies, ne produisent pas, et que les sangliers et les cerfs n'engendrent que fort tard, encore faut-il qu'on les ait élevés tout jeunes. Les femelles des quadrupèdes, une fois pleines, refusent le mâle, excepté la jument et la truie. Le dasypode et le lièvre sont les seuls sujets à la superfétation.

Position des animaux dans l'utérus.

LXXXIV. 64. Tous les animaux vivipares naissent la tête la première, car le fétus se retourne lorsque le terme approche ; jusqu'alors il est étendu dans la matrice. Les quadrupèdes, tant qu'ils sont dans le corps de la mère, ont les jambes allongées et appliquées contre leur ventre. L'homme est replié en boule, le nez entre les

bus ante diximus, gigni putant, ubi mulier non ex mare, verum ex semetipsa tantum conceperit : ideo nec animari, quia non sit ex duobus : altricemque habere per se vitam illam, quæ satis arboribusque contingat.

65. Ex omnibus, quæ perfectos fetus, sues tantum et numerosos edunt : item plures, contra naturam solidipedum, aut bisulcorum.

Quorum animalium origo adhuc incerta sit.

LXXXV. Super cuncta est murium fetus, haud sine cunctatione dicendus, quamquam sub auctore Aristotele et Alexandri Magni militibus. Generatio eorum lambendo constare, non coitu, dicitur : ex una genitos cxx tradiderunt : apud Persas vero, prægnantes et in ventre parentis repertas. Et salis gustatu fieri prægnantes opinantur. Itaque desinit mirum esse, unde vis tanta messes populetur murium agrestium : in quibus illud quoque adhuc latet, quonam modo illa multitudo repente occidat. Nam nec exanimes reperiuntur, neque exstat qui murem hieme in agro effoderit. Plurimi ita ad Troadem proveniunt : et jam inde fugaverunt incolas. Proventus eorum siccitatibus : tradunt etiam obituris vermiculum in capite gigni. Ægyptiis muribus durus pilus, sicut

genoux. On croit que les moles, dont nous avons parlé précédemment, se forment lorsque la femme, sans communication avec l'homme, conçoit d'elle-même; qu'elles ne s'animent point, parce qu'elles ne résultent pas du concours des deux sexes, et qu'elles n'ont par elles-mêmes que la vie végétative des plantes et des arbres.

65. De tous les animaux dont les petits naissent tout conformés, les truies seules donnent des portées nombreuses, et même plusieurs dans l'année, ce qui est contre la nature des solipèdes et des quadrupèdes à pieds fourchus.

Animaux dont l'origine est encore incertaine.

LXXXV. Ce qui doit le plus nous étonner, c'est la fécondité des rats, et ce n'est pas sans hésiter que j'en parlerai, quoique j'aie pour garans Aristote et les soldats d'Alexandre-le-Grand. On rapporte comme un fait certain que ces animaux se reproduisent en se léchant, et non par la copulation ; qu'une seule mère a produit cent vingt petits ; que, même chez les Perses, on a trouvé dans le corps d'une mère des petits prêts à mettre bas. On croit aussi que cette espèce conçoit en goûtant du sel : alors il n'est plus surprenant qu'un nombre si prodigieux de mulots dévastent nos moissons. On ne sait même point encore comment cette multitude immense disparaît tout à coup; car on n'aperçoit point leurs corps, et personne n'a jamais trouvé de mulots en fouillant la terre pendant l'hiver. Il en naît quelquefois des quantités innombrables dans la Troade, et même ils ont une fois chassé les habitans. C'est dans les sécheresses qu'ils

herinaceis. Iidem bipedes ambulant, ceu Alpini quoque. Quum diversi generis coivere animalia, ita demum generant, si tempus nascendi par habent. Quadrupedum ova gignentium lacertas ore parere (ut creditur vulgo) Aristoteles negat : neque incubant eaedem, oblitae quo sint in loco enixae, quoniam huic animali nulla memoria. Itaque per se catuli erumpunt.

De salamandris.

LXXXVI. 66. Anguem ex medulla hominis spinae gigni, accipimus a multis. Pleraque enim occulta et caeca origine proveniunt, etiam in quadrupedum genere :

67. Sicut salamandra, animal lacerti figura, stellatum, numquam, nisi magnis imbribus, proveniens, et serenitate deficiens. Huic tantus rigor, ut ignem tactu restinguat, non alio modo, quam glacies. Ejusdem sanie, quae lactea ore vomitur, quacumque parte corporis humani contacta, toti defluunt pili : idque quod contactum est, colorem in vitiliginem mutat.

pullulent le plus. On dit aussi que sur la fin de leur vie il s'engendre dans leur tête un petit ver. Les rats d'Égypte ont le poil dur comme les hérissons. Ils marchent à deux pieds, comme ceux des Alpes. Quand des animaux d'espèces diverses se sont accouplés, ils ne produisent qu'autant que la durée de la gestation est la même pour les deux. Parmi les quadrupèdes ovipares, les lézards pondent par la gueule, à ce que croit le vulgaire, mais Aristote le nie. Ces animaux ne couvent pas leurs œufs, oubliant en quel lieu ils les ont déposés, parce qu'ils n'ont aucune mémoire : ainsi les petits éclosent tout seuls.

Des salamandres.

LXXXVI. 66. Nous apprenons de plusieurs auteurs qu'il s'engendre un serpent de la moelle épinière de l'homme. Certes, la plupart des générations s'opèrent d'une manière occulte et inconnue, même dans la classe des quadrupèdes.

67. La salamandre en offre un exemple : sa forme est celle du lézard ; son corps est étoilé. Elle ne paraît jamais que dans les grandes pluies ; elle disparaît dans le beau temps : elle est si froide que, par son contact, elle éteint le feu comme ferait la glace. L'écume blanche comme du lait qu'elle jette par la gueule, fait tomber le poil de toutes les parties du corps humain qu'elle touche, et laisse sur la partie touchée une tache blanchâtre.

Quæ nascantur ex non genitis. Quæ nata nihil gignant : in quibus
neuter sexus sit.

LXXXVII. 68. Quædam vero gignuntur ex non genitis, et sine ulla simili origine, ut supra dicta : et
quæcumque tempus anni generat. Ex iis quædam nihil
gignunt, ut salamandræ. Neque est iis genus masculi-
num femininumve : sicut neque in anguillis, omnibusque quæ nec animal, nec ovum ex sese generant. Neutrum est et ostreis genus, et ceteris adhærentibus vado
vel saxo. Quæ autem per se generantur, si in mares ac
feminas descripta sunt, generant quidem aliquid coitu,
sed imperfectum et dissimile, et ex quo nihil amplius
gignatur, ut vermiculos muscæ. Id magis declaravit natura eorum, quæ insecta dicuntur, arduæ explanatio-
nis omnia, et privatim dicato opere narranda. Quapropter ingenium prædictorum, et reliqua subtexetur
edissertatio.

De sensibus animalium. Tactum omnibus esse : item gustatum.
Quibus visus præcipuus : quibus odoratus : quibus auditus : de
talpis. An ostreis auditus.

LXXXVIII. 69. Ex sensibus ante cetera homini tactus,
dein gustatus : reliquis superatur a multis. Aquilæ clarius cernunt : vultures sagacius odorantur : liquidius

Des animaux qui doivent la naissance à des êtres qui ne l'ont point reçue. De ceux qui ne se reproduisent point. De ceux qui n'ont point de sexes.

LXXXVII. 68. Certains animaux sont produits par des êtres non engendrés, et leur origine n'a rien de semblable à celle des espèces déjà nommées, dont une saison de l'année amène la naissance. Quelques-uns ne produisent rien, comme les salamandres. Elles ne sont ni mâles ni femelles, non plus que les anguilles, et tous les animaux qui ne sont ni vivipares ni ovipares. On ne distingue pas non plus de sexe dans les huîtres ni dans les autres coquillages qui vivent attachés au fond de la mer ou aux rochers. Quant aux animaux qui s'engendrent par eux-mêmes, s'ils sont divisés en mâles et en femelles, ils produisent en s'accouplant, mais un être imparfait, d'une forme différente, et qui n'est plus apte à la reproduction, comme les vers qui naissent des mouches : c'est ce qui se voit plus clairement dans les insectes, dont la nature, si difficile à expliquer, sera exposée dans un livre particulier. Ainsi nous allons achever ce qui nous reste à dire sur l'instinct et l'organisation des animaux dont nous avons parlé.

Organes des sens chez les animaux. Universalité du toucher et du goût. Quels êtres excellent, soit par la vue, soit par l'odorat, soit par l'ouïe. Des taupes. Les huîtres entendent-elles ?

LXXXVIII. 69. L'homme excelle par le sens du toucher, ensuite par celui du goût ; les autres sont plus parfaits chez beaucoup d'animaux. L'aigle a la vue plus

audiunt talpæ obrutæ terra , tam denso atque surdo naturæ elemento. Præterea voce omnium in sublime tendente sermonem exaudiunt: et si de iis loquare , intelligere etiam dicuntur, et profugere. Auditus cui hominum primo negatus est , huic et sermonis usus ablatus : nec sunt naturaliter surdi , ut non iidem sint et muti. In marinis, ostreis auditum esse , non est verisimile : sed ad sonum mergere se dicuntur solenes. Ideo et silentium in mari piscantibus.

Qui ex piscibus clarissime audiant.

LXXXIX. 70. Pisces quidem auditus nec membra habent, nec foramina : audire tamen eos palam est : ut patet, quum plausu congregari feros ad cibum adsuetudine in quibusdam vivariis spectetur : et in piscinis Cæsaris genera piscium ad nomen venire, quosdamque singulos. Itaque produntur etiam clarissime audire, mugil, lupus, salpa, chromis, et ideo in vado vivere.

perçante, le vautour l'odorat plus subtil : l'ouïe est plus fine dans les taupes, qui vivent enfoncées sous la terre, le plus dense et le plus sourd des élémens. Encore que le son monte toujours, elles entendent ce qu'on dit; et, si l'on parle d'elles, on prétend qu'elles le comprennent et qu'elles s'enfuient. Dans l'espèce humaine, celui à qui la nature a refusé le sens de l'ouïe a été privé en même temps de l'usage de la parole, et il n'y a point de sourd de naissance qui ne soit en même temps muet. Parmi les animaux marins, les huîtres n'ont vraisemblablement pas le sens de l'ouïe : on assure toutefois qu'au moindre bruit les solènes plongent; aussi, en mer, le silence est-il nécessaire aux pêcheurs.

Quels poissons entendent le mieux.

LXXXIX. 70. Les poissons n'ont ni l'organe de l'ouïe, ni ouverture extérieure; cependant il est certain qu'ils entendent : la preuve, c'est que dans quelques viviers on les accoutume à se rassembler, quand on frappe des mains, pour recevoir leur nourriture. Dans les réservoirs de César, tous les poissons d'une même espèce accourent lorsqu'on les appelle; il en est même qui viennent seuls à leur nom : aussi assure-t-on que le muge, le loup, la saupe, le chromis entendent très-bien, et que c'est par cette raison qu'ils vivent sur les bas-fonds.

Qui ex piscibus maxime odorentur.

XC. Olfactum iis esse manifeste patet: quippe non omnes eadem esca capiuntur : et prius, quam adpetant, odorantur. Quosdam et speluncis latentes, salsamento illitis faucibus scopuli piscator expellit, veluti sui cadaveris agnitionem fugientes. Conveniuntque ex alto etiam ad quosdam odores, ut sepiam ustam, et polypum : quæ ideo conjiciuntur in nassas. Sentinæ quidem navium odorem procul fugiunt : maxime tamen piscium sanguinem. Non potest petris avelli polypus : idem cunila admota, ab odore protinus resilit. Purpuræ quoque fœtidis capiuntur. Nam de reliquo animalium genere quis dubitet? Cornus cervini odore serpentes fugantur, sed maxime styracis : origani, aut calcis, aut sulphuris formicæ necantur. Culices acida petunt, ad dulcia non advolant.

71. Tactus sensus omnibus est, etiam quibus nullus alius : nam et ostreis ; et terrestrium, vermibus quoque.

Diversitas animalium in pastu.

XCI. Existimaverim omnibus sensum et gustatus esse : cur enim alios alia sapores adpetant? in quo vel præci-

Chez quels poissons l'odorat est le plus subtil.

XC. Il est évident qu'ils ont l'odorat, car ils ne se prennent pas tous à la même amorce, et avant de la saisir ils la flairent. Quelques-uns se cachent dans des trous, dont le pêcheur les force à sortir en frottant l'entrée de leur retraite avec du poisson salé ; ils s'enfuient comme s'ils reconnaissaient les cadavres de leurs semblables. On les voit même accourir de la haute mer à certaines odeurs, comme celle de la sèche brûlée et du polype : c'est pourquoi l'on met de cette amorce dans les nasses. Ils fuient l'odeur de la sentine des vaisseaux, mais encore plus le sang de poisson. Il n'est pas possible d'arracher le polype des rochers ; mais l'odeur de la cunile lui fait lâcher prise à l'instant. Les pourpres se prennent aussi à des amorces fétides. A l'égard des autres animaux, qui peut en douter ? L'odeur de la corne de cerf, et plus encore celle du styrax, met les serpens en fuite ; l'odeur de l'origan, de la chaux vive et du soufre, tue les fourmis. Les moucherons cherchent les acides, et n'approchent point des choses qui sont douces.

71. Le sens du toucher est commun à tous les animaux, même à ceux qui sont privés de tous les autres ; car il se trouve jusque dans les huîtres et dans les vers de terre.

Diversité des animaux dans le choix des alimens.

XCI. Je croirais aussi que le sens du goût appartient à tous ; car pourquoi toutes les espèces n'ont-elles

pua naturæ architectæ vis. Alia dentibus prædantur,
alia unguibus, alia rostri aduncitate carpunt, alia latitudine ruunt, alia acumine excavaut, alia sugunt, alia
lambunt, sorbent, mandunt, vorant. Nec minor varietas
in pedum ministerio, ut rapiant, distrahant, teneant,
premant, pendeant, tellurem scabere non cessent.

Quæ venenis vivant.

XCII. 72. Venenis capreæ, et coturnices (ut diximus)
pinguescunt, placidissima animalia : at serpentes ovis,
spectanda quidem draconum arte : aut enim solida hau-
riunt, si jam fauces capiunt, quæ deinde in semet con-
voluti frangunt intus, atque ita putamina extussiunt :
aut si tenerior est catulis adhuc ætas, orbe adprehensa
spiræ, ita sensim vehementerque præstringunt, ut am-
putata parte, ceu ferro, reliquam quæ amplexu tenetur
sorbeant. Simili modo avibus devoratis solidis, conten-
tione plumam excitam revomunt.

Quæ terra : quæ fame aut siti non intereant.

XCIII. Scorpiones terra vivunt. Serpentes, quum oc-

pas les mêmes appétits ? Et c'est en quoi la nature, qui a formé toutes choses, fait surtout éclater sa puissance. Les uns saisissent leur proie avec les dents , les autres avec leurs ongles ; quelques-uns, selon que leur bec est crochu, large ou pointu, déchirent, arrachent ou creusent ; d'autres sucent, lèchent, hument, mâchent, dévorent. Il n'y a pas moins de variétés dans l'usage qu'ils font de leurs pieds pour saisir, déchirer, tenir, serrer, se suspendre, et gratter continuellement la terre.

Noms des animaux qui vivent de poisons.

XCII. 72. Les chèvres et les cailles, animaux fort paisibles, s'engraissent de plantes vénéneuses, comme nous l'avons dit. Les serpens mangent les œufs avec la même adresse que les dragons; car, si leur gosier est assez large, ils les avalent entiers, puis, se repliant sur eux-mêmes, ils les cassent dans leur estomac, et rejettent les coquilles : si au contraire, par le manque des années, ils ne peuvent avaler l'œuf, ils s'entortillent autour, le compriment peu à peu, et avec tant de force, qu'en ayant coupé le bout comme pourrait faire un instrument tranchant, ils avalent ce qui reste enfermé dans leurs replis ; de même, après avoir dévoré des oiseaux entiers, ils font un effort et vomissent les plumes.

Noms des animaux qui vivent de terre; de ceux que la faim ou la soif ne peut faire mourir.

XCIII. Les scorpions vivent de terre. Les serpens,

casio est, vinum præcipue adpetunt, quum alioqui exiguo indigeant potu. Eædem minimo et pæne nullo cibo, quum adservantur inclusæ : sicuti aranei quoque, alioqui suctu viventes. Ideoque nullum interit fame aut siti venenatum. Nam neque calor his, neque sanguis, neque sudor, quæ aviditatem naturali sale augent. In quo genere omnia magis exitialia, si suum genus edere, antequam noceant. Condit in thesauros maxillarum cibum sphingiorum et satyrorum genus : mox inde sensim ad mandendum manibus expromit : et quod formicis in annum solemne est, his in dies vel horas.

73. Unum animal digitos habentium herba alitur, lepus : sed et fruge solidipedes, et e bisulcis sues omni cibatu et radicibus. Solidipedum volutatio propria. Serratorum dentium carnivora sunt omnia. Ursi et fruge, fronde, vindemia, pomis vivunt, et apibus, cancris etiam, ac formicis. Lupi, ut diximus, et terra in fame. Pecus potu pinguescit : ideo sal illis aptissimus : item veterina, quamquam et fruge et herba : sed ut bibere, sic edunt. Ruminant præter jam dicta, silvestrium cervi, quum a nobis aluntur : omnia autem jacentia potius quam stantia, et hieme magis quam æstate, septenis fere mensibus. Pontici quoque mures simili modo remandunt.

lorsqu'ils trouvent l'occasion d'en boire, sont très-friands de vin, quoique, d'ailleurs, ils n'aient besoin que de très-peu de boisson. Lorsqu'on les garde renfermés, ils ne mangent presque rien ; de même que les araignées, qui se nourrissent en suçant. Aussi nul des animaux venimeux ne périt de faim ou de soif, car ils n'ont point la chaleur, le sang, la sueur, qui, par leur sel naturel, provoquent l'appétit. Ils sont tous plus dangereux lorsque, avant de blesser, ils ont mangé quelque bête de leur espèce. Les sphinx et les satyres mettent leurs alimens en réserve dans les poches de leurs joues; ensuite ils les tirent peu à peu avec leurs pattes pour les manger. Ce que les fourmis font pour l'année, ils le font pour chaque jour et pour chaque heure.

73. Seul des animaux fissipèdes, le lièvre se nourrit d'herbe; les solipèdes se nourrissent d'herbes et de grains. Parmi les bisulces, le porc mange de tout, et même des racines. Les solipèdes se vautrent. Tous les animaux qui ont les dents en forme de scie sont carnivores. Les ours mangent des grains, des feuilles, des raisins, des fruits, des abeilles, des écrevisses même et des fourmis. Les loups, comme nous avons dit, mangent jusqu'à de la terre quand ils sont affamés. Le menu bétail s'engraisse en buvant; c'est pourquoi le sel lui est très-bon. Il en est de même des bêtes de somme, qui se nourrissent de grains et d'herbes: elles mangent à proportion de ce qu'elles boivent. Outre les animaux déjà nommés, les cerfs, parmi les bêtes fauves, ruminent lorsqu'ils sont nourris à la maison. Tous ruminent plutôt couchés que debout, et plus l'hiver que l'été, pen-

De diversitate potus.

XCIV. In potu autem, quibus serrati dentes, lambunt : et mures hi vulgares, quamvis ex alio genere sint. Quibus continui dentes, sorbent : ut equi, boves. Neutrum ursi, sed aquam quoque morsu vorant. In Africa major pars ferarum æstate non bibunt inopia imbrium : quam ob causam capti mures Libyci, si bibere, moriuntur. Orygem perpetuo sitientia Africæ generant, et natura loci potu carentem, et mirabili modo ad remedia sitientium. Namque Gætuli latrones eo durant auxilio, repertis in corpore eorum saluberrimi liquoris vesicis. Insidunt in eadem Africa pardi condensa arbore, occultatique earum ramis, in prætereuntia desiliunt, atque e volucrum sede grassantur. Feles quidem quo silentio, quam levibus vestigiis obrepunt avibus, quam occulte speculatæ in musculos exsiliunt ! Excrementa sua effossa obruunt terra, intelligentes odorem illum indicem sui esse.

Quæ inter se dissideant. Amicitiam animalium esse : et affectus animalium.

XCV. 74. Ergo et alios quosdam sensus esse, quam

dant à peu près sept mois de l'année. Les rats du Pont remâchent de la même façon.

Diversité dans la manière de boire.

XCIV. Quant à la manière de boire, ceux qui ont les dents en scie lapent : c'est ce que font les rats ordinaires, quoiqu'ils soient d'une autre classe. Ceux qui ont les dents continues hument, comme les chevaux et les bœufs. Les ours ont une manière toute différente, ils boivent l'eau en mordant. En Afrique, la plus grande partie des bêtes sauvages ne boit point pendant l'été, faute de pluies : c'est pour cette raison que les rats de Lybie meurent si on les fait boire. Les déserts de l'Afrique produisent l'oryx, qui ne boit jamais dans ces lieux toujours arides, et fournit un remède admirable contre la soif. Il est d'une grande ressource pour les voleurs de la Gétulie, qui trouvent dans son corps des poches remplies d'une liqueur très-salubre. En Afrique encore, les léopards grimpent sur des arbres touffus, et, cachés dans le feuillage, ils s'élancent de la demeure des oiseaux sur les animaux qui passent. Avec quel silence, avec quelle légèreté le chat se glisse vers les oiseaux ! comme il se tient en embuscade pour sauter sur la souris qu'il guette ! Cet animal enfouit ses ordures et les recouvre de terre, parce qu'il sait que cette odeur le trahit.

Antipathies de certains animaux. Qu'ils sont susceptibles d'amitié et d'affection.

XCV. 74. Il est aisé de reconnaître qu'il existe encore

supra dictos, haud difficulter apparet. Sunt enim quædam his bella amicitiæque, unde et affectus, præter illa
quæ de quibusque eorum suis diximus locis. Dissident
olores et aquilæ : corvus et chloreus, noctu invicem
ova exquirentes. Simili modo corvus et milvus, illo
præripiente huic cibos : cornices atque noctua : aquilæ
et trochilus (si credimus), quoniam rex appellatur avium :
noctuæ et ceteræ minores aves. Rursus cum terrestribus, mustela et cornix : turtur et pyralis, ichneumones
vespæ et phalangia. Ranæ aquaticæ, et gaviæ. Harpe
et triorches accipiter. Sorices et ardeolæ, invicem fe-
tibus insidiantes. Ægithus avis minima cum asino. Spi-
netis enim se scabendi causa atterens, nidos ejus dissi-
pat : quod adeo pavet, ut voce omnino rudentis audita,
ova ejiciat, pulli ipsi metu cadant. Igitur advolans ul-
cera ejus rostro excavat. Vulpes et nisi : angues, mu-
stelæ, et sues. Æsalon vocatur parva avis, ova corvi
frangens, cujus pulli infestantur a vulpibus. Invicem
hæc catulos ejus ipsamque vellit. Quod ubi viderunt
corvi, contra auxiliantur, velut adversus communem
hostem. Et acanthis in spinis vivit. idcirco asinos et
ipsa odit, flores spinæ devorantes. Ægithum vero anthus in tantum, ut sanguinem eorum credant non coire,
multisque ob id veneficiis infament. Dissident thoes ac
leones. Et minima æque ac maxima. Formicosam arbo-

quelques autres instincts dans les animaux. Il y a entre eux des haines et des amitiés qui produisent beaucoup d'affections différentes de celles que nous avons nommées en traitant de chaque espèce. Il y a antipathie entre les cygnes et les aigles, ainsi qu'entre le corbeau et le chlorée, qui, pendant la nuit, cherchent les œufs l'un de l'autre. La même antipathie existe entre le corbeau et le milan : le premier arrache à l'autre sa proie ; entre les corneilles et la chouette ; entre les aigles et le trochilus, si la chose est croyable, parce qu'on l'appelle roi des oiseaux ; entre les chouettes et tous les petits oiseaux. Quelques volatiles vivent aussi en guerre avec certains animaux terrestres : la belette avec la corneille ; la tourterelle avec le pyralis ; la guêpe-ichneumon avec le phalangium ; les grenouilles aquatiques avec les gavias ; la harpe avec l'épervier-triorches ; les souris avec les hérons, cherchant réciproquement à surprendre leurs petits ; l'ægithe, oiseau de la plus petite espèce, avec l'âne : celui-ci, se grattant contre les épines, détruit les nids de l'ægithe, qui en a une telle frayeur, qu'aussitôt qu'il entend braire un âne il renverse ses œufs, et que les petits eux-mêmes tombent d'effroi. Pour se venger, il vole sur l'âne, et avec le bec lui déchire ses ulcères. Le renard est en guerre avec le nisus ; les serpens, les belettes avec les cochons. On nomme æsalon un petit oiseau qui brise les œufs du corbeau, et dont les petits sont poursuivis par les renards. L'æsalon, à son tour, harcelle à coups de bec les petits du renard, et la mère elle-même : à cette vue les corbeaux viennent comme auxiliaires contre l'ennemi commun. L'acanthis

rem erucæ cavent. Librat araneus se filo in caput ser-
pentis porrectæ sub umbra arboris suæ, tantaque vi
morsu cerebrum adprehendit, ut stridens subinde, ac
vertigine rotata, ne filum quidem desuper pendentis
rumpere, adeo non fugere queat : nec finis ante mortem est.

Exempla affectus serpentium.

XCVI. Rursus amici pavones et columbæ : turtures,
et psittaci : merulæ, et turtures : cornix et ardeolæ,
contra vulpium genus communibus inimicitiis. Harpe et
milvus contra triorchem. Quid, non et affectus indicia
sunt etiam in serpentibus, immitissimo animalium genere? Dicta sunt, quæ Arcadia narrat de domino a dracone servato, et agnito voce draconi. De aspide mira-
culum Philarcho reddatur : is enim auctor est, quum ad
mensam cujusdam veniens in Ægypto aleretur assidue,
enixam catulos, quorum ab uno filium hospitis inter-
emptum : illam reversam ad consuetudinem cibi, intel-

vit dans les épines ; aussi hait-il les ânes, qui dévorent les fleurs de l'épine. L'anthus hait tellement
l'ægithe, qu'on prétend que leur sang ne peut se
mêler, et qu'il jouit pour cette raison de la honteuse
célébrité de servir à beaucoup d'enchantemens. Il y a
antipathie entre les thos et les lions ; elle n'est pas moindre
entre les plus petits qu'entre les plus grands des animaux.
Les chenilles n'approchent pas d'un arbre où est établie
une fourmilière. L'araignée, voyant un serpent étendu
à l'ombre de son arbre, s'abat sur sa tête et lui mord
le cerveau avec tant de force, qu'à l'instant le reptile
siffle, et, en proie aux convulsions, il ne peut ni fuir, ni
même rompre le fil suspendu au dessus de lui. Le combat
ne finit que par la mort du dernier.

Exemples de l'affection des serpens.

XCVI. D'autre part, une étroite sympathie règne
entre les paons et les pigeons, entre les tourterelles et
les perroquets, entre les merles et les tourterelles. La
corneille et les hérons s'unissent, par une haine commune, contre le renard ; la harpe et le milan contre le
triorches. Et n'a-t-on pas vu des preuves touchantes
d'affection dans les serpens, les plus cruels de tous les
animaux ? Nous avons rapporté ce que l'Arcadie raconte d'un jeune homme sauvé par un dragon qu'il avait
nourri, et qui reconnut sa voix. Philarque rapporte un
fait merveilleux de l'aspic. Il dit qu'en Égypte un de
ces reptiles venait assidûment à la table d'un homme
où il recevait sa nourriture. Un de ses petits donna la

lexisse culpam, et necem intulisse catulo, nec postea
in tectum id reversam.

De somno animalium.

XCVII. 75. Somni quæstio non obscuram conjecta-
tionem habet. In terrestribus, omnia quæ conniveant,
dormire manifestum est. Aquatilia quoque exiguum quidem, etiam qui de ceteris dubitant, dormire tamen
existimant: non oculorum argumento, quia non habent
genas: verum ipsa quiete cernuntur placida, ceu sopo-
rata, neque aliud quam caudas moventia, et ad tumul-
tum aliquem expavescentia. De thynnis confidentius
adfirmatur: juxta ripas enim aut petras dormiunt. Plani
autem piscium in vado, ut manu sæpe tollantur. Nam
delphini, balænæque stertentes etiam audiuntur. Insecta
quoque dormire silentio adparet, quia ne luminibus
quidem admotis excitentur.

Quæ somnient.

XCVIII. Homo genitus premitur somno per aliquot
menses: deinde longior in dies vigilia. Somniat statim
infans: nam et pavore expergiscitur, et suctum imitatur. Quidam vero numquam: quibus mortiferum fuisse

mort au fils de son hôte. L'aspic, revenant à l'ordinaire prendre sa nourriture, reconnut le crime, en fit justice, et ne reparut plus dans la maison.

Du sommeil des animaux.

XCVII. 75. La question du sommeil n'est pas difficile à résoudre. Dans les animaux terrestres, il est évident que ceux qui peuvent fermer leurs paupières dorment. Les auteurs qui révoquent en doute le sommeil des autres conviennent cependant que les poissons dorment; c'est pourtant un fait dont leurs yeux ne donnent aucun indice, puisqu'ils n'ont pas de paupières; mais dans le repos on les voit tranquilles comme s'ils étaient assoupis : ils ne remuent que la queue, et s'agitent avec effroi au plus léger bruit. On peut parler plus affirmativement des thons, car ils dorment le long des rivages et des rochers. Les poissons plats dorment sur le sable, au point qu'on les prend à la main. Quant aux dauphins et aux baleines, on les entend même ronfler. Les insectes dorment aussi; leur silence le montre : on peut alors approcher une lumière sans qu'ils fassent aucun mouvement.

Animaux chez lesquels a lieu le rêve.

XCVIII. L'homme, après sa naissance, est plongé dans le sommeil pendant plusieurs mois, ensuite il veille de jour en jour davantage. L'enfant rêve dès les premiers temps, car il se réveille en sursaut, et suce ses lèvres comme s'il tétait. Il est cependant des hommes

signum contra consuetudinem somnium, invenimus exempla. Magnus hic invitat locus, et diversis refertus documentis, utrumne sint aliqua præscita animi quiescentis : qua fiant ratione, an fortuita res sit, ut pleraque. Et si exemplis agatur, profecto paria fiant. A vino et a cibis proxima, atque in redormitatione vana esse visa, prope convenit. Est autem somnus nihil aliud, quam animi in medium sese recessus. Præter hominem somniare equos, canes, boves, pecora, capras, palam est. Ob hoc creditur et in omnibus quæ animal pariant. De iis quæ ova gignunt, incertum est : sed dormire ea, certum. Verum ad insecta transeamus : hæc namque restant immensæ subtilitatis animalia : quando aliqui ea neque respirare, et sanguine etiam carere prodiderunt.

qui ne rêvent jamais ; s'il leur arrive de rêver, contre leur habitude, c'est pour eux un signe de mort ; nous en avons des exemples. Ce sujet, si grand, si controversé, nous conduirait à examiner si l'âme, pendant qu'elle repose, voit l'avenir ; par quel moyen s'opère cette prévision ; si ce n'est qu'une chose fortuite comme tant d'autres. Si l'on veut se décider par les faits, on trouvera autant d'exemples d'un côté que de l'autre. On convient presque unanimement qu'aussitôt après le repas, ou pendant le second sommeil, les songes ne signifient rien. Le sommeil n'est autre chose que la retraite de l'âme, qui se recueille en elle-même. Outre l'homme, il est manifeste que les chevaux, les chiens, les bœufs, les moutons, les chèvres rêvent. On croit, en conséquence, qu'il en est de même de tous les vivipares. Quant aux ovipares, la chose n'est pas certaine ; mais qu'ils dorment, c'est un fait incontestable. Passons maintenant aux insectes ; car il nous reste à décrire ces animaux d'une petitesse infinie, et qui, suivant certains auteurs, ne respirent point et n'ont point de sang.

NOTES

DU LIVRE DIXIÈME.

Page 204, ligne 4 du titre. *Volucrum naturæ.* Ce titre a été imaginé par Brotier, d'après celui du livre, au commencement de l'ouvrage. Hardouin et tous ceux qui l'ont suivi ne mettent rien. Dupinet et Poinsinet de Sivry écrivent *de la Nature des oiseaux;* Gueroult, *des Oiseaux;* la version italienne de Lodov. Domenichi *della Natura delli uccelli* (*de la Nature des oiseaux*); Dan. Denso et Gott. Grose, *von der Natur der vögel* (*de la Nature des oiseaux*); la version ou plutôt la compilation hollandaise indiquée dans le catalogue de la Bibliothèque royale, *van de vogelen haer natuer* (des Oiseaux, leur nature), etc., etc.   Doé.

I, page 204, ligne 6. *Sequitur natura avium, etc.* Ce que les anciens ont dit des oiseaux n'est pas toujours aussi facile à éclaircir, que leurs articles sur les quadrupèdes ou sur les poissons. Les quadrupèdes sont peu nombreux et faciles à caractériser; les poissons, dont les anciens faisaient un si grand usage, leur étaient fort connus, et ils ont eu beaucoup d'occasions d'en parler; mais sur les oiseaux, c'est principalement les augures qu'ils consultaient. Pline du moins parle souvent d'après les livres des ministres de cette ridicule superstition; et l'on voit, par ce qu'il en rapporte, que ces sortes de gens ne s'entendaient pas même entre eux sur les noms des espèces dont les divers mouvemens annonçaient, selon eux, le malheur ou le bonheur des états et des particuliers. Cette partie de l'ouvrage de Pline est un excellent commentaire sur ce mot de Cicéron, qui, augure lui-même, demandait comment deux augures pouvaient se regarder sans rire; il a cependant aussi plusieurs passages tirés d'Aristote, mais Aristote a très-peu insisté sur les caractères extérieurs des espèces; et ce n'est guère que par quelques traits de leurs habitudes ou par la tradition des noms que l'on parvient à reconnaître celles dont il a traité.   G. Cuvier.

Page 204, ligne 7. *Struthiocameli.* L'article de l'autruche ne fait, sous le rapport de la nomenclature, aucune difficulté ; il n'y a guère que des inexactitudes assez légères, telles que celles dont je parle dans les notes suivantes.   G. Cuvier.

Africi vel Æthiopici. Pline emploie ici la particule *vel* pour spécifier l'Afrique, dont il entend parler, et que son lecteur aurait pu confondre avec la province romaine du même nom, où l'autruche n'existe pas à l'état de liberté.

Dupinet, Poinsinet et Gueroult traduisent par la conjonction *et ;* Denso et Grose par la même conjonction *und ;* la version hollandaise par la particule *ofte ,* ou.   Doé.

Ligne 11. *Ungulæ cervinis similes.* Il est vrai que l'autruche n'a que deux doigts comme le cerf et les autres ruminans, mais ces doigts ne sont pas égaux ni revêtus de sabots.   G. Cuvier.

Ligne 13. *Concoquendi sine delectu devorata.* L'autruche avale bien tout, mais elle ne digère pas tout, il s'en faut beaucoup. J'ai vu des autruches qui avaient eu l'estomac percé par des clous et déchiré par du verre qu'elles avaient avalé.   G. Cuvier.

Ligne 14. *Sed non minus stoliditas.* Ce n'est point par imbécillité, mais au contraire par une sage précaution, que cet oiseau en agit ainsi, la tête étant la partie faible de l'autruche. Poinsinet de Sivry traduit ainsi la note de Hardouin, empruntée à Diodore de Sicile (*Bibl.,* II, p. 133).   Doé.

Ligne 17. *Ova propter amplitudinem.* Un œuf d'autruche équivaut à vingt-quatre et jusqu'à vingt-huit œufs de poule. J'en ai mangé plusieurs fois et je les ai trouvés des plus délicats.

G. Cuvier.

II, page 206, ligne 2. *Æthiopes atque Indi.* Le verbe de cette phrase est équivoque. Pline entend peut-être dire, non que l'Inde et l'Éthiopie produisent des oiseaux merveilleux ; mais que les habitans de ces contrées racontent des merveilles touchant leurs oiseaux. Au surplus, les termes de sa diction prouvent manifestement qu'il ne croit point à la réalité du phénix, dont le sujet offre une si belle matière à son éloquence.   G. Cuvier.

Les traducteurs français et Domenichi ont pris le verbe *ferunt* dans le sens de produire ; Denso écrit : *die Mohren und Indianer reden von vielen ungemein bunten*, etc. Les Nègres et les Éthiopiens parlent de beaucoup d'oiseaux rares richement parés ; Grose s'exprime à peu près dans les mêmes termes ; la V. H. porte : *in Moorenland ende in India vindt men ontal liche*, etc. ; c'est-à-dire, on trouve dans le pays des Nègres et dans l'Inde, etc.   Doé.

Page 206, ligne 4. *Phœnicem, etc.* Sans doute ce que l'on raconte de la durée de la vie du phénix, de sa résurrection, ne se compose que de fables absurdes, ou de pures allégories ; mais la description que Pline donne de l'oiseau lui-même est celle d'un oiseau très-réel, savoir du faisan doré. Ce faisan a le cou de couleur d'or, le corps rouge, des plumes bleues et rouges aux ailes et à la queue, une huppe sur la tête ; ceux qui ne l'ont pas vu peuvent en prendre une idée par la planche enluminée de Buffon, n. 217. La coïncidence est si frappante que je m'étonne qu'elle n'ait pas été remarquée plus tôt. Cette description est prise probablement du prétendu phénix que Pline dit lui-même avoir été apporté à Rome sous le règne de Claude, mais que chacun reconnut pour faux ; apparemment que c'était un faisan doré venu du fond de l'Asie à une époque où déjà le commerce s'étendait jusqu'à cette distance, et que ceux qui le montraient avaient décoré du nom de phénix pour le rendre plus intéressant. Ils purent avoir d'autant plus facilement cette idée, que ce que dit Hérodote (*Euterpe*, cap. 73) des couleurs d'un phénix qu'il avait vu en peinture, et qui, dit-il, était en partie rouge et en partie de couleur d'or, ne contredisait point ce que l'on voyait dans le faisan doré. Il n'y a que la taille qui s'accorde mal ; on le fait égal à l'aigle ; mais il n'est pas de beaucoup inférieur au petit aigle ou aigle tacheté, et encore moins au balbusard ou aigle de rivière.   G. Cuvier.

III, page 208, ligne 9. *Sex earum (aquilarum) genera...* Ce passage est emprunté, mais avec des changemens, d'Aristote (*Hist. anim.*, l. IX, c. 32). Mais il est bien difficile à expliquer parce que le nom d'*aigle* n'y est pas pris dans une acception rigoureuse ; et, de plus, ce n'est que de nos jours que l'on est parvenu à éclaircir l'histoire des espèces d'aigles, et à reconnaître les chan-

gemens de couleur qu'elles éprouvent avec l'âge et qui les avaient
fait multiplier par les naturalistes. Il est fort douteux , au reste ,
qu'Aristote les ait mieux distinguées, quoique Buffon, qui lui-
même ne les distinguait pas bien , ait voulu lui attribuer l'honneur de les avoir mieux connues que les modernes. G. CUVIER.

Page 208, ligne 9. *Melanaetos a Græcis dicta , eademque Valeria , minima magnitudine , viribus præcipua , colore nigricans : sola
aquilarum fetus suos alit : ceteræ , ut dicemus , fugant : sola sine
clangore , sine murmuratione. Conversatur autem in montibus.* Ici
Aristote est exactement copié. Cet aigle , le plus petit de tous, et
de couleur noire, ne peut pas être, comme on le croit communément, de l'espèce de l'aigle commun. On ne pourrait guère le
prendre que pour le petit aigle , dont la femelle, quand elle est
vieille (NAUMAN , pl. XI, t. 1 ; SAVIGNY, *Égyp., Ois.*, pl. 1), est
presque toute noire, et sans taches. Il n'y a que les jeunes de
tachetés. A la vérité, on appelle communément ce petit aigle,
aigle criard ; mais c'est, à ce que je crois, parce qu'on lui a appliqué l'épithète de *plangus* ou *clangus,* qui est donnée plus bas
au morphnos.   G. CUVIER.

Ligne 13. *Secundi generis pygargus in oppidis mansitat, et in
campis, albicante cauda.* Aristote dit la même chose, sauf l'*albicante cauda ,* addition de Pline, que Gaza a intercalée dans sa traduction. Aristote ajoute que le pygargue se porte aussi dans les
montagnes et les forêts, et que quelques-uns le nomment l'aigle
tueur de faons, νεβροφόνος. Ces détails ne conviennent qu'à l'aigle
commun (BUFF., enl.) , qui a la queue à moitié blanche , et qui
est assez fort pour prendre des faons. Quant à l'habitude de vivre
dans les plaines, elle conviendrait mieux au jean-le-blanc, qui a
aussi le dessous du corps et de la queue blanchâtre. Cependant
on a appliqué communément le nom de pygargue au grand aigle
de mer adulte dont la queue est toute blanche ; mais cette espèce
recherche surtout les bords de la mer et des lacs, et c'est plutôt
elle que les anciens nomment *haliaetus.*   G. CUVIER.

Ligne 15. *Tertii morphnos, quam Homerus et percnon vocat, aliqui et clangam, et anatariam, secunda magnitudine et vi : huicque
vita circa lacus. Et plus loin : illa, quam tertiam fecimus, circa stagna
aquaticas aves adpetit mergentes se subinde, etc.* Et plus loin en-

core : *Sæpe et aquilæ ipsæ non tolerantes pondus adprehensum, una merguntur.* Je serais tenté de croire qu'il s'agit ici du balbusard (*falco haliœetus*), espèce noirâtre en dessus, et qui vit près des lacs ; mais on assure qu'il ne prend que des poissons et jamais des oiseaux d'eau, tandis que le petit aigle prend souvent des canards et autres oiseaux aquatiques. On regarde donc le morphnos comme étant le petit aigle ; peut-être y a-t-il eu confusion d'espèces comme cela est arrivé si souvent. Au reste, c'est en partie une addition de Gaza au texte d'Aristote qui a fait porter ce jugement ; après *percnon* il ajoute : *a macula pennæ quasi nœviam dixeris,* ce qui n'est point dans le texte. Μοϱφνός ne signifie qu'obscur et πεϱκνός noir ou *obscur.*   G. Cuvier.

Page 210, ligne 2. *Quarti generis est percnopterus : eadem oripelargus, vulturina specie, alis minimis, reliqua magnitudine antecellens, sed imbellis et degener, ut quam verberet corvus... Sola aquilarum exanima fert corpora : ceteræ, quum occidere, considunt.* On applique communément ce nom au petit vautour blanc, que l'on suppose avoir été nommé *percnopterus* à cause des pennes de ses ailes qui sont noires ; mais comment pourrait-on dire qu'il est plus grand que les autres aigles? il est, au contraire, plus petit qu'eux tous. Buffon veut que ce soit le grand vautour fauve, mais Aristote n'aurait pas mis un vautour parmi les aigles. Ne serait-ce point plutôt le grand aigle à tête blanche qui est très-criard, comme Aristote le dit de son percnoptère (liv. IX, ch. 32)?   G. Cuvier.

Ligne 7. *Hæc facit, ut quintum genus* γνήσιον *vocetur, velut verum, solumque incorruptæ originis. media magnitudine, colore subrutilo, rarum conspectu.* Ici Pline change la grandeur indiquée par Aristote, qui faisait son aigle vrai de moitié plus grand que tous les autres, et supérieur au φήνη (au *lœmmer-geyer*). Peut-être l'auteur latin a-t-il été déterminé à ce changement parce qu'en effet on ne connaît aucun aigle supérieur au *lœmmer-geyer*, et que l'aigle royal ou impérial (*falco imperialis.* Tem.) dont il paraît s'agir ici, n'est pas plus grand que le pygargue. Cet aigle (Nauman, pl. 6 et 7 : Savigny, *Égyp.*, *Ois.*, pl. 12) est le plus cruel, le plus redouté de tous : le jeune mâle est fauve : la femelle vieille, quoique brune, a beaucoup de fauve.   G. Cuvier.

Page 210, *ligne* 10. *Superest haliæetus, clarissima oculorum acie, librans ex alto sese : visoque in mari pisce, præceps in eum ruens, et discussis pectore aquis rapiens.* Et plus loin : *haliæetus tantum implumes etiamnum pullos suos percutiens, subinde cogit adversos intueri solis radios, et si conniventem humectantemque animadvertit, præcipitat e nido, velut adulterinum atque degenerem : illum cujus acies firma contra stetit, educat. Haliæeti suum genus non habent, sed ex diverso aquilarum coitu nascuntur, etc.* C'est, selon toute apparence, ici le grand aigle de mer, celui dont les variétés d'âge, regardées comme autant d'espèces, ont été nommées par Linnæus *falco albicaudus* et *falco ossifraga.*   G. CUVIER.

Page 212, *ligne* 3. *Haliæeti suum genus non habent.* En contradiction avec ce qui précède ; car si l'haliæète ne forme pas une espèce propre, il ne peut constituer la sixième du genre, comme Pline vient de le dire d'après Aristote.   DOÉ.

Lignes 5. *Quod ex iis natum est, in ossifragis genus habet.....genus aquilæ, quam barbatam vocant : Tusci vero ossifragam.* Il est évident que cet aigle barbu ne peut être que le *læmmer-geyer* ou gypaète, le seul des oiseaux de proie qui ait une barbe ; ainsi c'était aussi cet oiseau que les Étrusques nommaient *ossifraga.*

D'un autre côté, l'on trouve dans Dioscoride (l. II, c. 58) que l'*ossifraga* des Romains s'appelait en grec φίνις ; Aristote emploie le mot φήνη, et ce qu'il en dit se rapporte assez au *læmmer-geyer*, car il le fait plus grand que l'aigle et de couleur cendrée-blanchâtre (l. VIII, c. 3) : bien que, dans un autre endroit (l. IX, c. 32), il dise que le grand aigle roux surpasse le φήνη. D'ailleurs Pline traduit la première des phrases ci-dessus, (*quod ex iis natum est, etc.*) du livre de *Mirabilibus auscultat.,* cap. 61 ; et c'est le nom ἅρπη qu'il remplace par celui d'*ossifraga* ; ainsi le ἅρπη aussi bien que l'*ossifraga* est le *læmmergeyer.*

C'est probablement aussi le ἅρπη d'Oppien, qui est décrit comme ayant une barbe, et dont il est dit qu'il laissait tomber, pour les briser, les os qu'il ne pouvait dévorer.

Il faut avouer cependant qu'Élien (l. XII, c. 4) nomme le φήνη et le ἅρπη dans la même phrase, comme deux oiseaux consacrés à Minerve ; mais cela prouve seulement qu'il a réuni deux témoignages isolés dont il ignorait la synonymie, comme cela lui est arrivé tant de fois et à tant d'autres anciens. Quant à Buffon, il est dans une double erreur, lorsqu'il veut que l'*ossifraga* ou le φήνη soit un oiseau qu'il nomme orfraye; car sa prétendue orfraye n'est qu'un jeune pygargue.

Aristote dit que le φήνη a les yeux faibles, et il est vrai que le *lœmmer-geyer* ne les a pas, à beaucoup près, aussi brillans que les aigles. M. Schintz a même observé que sa cornée est rétrécie par un cercle de couleur rouge formé par une avance de la sclérotique. (*Voyez* NAUMAN, *Hist. des oiseaux d'Allem.*, I.) Quant à ce qu'Aristote ajoute de son amour pour ses petits et du soin qu'il prend même de ceux de l'aigle, lorsque l'aigle les a chassés, je doute que les modernes aient eu occasion de le confirmer. Le nom d'*ossifraga* est bien justifié par le goût tout particulier du lœmmer-geyer pour les os, et par l'instinct qu'il a lorsqu'il voit un chamois ou un autre quadrupède au bord d'un rocher escarpé, de le précipiter dans la profondeur, et après que le malheureux animal s'y est brisé, d'aller l'y dévorer. G. CUVIER.

Page 212, ligne 5. *In ossifragis genus habet, e quibus vultures.* Cette dégénération d'espèces n'est plus admise par aucun naturaliste. Pline a pris tout ceci à l'auteur du livre *de Mirabilibus auscultationibus* attribué faussement à Aristote. DOÉ.

IV, page 212, ligne 11 et suiv. *Tribus primis, et quinto aquilarum.* Il ne se trouve point de pierre particulière dans l'aire d'aucune espèce d'aigle; mais ce qu'on appelle aétite, espèce de géode ferrugineuse, peut s'y rencontrer accidentellement, puisque les aigles nichent dans les rochers.

Ligne 13. *Ad multa remedia utilis.* Fabuleux. Il ne faut pas confondre cette pierre avec la substance dont traite Pline sous le nom de *gagates* (liv. XXXVI, ch. 34). DOÉ.

VII, page 218, ligne 5. *Vulturum prævalent nigri.* C'est le grand vautour d'Europe (BUFF., enl. 425), que l'on nomme communément vautour cendré, mais qui en effet est d'un brun-noirâtre. G. CUVIER.

Ligne 6. *Ex adverso orbe advolare.* Emprunté d'Aristote, qui dit que les vautours viennent des pays éloignés ; Albert-le-Grand indique expressément les Alpes noriques et les montagnes de Trèves.

On sait aujourd'hui, à n'en pas douter, que les vautours nichent dans les rochers des plus hautes montagnes.   Doé.

Page 218, ligne 9. *Ova tredecim.* La leçon *ova tria* était bien meilleure. Aristote dit même (lib. VI, cap. 5) que les vautours ne pondent que deux œufs.   G. CUVIER.

VIII, page 218, ligne 14 et suiv. *Immussulum...... pullum aquilæ, priusquam albicet cauda.* Dans l'espèce de l'aigle de mer les jeunes ont la queue noirâtre ; elle devient toute blanche avec l'âge.   G. CUVIER.

Ligne 20. *In desidia rerum omnium, etc.* C'était bien la peine de se plaindre que les absurdités de l'art augural fussent tombées en oubli.   G. CUVIER.

IX, page 220, lig. 2. *Accipitrum genera sedecim invenimus.* Nombre excessif. Aristote ne compte et ne nomme que dix éperviers, oiseaux rapaces de troisième ordre. Notre auteur n'en nomme que trois, et il ne paraît pas en avoir indiqué plus de quatre, *distinctio generum, etc.*   Doé.

Ligne 3. *Ægithum claudum altero pede, etc.* Il n'existe aucun oiseau de proie, ni même aucun oiseau naturellement boiteux d'un pied. Cependant cet endroit est pris d'Aristote (lib. IX, cap. 15). Sur quoi il faut remarquer que l'*ægithus* ou ἄιγιθος d'Aristote, qui pond un grand nombre d'œufs, ne doit pas être un oiseau de proie, mais quelque espèce de passereau. Il paraît que les augures avaient autrement employé ce nom, tout en conservant la fable du pied boiteux.   G. CUVIER.

Ligne 4. *Triorchem a numero testium....... buteonem hunc appellant Romani.* On croit communément que le *buteo* des Latins est notre buse ; et cela est à quelques égards prouvé par ce que dit Aristote (liv. IX, ch. 36), que le triorches est le plus puissant de ses *hierax* ou *accipitres* (liv. VIII, chap. 3), qu'il égale le milan pour la taille, et (liv. IX, chap. 1) qu'il poursuit les grenouilles et les serpens. Mais, quoi qu'en ait dit Aldrovande, la buse n'a pas les trois testicules qui, selon Aristote, lui ont fait donner son nom grec. G. CUVIER.

Page 220, ligne 8. *Epileon Grœci vocant, qui solus omni tempore apparet.* Je crois que le sens est qu'*epileus* est un autre nom des triorches, et ma raison est qu'Aristote dit précisément du triorches (liv. IX, ch. 3) qu'on le voit en tout temps, et que le nom d'*epileos* ou d'*epileus* ne se trouve pas dans son énumération des accipitres (liv. IX, chap. 36). G. CUVIER.

X, page 220, ligne 18. *Homines atque accipitres, etc.* Voilà déjà une première idée, mais bien grossière encore, de l'art de la fauconnerie. Cet art est né dans les plaines de l'Asie ; Ctésias est un des premiers qui en parlent : « Les Indiens, dit-il (dans la *Biblioth. de Photius*, p. 147), donnent la chasse aux lièvres et aux renards, non pas avec des chiens, mais avec des corbeaux, des milans, des corneilles et des aigles. Il paraît que ce sont les croisés, et surtout les empereurs Frédéric Ier et Frédéric II, qui ont apporté cet art en Europe. Frédéric II en a composé lui-même un grand traité dont M. Schneider a donné une édition en deux volumes in-4°. G. CUVIER.

Page 222, ligne 7. *Cymindis.* Selon Aristote (liv. IX, ch. 12), le cymindis, autrement nommé chalcis, est un oiseau de la taille de l'autour, de couleur noire, de forme longue et grêle, qui habite les montagnes, ne paraît que rarement ; mais Aristote ajoute : « L'hybris, que quelques-uns croient le même que le ptynx, se montre peu le jour, parce qu'il voit mal ; chasse la nuit comme l'aigle, et livre quelquefois à l'aigle des combats si furieux que les deux oiseaux tombent par terre, en se serrant si fort qu'on les prend ainsi vivans. Ce ptynx niche dans les rochers et pond deux œufs. » Pline, suivi en cela par Gaza, a supprimé l'hybris, et joint son histoire ou celle du ptynx à celle du cymindis comme ne faisant qu'une seule. En conséquence il n'hésite pas à faire du cymindis un oiseau de proie nocturne. Il n'y en a point parmi ceux que nous connaissons, auquel ces qualités conviennent mieux qu'à la grande chouette épervier, *strix uralensis,* PALL. (NAUMAN, pl. 42, f. 1), oiseau d'Asie et de l'orient de l'Europe, qui se porte quelquefois mais rarement jusqu'en Allemagne, qui chasse pendant le jour dans le bois, et pendant le crépuscule dans la plaine. Sa taille est bien à peu près celle de l'autour, son plumage a beaucoup de noir, sa queue longue lui donne l'apparence d'une forme grêle. Elle a assez de courage pour qu'on l'ait vue poursuivre avec acharnement une buse, et forcer un héron à la fuite (NAUMAN, I, 426). Il n'y aurait pas loin de là à se battre avec un petit aigle; mais on ne comprend pas pourquoi Aristote dit que ce cymindis ou hybris chasse la nuit comme l'aigle. L'aigle chasse de jour.   G. CUVIER.

XI, page 222, ligne 12. *Coccyx ex accipitre videtur fieri.* C'est encore un préjugé parmi nos paysans, que le coucou est de la même espèce que l'épervier.   G. CUVIER.

Ligne 21. *Maxime palumbium.* A tort : la manière de nourrir des ramiers ne permet pas d'admettre cette assertion. Le coucou ne pond que dans les nids des oiseaux insectivores.   DOÉ.

Page 224, ligne 1. *Quod sciat se incisam cunctis avibus.* Le coucou pond toujours ses œufs dans des nids étrangers. C'est un instinct qui lui est tout particulier : la raison que Pline en donne n'est pas très-bonne, mais on n'en a guère trouvé de meilleure. Hérissant croit que c'est parce que son gésier est placé de manière qu'il ne pourrait pas couver commodément; mais beaucoup d'autres oiseaux l'ont placé de même, et couvent cependant très-bien.   G. CUVIER.

Ligne 10. *Donec corripiat ipsam.* Il n'est pas vrai que le coucou dévore sa nourrice; mais quand cette nourrice est un petit oiseau, comme une fauvette, il arrive quelquefois que son nourrisson, beaucoup plus gros qu'elle, lui prend la tête dans son bec en voulant avaler la pâture qu'elle lui présente. G. CUVIER.

XV, page 228, ligne 5. *Itaque parvis in vicis.* Ceci ne doit s'entendre que du corbeau de la plus grande espèce, *corvus corax*, et non des autres que nous voyons vivre en troupes.   DOÉ.

Ligne 17. *Qualem in columbis, esse.* Inexact. L'observation ne fait rien découvrir de semblable : le bec du corbeau n'est pas non plus de la même nature que celui du pigeon.   DOÉ.

XVI, page 230, ligne 3. *Noctuae, bubo, ulula.* Pline, qui ne nomme ici que ces trois oiseaux de nuit, nomme plus loin (chap. 33) l'*otus* ou *asio*, et (chap. 70) les *scops;* mais à l'exception de l'otus ou asio, il n'a rien dit qui puisse servir à les caractériser. Aristote ayant été plus exact sur ce sujet, et Buffon l'ayant assez mal interprété, nous croyons devoir le rapprocher de Pline.

Aristote (liv. VIII, chap. 3) compte six espèces d'oiseaux nocturnes à ongles crochus, savoir : le *nycticorax*, le *glaux*, le *byas*, l'*eleos*, l'*ægolios* et le *scops ;* il nomme et décrit ensuite l'*otus* (liv. VIII, chap. 12) ; mais en disant que ce nom est synonyme de nycticorax, ce qui explique pourquoi il ne l'a pas compris dans sa première énumération. Le byas ressemble au glaux pour la forme, mais il est de la taille de l'aigle ; ce ne peut donc être que le grand duc (*strix bubo*, L. ; BUFF., enl. 435). L'otus ou nycticorax ressemble aussi au glaux ; il a des aigrettes sur la tête. C'est un oiseau bouffon et imitateur. Il est voyageur et accompagne les cailles à leur départ. Cette double comparaison du byas et de l'otus avec le glaux doit faire penser que le glaux est aussi une chouette à aigrettes, mais plus commune que les deux autres. Si nous regardons l'otus ou le nycticorax comme notre moyen duc (*strix otus*, L.), ainsi que ses aigrettes et sa qualité d'oiseau voyageur peuvent nous y déterminer, le glaux se trouvera notre chevèche ou chouette commune (*strix brachyotus*, GM., enl. 29), dont le mâle a aussi de petites aigrettes. L'eleos est plus grand que le coq ; ce doit être la hulotte (*strix aluco*, L., enl. 441) ou le chathuant (*strix stridula*, L. enl. 437) qui ne sont, comme on sait maintenant, que les deux sexes d'une même espèce ; cet oiseau est plus grand que le moyen duc. Le scops est plus petit que le glaux ou chevèche ; le choix de cet objet de comparaison peut faire croire que c'était aussi un strix à aigrettes et à petites aigrettes ; d'ailleurs Alexandre Myndien le dit positivement dans Athénée (liv. IX, p. m. 392) : ce qui est répété dans Élien (liv. XV, chap. 28) ; et ainsi ce ne peut être, comme la plupart des naturalistes le croient, que le petit duc (*strix scops*, L., enl. 436). Mais Aristote (liv. IX, chap. 28) dit qu'il y a deux sortes de scops ; les uns qui restent toute l'année dans le pays, et que l'on ne peut manger ; ils font entendre une voix : les autres, qui ne paraissent

qu'en automne, qui n'ont pas de voix, et qui sont gras et bons
à manger. Les mêmes choses se retrouvent dans Athénée (liv. IX,
pag. 392). Or, il y a un oiseau très-voisin du petit duc, et qui
en a les mœurs, c'est le *strix passerina*, L., nommé ensuite *strix
acadica* (NAUMAN, pl. 43, fig. 1 et 2) : il crie fortement *kirr,
kirr,* et on l'a trouvé en toute saison, quoique rarement, en Allemagne, en Pologne, en Hongrie. Au contraire, le petit duc
n'a pas de voix, et voyage en grandes troupes, se portant vers
le nord au printemps et vers le midi en automne. C'est ce dernier qui est la seconde espèce de scops d'Aristote, et sa première espèce sera le *strix passerina;* mais je ne sache pas qu'aujourd'hui personne mange ni de l'un ni de l'autre. Tous les deux
ont des mouvemens variés et bouffons, plus encore que les autres oiseaux de nuit, et répondent par conséquent très-bien à ce
qu'Athénée et Pline disent des mouvemens et des danses des
scops.

Il reste à savoir ce que c'est que l'ægolios; or il ne nous
reste qu'une espèce à laquelle ce nom puisse s'appliquer : c'est
l'effraye (*strix flammæa*, L., enl. 440). L'ægolios égale le coq,
ainsi c'est l'espèce la plus grande après l'eleos (liv. VIII, ch. 3);
de plus, elle habite les rochers et les cavernes (liv. IX, ch. 17);
ce qui convient à l'effraye. Il se trouverait ainsi qu'Aristote aurait connu tous nos oiseaux de proie nocturnes, excepté peut-
être la petite chevêche (*strix noctua*, RETZ, enl. 439) et le *strix
tengmalmi,* mais nos meilleurs naturalistes ont eux-mêmes très-
mal connu ces espèces. Je n'ai pas fait entrer non plus en ligne
de compte le grand duc à oreilles courtes, *strix ascalaphus* de
Savigny, parce que cette espèce est si rare en Europe qu'elle
n'y a été mentionnée qu'une fois (*Zool. brit.*, pl. B 2).

Gaza rend nycticorax par *cicuma;* glaux par *noctua;* byas
par *bubo;* eleos par *aluco;* ægolios par *ulula;* et scops par *asio.*
Sur ce dernier point il paraît avoir tort, car nous voyons
par Pline (*supra,* liv. X, chap. 33) qu'*asio* est le synonyme latin
d'*otus,* et que l'otus est plus petit que le *bubo* et plus grand que
le *noctua,* et a des aigrettes éminentes; ce qui répond au moyen
duc (*strix otus,* L.); c'est-à-dire, selon nous, à l'otus ou
nycticonax. Nous voyons même que, dans un autre endroit,

liv. XXIX, chap. 6, il doit l'avoir entendu du grand duc : *noctuarum id genus maximum, quibus pluma aurium modo, micat.* Ainsi le scops est de toutes les espèces celle à qui le nom d'*asio* convenait le moins. Mais Gaza aurait bien traduit glaux par *noctua.* L'*ulula,* en supposant son nom formé par onomatopée, devait être la hulotte (*strix aluco,* L.) dont le cri est *hu-hu-hu-hu ;* ce serait donc le nom latin de l'eleos.

Le nom de *cicuma* qu'on a, en plusieurs endroits, imprimé mal à propos *cicunia* et *ciconia,* et celui d'*aluco,* pris l'un dans *Festus,* l'autre dans *Servius,* sur le vers 55 de la VIIIe églogue de Virgile, n'y sont accompagnés d'aucun caractère qui leur donne un sens déterminé. La synonymie suivante serait donc celle à laquelle on arriverait, autant qu'en pareille matière on peut arriver à quelque chose de certain.

Búas, *bubo,* le grand duc (*strix bubo,* L.).

Nycticorax ou otus, *asio,* le moyen duc (*strix otus,* L.).

Glaux, *noctua,* la chevèche ou duc à oreilles courtes (*strix brachyotos,* GM).

Scops, *scops,* le petit duc (*strix scops,* L.).

Scops vocalis (*strix passerina,* L.).

Eleos, *ulula,* la hulotte (*strix aluco,* L.).

Ægolios, l'effraye (*strix flammœa,* L.).   G. CUVIER.

XVII, page 230, ligne 15. *Incendiaria avis... Quæ sit avis ea, nec reperitur, nec traditur.* On a voulu mieux le savoir que Pline ; et l'on a pensé que ce pouvait être le crave ou coracias (*corvus graculus,* L., enl. 255), oiseau de montagne qu'Aristote semble avoir indiqué sous le nom de *coracias* (liv. IX, chap. 24), disant qu'il est de la taille de la corneille et a le bec rouge. On l'accuse, dans son goût pour les objets qui brillent, d'avoir quelquefois pris et laissé tomber des charbons ardens, et d'avoir ainsi occasioné des incendies.

Spinturnicem... cliviam... prohibitoriam... subis. Ce sont, comme *sanqualis* et *immussulus,* des noms d'oiseaux usités dans le jargon des augures, dont Pline a grand tort de regretter l'oubli ; car, quand on en saurait le sens, on n'en serait pas mieux instruit sur les propriétés des espèces qu'ils désignent.   G. CUVIER.

XVIII, page 232, ligne 11. *A cauda de ovo exire.* Ceci est un exemple de ce que devaient être les connaissances des augures. Comment serait-il possible qu'un oiseau sortît de l'œuf la queue la première? C'est au moyen d'un petit tubercule, qu'ils ont sur le bec au moment où ils éclosent, qu'ils fendent et font éclater la coquille qui les renferme.

On peut juger encore de l'ignorance de ce fameux collège par ce qui est rapporté dans les deux chapitres suivans, d'après Nigidius et Trébius, des chouettes et des pics.   G. CUVIER.

XXII, page 236, ligne 12. *Oscines, et alites.* Distinction empruntée aux augures, mais peu subtile; car tous les oiseaux de chant volent.   DOE.

XXVIII, page 246, ligne 7. *Aliud reperit Syriæ pars.* Pline (liv. XXIX, chap. 13) s'étend davantage sur la composition de ce médicament, dans laquelle il fait entrer une herbe appelée commagène. Galien fait aussi mention de cette composition barbarique au liv. II, chap. 10 de la *Composition des médicamens suivant les lieux.*   DOE.

XXIX, page 246, ligne 13. *Chenalopeces.* Oie-renard; on pourrait croire que c'est une oie qui fait un terrier comme le renard, et que ce serait notre tadorne (*anas tadorna*, L.), comme l'avait imaginé Turner, suivi en cela par Buffon et par d'autres modernes; mais en réalité le *chenalopex* des Grecs est une oie que les Égyptiens honoraient d'un culte (HÉROD., liv. II, c. 72), à cause de l'amour que les parens portaient à leurs petits (ÉLIEN, liv. X, chap. 16), s'exposant même pour détourner d'eux le chasseur (*id.*, liv. XI, chap. 38); qui était en conséquence, pour les Égyptiens, le symbole de l'amour maternel et filial, et en général de la filiation, et qu'ils ont souvent représenté dans leurs hiéroglyphes comme on peut le voir à chaque page de la grande *Description de l'Égypte.* On l'appelait oie-renard à cause de son naturel rusé et méchant (ÉLIEN, liv. V, chap. 30), et non pas parce qu'elle aurait fait un terrier. Quoique moins grande que l'oie ordinaire, elle savait très-bien se défendre de l'aigle, du chat et des autres animaux malfaisans (*id.*, *ibid.*). Ces diverses circonstances se réunissent dans l'oie armée, dite oie d'Égypte (*anas Ægyptiaca*, GM.; BUFF., enl. 982, 983), et cet oiseau ressemble aussi très-bien aux figures des hiéroglyphes. Il ne peut donc rester de doute sur son espèce. Sa figure dans les hiéroglyphes phonétiques représente la lettre S. (*Voyez* CHAMPOLLION, *Précis du système hiérogl.*, p. 31.)

Page 246, ligne 13 et 14. *Quibus lautiores epulas non novit Britannia, chenerotes, fere ansere minores.* Ce chenerote, du genre des oies, mais plus petit que l'oie et le meilleur des gibiers de la Bretagne, ne peut guère être que le souchet (*anas clypeata*, L.; BUFF., enl. 971 et 972) dont Buffon dit (*Hist. des oiseaux*, tom. IX, in-4°, pag. 196) : « Le souchet est le meilleur et le plus délicat des canards ; il prend beaucoup de graisse en hiver : sa chair est tendre et succulente. » Remarquons que Buffon a cité inexactement le passage de Pline, en l'appliquant au chenalopex (*ib.*, pag. 208) : *suaviores epulas olim vulpansere non noverat Britannia* (PLINE, liv. 10, chap. 22) ; ce qui a contribué à lui faire croire mal à propos que le chenalopex est le tadorne, c'est qu'il n'a pas pris cette citation altérée dans Pline même, mais dans Aldrovande (*Ornithol.*, III, p. 161) : tant il est dangereux de ne pas remonter aux sources.   G. CUVIER.

Ligne 15. *Decet tetraonas suus nitor, absolutaque nigritia, in superciliis cocci rubor.* Le coq de bruyère noir à queue fourchue (*tetrao tetrix*, L.; BUFF., enl. 171), oiseau d'un beau noir à sourcil écarlate.   G. CUVIER.

Ligne 16. *Alterum eorum genus vulturum magnitudinem excedit, quorum et colorem reddit.* Le grand coq de bruyère (*tetrao urogallus*, L.; BUFF., enl. 73), très-grand oiseau brun, et qui a aussi le sourcil rouge.   G. CUVIER.

Page 248, ligne 5. *Tardas.* On ne peut douter qu'il ne s'agisse ici de l'outarde (*otis tarda*, L.), bien que l'assertion soit très-fausse que c'est un mauvais manger, et encore plus que cette qualité lui vienne de sa moelle, car les oiseaux n'ont point de moelle dans les grands os ; ils les ont vides et l'air y pénètre. La chair de l'outarde est fort bonne et rappelle un peu le goût de celle du lièvre.   G. CUVIER.

Page 248 , ligne 6. *Emissa enim ossibus medulla.* Sur ce passage nous devons dire, quant à l'outarde de nos contrées , qu'on mange aujourd'hui cet oiseau sans répugnance. Ici le mot *medulla* ne peut signifier que la moelle épinière.   DOÉ.

XXX, page 250, ligne 5. *Quum hæc nunc ales, etc.* La grue , beaucoup plus commune dans les parties orientales de l'Europe que chez nous, y a été de tout temps en usage sur les tables. (*Voyez* AULU-GELLE , liv. VII, chap. 16, HORACE, liv. II , satire dernière, et les voyageurs.)   DOÉ.

XXXII , page 252 , ligne 9. *Olorum morte narratur flebilis cantus.......* Le chant mélodieux des cygnes , célébré par tant de poètes , d'historiens et même de naturalistes , depuis Homère et Hésiode jusqu'à ce jour, n'est-il que le fruit de leur imagination ?... Si au contraire il existe, pourquoi ne l'entendons-nous plus ?... Ce sont deux questions dont on s'est occupé souvent sans fruit , et qu'un heureux hasard, secondé par des recherches , m'a donné lieu d'approfondir.

Élien, qui écrivait sur l'histoire des animaux, sous le règne d'Alexandre Sévère, vers le milieu du troisième siècle, a refusé le chant aux cygnes, dans son premier livre (chap. 30) : mais, dans le dixième , il assure, d'après le témoignage d'Aristote, qu'on en avait souvent entendu chanter dans la mer d'Afrique ; et il ajoute qu'il n'en saurait parler que sur le rapport d'observateurs étrangers, n'ayant jamais pu les entendre lui-même. Pline n'avait pas été plus heureux malgré les peines qu'il s'était données pour assister à leurs concerts (liv. X , chap. 32) : aussi en nie-t-il l'existence, d'après ses propres expériences (... *Falso, ut arbitror aliquot experimentis*). Hécatée de Milet, cité par Élien dans son onzième livre (chap. 1), disait que les cygnes des régions hyperboréennes s'approchaient tous les ans des prêtres et des musiciens qui célébraient, par des chants et des concerts d'instrumens, la fête d'Apollon, et qu'ils joignaient leurs voix mélodieuses aux hymnes sacrés. Lucien cependant, qui savait distinguer les observations des naturalistes des récits superstitieux , assure dans son voyage d'Italie , réel ou supposé (*Lucia-*

nus de electro seu cygnis), que les cygnes du Pô ne chantaient pas. Bien loin de célébrer, par de doux accords, la mémoire de Phaéton leur ancien ami, comme le croyaient les Grecs, ils ne poussaient que des cris désagréables. Les habitans des rives du Pô assurèrent aux voyageurs que les corbeaux et les geais pouvaient passer pour des sirènes auprès d'eux ; il ne leur était jamais arrivé de leur entendre chanter rien d'agréable, pas plus que de trouver sur des peupliers de l'ambre formé par les larmes des sœurs de Phaéton.

Tant de variations sur un oiseau si connu en apparence des Grecs et des Romains, ont jeté les modernes dans une grande perplexité. Morin, de l'académie des Inscriptions, a résolu la question, en disant que les anciens ont fait chanter les cygnes, comme ils ont fait parler les bêtes (*Mém.*, tom. v, pag. 207). Cette manière de raisonner messiérait très-fort à un naturaliste : aussi Aldrovande a-t-il suivi une marche bien différente. J'en vais donner un aperçu, après avoir fait observer que je passe exprès sous silence la circonstance de leur mort, que l'on croyait être annoncée par des accens mélodieux. On sait que la plupart des animaux, sentant leur fin approcher, se retirent dans des endroits écartés ; et que la nature défaillante ne saurait produire des efforts, tels que le chant semble les exiger.

Aldrovande observa, le premier, que la trachée-artère du cygne sauvage ne s'insérait pas au sortir du col immédiatement dans la cavité du thorax, mais seulement après avoir serpenté dans une cavité du sternum, particulière à son espèce, à la grue, et à quelques autres oiseaux en petit nombre.

Il attribue à cette conformation de la trachée, qui en double presque la longueur, deux usages différens (*Ornitholog.*, liv. XIX, cap. 1) : l'un de conserver un plus grand volume d'air, pour fournir à la respiration du cygne, qui plonge et barbotte souvent pendant un quart d'heure entier : l'autre de donner une grande étendue et un grand volume à la voix. Nous ne dirons rien du premier usage, que le cygne domestique devrait partager avec le sauvage, puisque l'un et l'autre se comportent de même sur l'eau. Quant au second, il devrait être commun à la grue et à tous les oiseaux qui ont la trachée ainsi conformée, sans que leur cri en soit cependant moins désagréable. Tel sera toujours le sort des naturalistes qui voudront deviner les causes finales ; l'erreur deviendra le plus souvent leur partage.

La structure de la trachée du cygne a fait prendre à Aldrovande l'affirmative dans le partage des opinions sur le chant de cet oiseau ; il a seulement restreint le chant au cygne sauvage, d'après le témoignage de Frédéric Pendosi et Georges Braun.

Le premier lui avait assuré qu'en se promenant dans une barque sur le lac de Mantoue, il avait souvent entendu le chant mélodieux de certains cygnes. Braun disait qu'on voyait sur la Manche, près de Londres, des troupes de cygnes qui volaient au devant des vaisseaux, et semblaient féliciter les passagers de leur retour, par des chants doux et gracieux. On n'entend plus ce chant des cygnes dans l'Italie : ils sont aussi muets sur le lac de Mantoue que sur les bords du Caïstre et du Méandre. Des voyageurs modernes les ont cherchés en vain sur ces fleuves de l'Asie, d'après les traditions grecques.

Pour ce qui est des cygnes anglais chantans de Braun, Willoughby et Ray, son commentateur, en ont nié l'existence. Cependant Ray ajoute ces paroles expressives : « Le nom anglais *hooper*, relatif au cri perçant que l'on a donné au cygne sauvage, annonce qu'il a une voix forte et qui peut être entendue de fort loin » (*Cygnum enim ferunt vocem vehementem edere, et quæ a longinquo audiatur, vel ipsum nomen anglicum a clamore et vociferatione inditum, arguit. Hooper Willughbii Ornithol.*, lib. III, cap. 2). Transcrivons à leur suite un passage d'Olaüs Wormius sur le chant du cygne, et nous aurons sous les yeux tout ce que les naturalistes des siècles précédens ont écrit. Ceux de notre siècle n'ont, pour la plupart, rien laissé sur ce chant, entre autres M. Brisson, la première Encyclopédie (tome III), et Edwards lui-même, à qui nous devons d'ailleurs un très-bon dessin du cygne sauvage. « Il y avait, dit Wormius, dans ma maison, un jeune homme très-véridique, appelé Jean Rostorf, né en Norwége : il m'assura, sous la foi du serment, qu'il avait entendu un jour, dans le canton de Nédres, sur le rivage de la mer et de grand matin, un bruit extraordinaire et très-agréable, mêlé de sifflemens et de sons gracieux. Ignorant ce qui pouvait produire ces sons, dont il ne voyait point la cause, il monta sur un promontoire élevé, et aperçut, dans un petit golfe voisin, une multitude innombrable de cygnes qui rendaient ces sons mélodieux et les plus flatteurs qu'il ait jamais entendus. J'ai appris, continue Wormius, de plusieurs Irlandais, mes disciples, que l'on entendait souvent cette harmonie dans les endroits fréquentés par les cygnes. J'ai rapporté, ajoute-t-il encore, ces différens témoignages, afin de montrer, par des expériences modernes, que tant d'auteurs illustres ne s'étaient pas trompés en parlant du chant des cygnes. » (*Musæum Warmion*, III, c. 19).

Les ornithologistes en ont distingué deux espèces : *cygnus mansuetus*, le cygne domestique, *swan* des anglais ; et le cygne sauvage, *cygnus ferus*, en Angleterre, *wild-swan* ou *hooper*. Le principal caractère qui les distingue l'un de l'autre est l'insertion et la plicature de la trachée-artère dans une cavité particulière du sternum, avant son introduction dans celle du thorax. Aldrovande qui les avait découvertes, les crut communes aux deux espèces. Ray, ayant disséqué des individus de l'un et de l'autre, n'a trouvé la trachée ainsi repliée que dans le cygne sauvage. M. d'Aubenton a confirmé cette observation dans le cygne sauvage ; mais n'ayant jamais disséqué de cygne domestique, le savant naturaliste n'assure pas que ce caractère lui appartienne ainsi qu'au cygne sauvage. Ray, comme nous l'avons vu, le lui refuse constamment, d'après des dissections multipliées des uns et des autres. On peut l'en croire, et établir, pour caractère distinctif intérieur du cygne sauvage, l'insertion et la plicature de la trachée-artère dans le sternum.

Le bec offre un caractère extérieur qui a été parfaitement saisi, quoiqu'il se détruise après la mort par le dessèchement, comme on s'en aperçoit sur le cygne sauvage du Cabinet du Roi. Dans le cygne domestique, la base du bec est recouverte jusqu'à l'œil d'une peau noire, tandis que le reste du bec est rougeâtre. Dans le cygne sauvage, au contraire, la pointe du bec est noire, et la base jusqu'à l'œil est très-jaune. Willoughby, Ray et plusieurs autres disent que le plumage du cygne sauvage est mêlé de gris, surtout vers les ailes et le manteau. M. Brisson, dans la description du cygne sauvage, faite sur un individu du cabinet de

madame de Bandeville, dit que ce cygne est entièrement blanc,
comme le cygne domestique. Edwards est du même avis, seul
conforme à la vérité ; mais tous s'accordent à représenter le cygne
sauvage comme plus léger et plus petit que les cygnes de nos
canaux ; ce qui n'est pas vrai... Voilà, dans la plus grande exactitude, tout ce qu'on a écrit sur les cygnes jusqu'à ce jour. Je
vais à présent rapporter mes observations particulières.

Ayant appris que l'on conservait à la ménagerie de Chantilly
une espèce de cygne chantant, je m'y rendis le 13 juillet 1783;
et les ayant long-temps examinés avec un des inspecteurs
(M. L'Écailler), je recueillis les remarques et les observations
qu'il me communiqua avec la plus grande complaisance.

En 1740, un cygne, de l'espèce du cygne sauvage, s'abattit
sur le grand canal de Chantilly, y fut pris et conservé pendant
trois ans , après lesquels il mourut. La grande jeunesse de l'inspecteur, à l'instant de cette mort, l'a empêché d'en conserver un
souvenir distinct. En 1757, un pareil, âgé de trois ans, se fixa
sur le canal avec les cygnes domestiques, y vécut pendant six
ans. Après ce temps, il les abandonna de lui-même, et se trans-
porta dans un bassin qui est placé au milieu de la ménagerie, et
qui est appelé le bassin de la Colonne, à cause d'une colonne de
porphyre, élevée jadis dans le milieu de cette pièce d'eau. Un
coup de tonnerre le tua en 1774 ; de sorte que ces deux premiers n'ont point été observés, ou l'ont été si mal, que nous
ne les rappellerons plus dans ce qui doit suivre. Le chant de
celui que la foudre écrasa, attira, pendant le rigoureux hiver de
1769, les deux cygnes chantans actuellement vivans, mâle et femelle. Ils se posèrent sur le canal, où on les reconnut aussitôt
pour des cygnes étrangers, à la couleur jaune de la base de leur
bec. On chercha à les prendre en leur jetant du grain , comme
aux autres cygnes : ils s'accoutumèrent à le manger ; et après
quelques jours, ils s'approchèrent des personnes qui nourrissent
ces oiseaux. Alors on jeta du grain sur l'eau du canal ; sa pesanteur le précipita au fond , et les deux cygnes étrangers plongèrent
la tête et le corps pour le ramasser. Cet instant fut saisi avec
diligence, et on prit leurs pieds dans des nœuds coulans. Ils
étaient âgés de trois ans à peu près; c'est-à-dire qu'ils n'avaient

VII.   25

plus de duvet gris, et n'offraient qu'un plumage entièrement blanc.

Les ayant mis seuls dans le bassin de la colonne, on leur coupa, jusqu'à la peau, neuf plumes des ailes. Malgré cette opération, ils profitèrent d'un coup de vent pour s'élever au dessus de la haie qui séparait leur bassin du grand canal, où ils se mêlèrent avec les autres. Il fallut recourir aux amorces et aux nœuds coulans pour les reprendre. Voulant les fixer seuls dans le bassin de la colonne, l'inspecteur de la ménagerie les fit *éjointer ;* c'est-à-dire qu'avec des tenailles rougies au feu, on leur abattit le fouet des ailes. Depuis ce moment ils n'ont plus quitté la colonne : sans être familiers, ils se laissent approcher par l'inspecteur, et prennent de sa main des laitues et d'autres herbages. On leur a donné à Chantilly le nom de *cygnes pâles,* à cause de la peau jaune qui recouvre la base de leur bec, et on les y appelle simplement *les pâles.*

Ces deux cygnes firent, en 1779, une première couvée de six œufs, dont il naquit un seul petit, mâle, actuellement vivant. Ce jeune individu, parvenu à l'adolescence, rechercha la compagnie des oies et des canards femelles ; mais il en fut rebuté. Il a conservé depuis cette époque une antipathie si forte pour les canards, qu'il court sur eux et veut les tuer. Il a l'air fort triste : cette mélancolie était peut-être produite par un accident qui le faisait boiter depuis quelques jours. En 1780, ses père et mère firent leur seconde couvée de sept œufs. Quatre petits vinrent à terme, mais ils vécurent peu de jours. La troisième ponte, de 1781, fut aussi nombreuse et aussi malheureuse ; les cinq petits qui vinrent seuls à éclore, moururent bientôt. Celle de 1782 a bien réussi ; il en est sorti quatre jeunes cygnes, qui sont bien portans et couverts d'un duvet gris-cendré, plus clair que le gris des jeunes cygnes domestiques ; ils sont aussi plus forts et plus gras que les jeunes du canal, leurs contemporains. L'inspecteur croit les reconnaître pour deux mâles et deux femelles, et il pense qu'ils seront plus gros et plus forts que leurs père et mère.

Ceux-ci ont, comme le cygne sauvage, la base du bec jaune et la partie cornée noire. La pointe du bec est beaucoup plus effilée que dans le cygne domestique. Le tubercule qui est placé à la base du bec de ce dernier, est entièrement oblitéré dans les cygnes qui chantent, comme le représentent aussi les dessins de Willoughby et d'Edwards ; leur col est plus délié, et paraît n'avoir que la moitié de la grosseur du col des cygnes domestiques, ce qui leur donne une grâce singulière. L'envergure des signes chantans est plus grande, les plumes plus grosses, la taille plus haute, le col plus long de quatre doigts et les genoux plus élevés de six lignes au moins que dans le cygne domestique. Quand ils nagent ils ne balancent point leur tête et leur cou, comme les autres, dont le mouvement ressemble à celui des barques ; mais ils paraissent immobiles, et fendent l'eau comme un vaisseau. L'inspecteur, qui avait examiné, sans dissection anatomique, les squelettes des deux premiers morts, leur a constamment trouvé les os plus gros ; il en conclut que les cygnes chantans doivent voler beaucoup mieux et plus long-temps que les autres.

L'expérience a confirmé ce soupçon ; car nous les avons vus s'élever par dessus des haies, pour rejoindre les cygnes du canal, quoiqu'on leur eût coupé neuf plumes des ailes : d'ailleurs ils volent bien au delà de la portée du fusil, et s'élèvent à la plus grande hauteur. Leur chant, dont je parlerai tout-à-l'heure, les fait distinguer dans les airs à cette élévation. Tout le monde sait, en effet, que le cygne domestique, posé ou volant, ne fait entendre aucun cri ; il rend seulement un son étouffé et aussi faible que le roucoulement des pigeons, lorsqu'il est molesté, ou qu'il appelle sa femelle. Le chant en fit reconnaître cinq qui passèrent au dessus de Chantilly, et s'y arrêtèrent quelques heures, pendant l'hiver de 1768. Cette famille était composée du mâle, de trois petits et de la femelle ; ils volaient dans l'ordre où je viens de les énoncer. Le mâle allait le premier, à la distance de quatre-vingt à cent toises ; il semblait indiquer la route aux autres ; il était suivi par les petits, qui paraissaient n'avoir que deux ans, n'étant pas encore tout blancs ; la femelle fermait la marche. Toutes les eaux de Chantilly étaient gelées, à l'exception d'une petite portion du canal, où elles sont vives et très-coulantes ; ce fut là que s'abattit la caravane, pressée par la soif. Le mâle s'approcha de l'eau courante avec précaution, en but, et par un petit cri étouffé, répété plusieurs fois, *couq, couq, couq*, il invita sa

famille à se désaltérer sans crainte : elle lui obéit, et le mâle fit
le guet pendant ce temps-là. Dès qu'un objet nouveau ou ef-
frayant frappait sa vue ou son ouïe, il avertissait la troupe par
son chant ordinaire et perçant, et ils s'enfuyaient de concert ; de
sorte qu'on ne put jamais les joindre, et qu'ils disparurent après
quelques courtes stations.

Cette vigilance et cette tendresse pour leurs petits les rendent
d'un accès difficile. Dans les premiers jours où les petits actuellement vivans furent éclos, les père et mère chassaient loin d'eux
et battaient même leur premier enfant, âgé de trois ans, qui vit
seul et triste. Ils ont cependant souffert depuis quelques canards
dans leur bassin. Le jeune cygne n'a pas la même complaisance
pour ces oiseaux, et il les poursuit souvent avec colère. On
plaça, il y a quelques années, une oie du Canada dans le bassin
de la colonne avec les cygnes chantans ; ce fut une source per-
pétuelle de disputes et de combats. L'oie du canada, dont les
ailes n'avaient pas été rognées, attaquait le cygne mâle avec avantage ; elle volait et fondait sur lui ; celui-ci se défendait vigoureusement ; mais ne pouvant s'élancer hors de l'eau, il combattait
toujours avec un désavantage marqué. Il eut enfin l'adresse de
saisir, avec le bec, le cou de son ennemi ; il l'attira vigoureusement à lui ; et le plongeant dans l'eau à plusieurs reprises, il
cherchait à l'étouffer. On s'aperçut de cette manœuvre meur-
trière, et on dégagea l'oie du Canada. Celle-ci fut si honteuse de
sa défaite, qu'elle s'enfonça sous des pierres qui sont placées en
saillie autour de la colonne. Il fallut l'en arracher de force, pour
la transporter ailleurs. Ce combat fait connaître la force extraordinaire du cygne chantant, qui contenait l'oie malgré sa défense,
quoiqu'un homme ait de la peine à retenir ce palmipède. Un
cygne domestique n'en serait jamais venu à bout ; j'ai même vu
celui-ci battu et blessé par le cygne chantant, dans les expériences faites par les ordres et sous les yeux de S. A. S. Mgr le
prince de Condé et de MM. les députés de l'académie des inscriptions.

Voilà assez de caractères particuliers pour faire distinguer le
cygne chantant du cygne domestique. Il en est cependant encore
un mieux prononcé : c'est le chant. On employa, pour me le

faire connaître, un stratagème bien imaginé. On apporta une oie domestique, et on la posa sur le gazon qui entoure le bassin de la colonne. A peine cet oiseau eut-il touché la terre, que les cygnes s'avancèrent fièrement à la file l'un de l'autre, le mâle le premier, pour combattre ce nouvel hôte. Ils approchèrent de lui lentement, en enflant leur cou, lui donnant un mouvement d'ondulation semblable à celui des reptiles, et rendant des sons étouffés. La scène allait être ensanglantée, lorsqu'on reprit l'oie par les ailes, et on l'emporta hors de l'enceinte : alors les deux cygnes se placèrent vis-à-vis l'un de l'autre, et se dressèrent sur leurs jambes, étendirent leurs ailes, élevèrent la tête, et se mirent à chanter leur prétendue victoire à plusieurs reprises. Pendant ce temps, ils avaient l'air de se pavaner, de se donner des grâces, à peu près comme le pigeon mâle fait auprès de sa femelle. Ils marquent chaque ton par une inflexion de tête. Leur chant est composé de deux parties alternatives très-distinctes. Ils commencent par répéter à mi-voix un son pareil à celui qui est exprimé par le monosyllabe *couq*, *couq*, *couq*, toujours sur le même ton ; on l'entendait à peine à cinquante toises. Ils élèvent ensuite la voix, en suivant, selon l'observation de l'abbé Arnaud, les quatre notes *mi*, *fa ; re*, *mi*, dont les deux premières
le mâle ; la femelle
sont du mâle, et les deux autres de la femelle.

Quoique leur chant ait quelque analogie, pour la qualité du son, avec le cri déchirant du paon, il ne laisse pas de plaire à l'oreille. Je ne me lassais point de l'entendre, et je le leur ai fait recommencer trois ou quatre fois par le même stratagème. Il est étonnant que ce chant soit agréable ; car il est si perçant, qu'on l'entend le soir de la butte d'Apremont, monticule éloigné d'une lieue de la ménagerie. Le fait m'a été attesté non seulement par l'inspecteur et autres préposés à la ménagerie, mais encore par des habitans de Chantilly. Les cygnes font entendre leur voix le matin, le soir, et lorsqu'ils sont affectés de quelques sensations fortes ou extraordinaires : aussi est-elle plus mélodieuse dans le printemps, saison de leurs amours. Je ne les ai entendus que dans le mois de juillet, au commencement de la mue, crise qui rend les oiseaux plus ou moins malades ; et j'ai trouvé encore agréable ce chant, que je leur ai fait souvent répéter.

Plusieurs curieux et étrangers, à qui les inspecteurs de la ménagerie les ont fait entendre depuis que je leur ai appris l'intérêt que l'on pouvait y prendre, ont été surpris de la force et de la douceur de ce chant. Il est moelleux et remplit flatteusement l'oreille. Observons encore que la femelle ne commence à chanter que quelques secondes après le mâle : tel est un musicien qui, voulant accompagner une première voix, observe du silence : celle-ci d'ailleurs n'a pas la voix aussi forte que le mâle; elle ne m'a pas paru chanter à l'unisson, mais un ou plusieurs tons plus bas. Le mâle chante d'abord *mi*, *fa*; et pendant qu'il poursuit *re*, *mi*. elle commence *mi*, *fa*, et toujours de même ; ce qui produit un accord qui doit être agréable quand une troupe nombreuse de cygnes est réunie et chante en même temps. Au reste, ce chant n'est pas aussi varié que celui des oiseaux chantans ; mais il l'est un peu, principalement dans la dernière note, sur laquelle ils font une longue tenue. La nuit pendant laquelle les petits, actuellement vivans, sortirent des œufs, fut célébrée par des chants très-variés et très-fréquens ; de sorte que l'inspecteur les entendant, dit à sa femme qu'il était sûrement arrivé aux cygnes quelque évènement extraordinaire. Il les trouva effectivement à la pointe du jour, accompagnés de plusieurs petits.

Après ce récit fidèle de mes observations, j'examinerai à quelle espèce de cygne on doit rapporter le cygne chantant, et quelle est sa patrie. Quant à la nomenclature, je crois, après un mûr examen, qu'on peut l'associer au cygne sauvage, et n'en faire qu'une seule et même espèce. J'avoue que ma première idée était de le placer seul en troisième ligne, parce qu'ayant la base du bec jaune comme le cygne sauvage, il n'est cependant pas gris comme lui, mais tout blanc comme le cygne domestique. Le cygne chantant est d'ailleurs plus haut et plus gras que ce dernier, et tous les ornithologistes s'accordent à représenter le cygne sauvage comme plus mince et plus petit que le cygne domestique. Mais on explique facilement ces apparentes variétés, en observant que les cygnes sauvages décrits par ces auteurs, et qui étaient des individus isolés ou égarés par des coups de vent, marquaient encore ; c'est-à-dire qu'ils étaient jeunes, et avaient encore des plumes grises. Tel est celui du cabinet du Roi. L'individu du cabinet de madame de Bandeville, décrit par M. Brisson, et celui d'Edwards, sont tout blancs, ainsi que les cygnes-chantans de la ménagerie de Chantilly.

Nous avons vu que Ray accordait au cygne sauvage une voix forte et un cri perçant; ce qui prouve qu'il en avait entendu parler vaguement : du moins ce passage nous autorise-t-il à ne faire qu'une seule espèce du cygne chantant. Lorsqu'on pourra disséquer quelques-uns de ces derniers, on verra si sa trachée-artère est conformée comme celle du cygne sauvage ; ce sera la vraie caractéristique, et le temps la fera connaître. En attendant, si l'analogie peut être de quelque utilité dans l'histoire naturelle, elle nous porte à croire que le cygne chantant doit avoir la trachée-artère repliée dans une cavité particulière du sternum ; car on a observé qu'il porte, en nageant, la tête beaucoup plus en arrière que les cygnes domestiques. D'après toutes ces considérations, on ne peut encore établir que deux espèces de cygnes, le cygne domestique et le cygne sauvage, auquel se joint et avec lequel se confond le cygne chantant. (La dissection qu'a faite M. Vicq-d'Azyr d'un de ces cygnes, mort depuis peu, a confirmé cette conjecture.)

On est plus embarrassé sur la patrie qu'on doit assigner à ce dernier. Les anciens naturalistes n'ayant jamais distingué deux espèces de cygnes, ne peuvent nous donner aucune lumière sur cet objet, à moins qu'on ne les entende partout du cygne sauvage, parce qu'ils parlent toujours du chant des cygnes. Nous trouverions alors que cet oiseau aurait autrefois habité les pays chauds; car le Caïstre et le Méandre sont des fleuves d'Asie, et le Pô est en Italie. L'inspecteur de la ménagerie, qui m'a donné tant de renseignemens sur les cygnes chantans, pencherait pour cette opinion; il croit en effet que la Corse ou d'autres contrées méridionales sont leur patrie. Pour moi je ne saurais être de cet avis, parce que le cygne sauvage est sûrement un oiseau de passage, et qu'il est inouï de voir des oiseaux quitter les pays chauds pour aller dans les climats froids pendant l'hiver. Habite-t-il les régions septentrionales ?... le passage d'Olaüs Wormius le ferait croire ; cependant Pontoppidan, dans son histoire de la Norwège, dit que les cygnes qu'on y aperçoit sont étrangers à cette contrée.

M. de Troïl (dans ses *Lettres sur l'Islande*, page 130, traduction française) assure positivement que les cygnes habitent cette île, qu'ils y pondent, et qu'ils l'abandonnent pendant l'hiver, à l'exception de quelques paresseux ou traîneurs, et des petits, qui ne quittent point dans l'année le lieu de leur naissance. « Le chant des cygnes, ajoute-t-il, est, à ce que l'on prétend, des plus agréables dans les nuits froides et noires de l'hiver, mais il ne nous a pas paru tel au mois de septembre. » Cette observation est conforme à ce que j'ai dit plus haut du temps de la mue, où la voix de la plupart des oiseaux s'affaiblit et se perd même dans certaines espèces.

Le résultat de cette note est donc que le cygne sauvage habite les pays septentrionaux ; que ceux de cette espèce, conservés à la ménagerie de Chantilly, ont un chant ; et que les anciens ne se sont pas trompés en parlant du chant du cygne. Ils ont erré seulement, en attribuant à tous les cygnes indistinctement la faculté de chanter, qui est particulière aux cygnes sauvages. Enfin, on appréciera aisément, d'après nos observations, les hyperboles des poètes, qui ont eu dans la nature une base réelle.

M. Thorkelin, professeur de Copenhague, natif d'Islande, a assuré depuis peu, à M. Byres de Tonlay, à Londres, qu'il avait entendu des cygnes sauvages en Islande, où ils sont en grand nombre, chanter *avec une certaine cadence* en volant.

Ayant retrouvé le cygne chantant, et ayant étudié ses mœurs, je dois, pour rendre aux anciens la justice qui leur est due, appliquer ces notions à leurs écrits, et en rétablir le véritable sens.

Cherchons d'abord pourquoi le plus grand nombre des auteurs qui ont fait chanter les cygnes, entre lesquels on compte Hésiode, Homère, Eschyle, Euripide, Théocrite, Platon, Callimaque, Aristote, Antipater, Cicéron, Virgile, Lucrèce, Ovide, etc., etc., ont fixé au moment du trépas cette faculté des cygnes. Nous avons déjà observé en général que les anciens n'en distinguaient pas de deux espèces. Aristote (*de Animal.*,

lib. 1 , cap. 4 , et lib. 8, cap. 12) seul parle, en deux endroits
de son histoire des animaux, de cygnes qui vivaient en société , à
l'exclusion sans doute d'une espèce solitaire. On ne connaît point
encore cette farouche espèce qui a été appelée par quelques
Grecs ἄστοργοι, ἀλληλόκτονοι, ἀλληλοφάγοι, sans tendresse pour
leurs petits, s'entretuant et se mangeant les uns les autres ; car
on ne saurait donner ces qualités odieuses au cygne sauvage. Bien
loin de tuer ses petits, il les défend vigoureusement, comme je
l'ai dit plus haut. Ce même cygne d'ailleurs a vécu long-temps
avec les cygnes domestiques. On ne peut donc pas entendre le
passage d'Aristote du cygne sauvage, mais d'une autre espèce qui
nous reste encore à découvrir. Pindare l'avait appelée, avant
Aristote, oiseau féroce ; mais Ovide l'a vengée par l'épithète *in-
nocuus.* Euripide avait plus fait encore pour ce volatile, calom-
nié si injustement ; il a comparé, dans son *Électre*, les cris de
cette infortunée fille d'Agamemnon, au chant plaintif du jeune
cygne qui pleure son père arrêté dans des pièges meurtriers.

Il paraît, par la variété des opinions, que les anciens ont
eues sur les mœurs du cygne, qu'ils l'avaient mal observé, ou
plutôt que le cygne sauvage ou chantant était très-rare dans leurs
contrées. Ils ne l'avaient pas aperçu souvent. Voulant donc con-
cilier l'ancienne tradition du chant des cygnes avec le silence des
cygnes qui vivaient dans leurs canaux, et des individus sauvages
reconnus par hasard et très-mal étudiés, ils assurèrent qu'ils ne
chantaient qu'à l'heure de leur mort et dans des endroits retirés,
où ils n'avaient pas même d'autres oiseaux pour témoins de leur
trépas. Ce sont les propres paroles d'Oppien (*De venatione*). Il
était difficile de combattre cette manière d'expliquer l'ancienne
tradition : on se serait efforcé en vain de suivre le cygne mourant
dans le creux des rochers ou au travers de déserts impraticables ;
quoique dans Athénée (liv. IX), Alexandre Myndien assure le
contraire, d'après sa prétendue expérience. Le cygne, d'ailleurs,
vit si long-temps qu'on lui attribue trois siècles de vie , et qu'il
est très-rare d'en voir mourir.

Le phénomène qui l'excitait à chanter dans ce moment fatal,
était encore plus surprenant. On disait que les plumes de sa tête
prenaient un accroissement subit en dedans du crâne, et qu'en

déchirant son cerveau, elle lui arrachait par la force de la douleur ces sons mélodieux. Ovide a chanté cette merveille :

> . . . . Veluti canentia duræ
> Trajectus penna tempora , cantat olor.

Au reste,

> . . . . . Nec soli celebrant sua funera cygni.
>
> STACE , lib. ii , Sylv.

Le perroquet, selon lui, et l'éléphant, selon Oppien, pleuraient leur mort prochaine. Les anciens attribuèrent aussi cette propriété à l'oiseau de Vénus, et cherchèrent à justifier, par cet innocent subterfuge, la tradition constante du chant des cygnes. Les auteurs modernes ont été moins réservés; ils en ont nié formellement l'existence. Nous voyons aujourd'hui combien a **été** nuisible cette facilité à nier tout ce que nous n'avons pas encore retrouvé ; l'indulgence et la réserve dont les anciens ont usé envers leurs prédécesseurs , devraient nous servir de modèle : mais que nous sommes éloignés de les imiter! *Heroum filii , noxæ.*

Les anciens avaient mieux connu la nature de ce chant célèbre, que les époques auxquelles on pouvait l'entendre. Le cygne sauvage, seul entre les oiseaux aquatiques , a un chant remarquable par sa force. Hésiode avait connu cette force qui le faisait ressembler au son des instrumens à vent. Il dit, dans le bouclier d'Hercule, que les cygnes s'élevant très-haut dans les airs, faisaient entendre une forte voix: Κύκνοι ἀερσιπόται μεγάλ' ἤπυον; *cygni altivolantes magnum clangebant.*

Lucrèce et plusieurs autres poètes l'ont comparée expressément au son des clairons et de la trompette; et c'est ainsi que je l'ai entendue moi-même. Aristophane, en qualité de poète comique , s'est cru permis de parodier ridiculement la nature, comme il avait fait de la vertu. Il exprime le chant de tous les cygnes indistinctement par les monosyllabes sifflans, *tio, tio, tio, tio, tinx.* Virgile a aussi appelé les cygnes *rauci :*

> Dant sonitum rauci per stagna loquacia cygni.

Mais ce sage poète a voulu parler du cygne domestique, car il

fait en cent endroits divers l'éloge du chant des cygnes en général. Il n'y a donc rien à réformer dans les écrits des anciens sur
sa nature ; ils en avaient des notions sûres et précises.

Les Grecs, qui avaient tant puisé chez les Égyptiens, les avaient
peut-être reçues d'eux. Orus-Apollo nous apprend que le cygne
était sur les bords du Nil l'emblème de la musique et des musiciens. D'après cette allégorie hiéroglyphique, Pausanias a pu .
dire que la musique faisait la gloire du cygne : Κύκνῳ τῷ ὄρνιθι
μυσικῆς εἶναι δόξαν : et Callimaque a pu l'appeler l'oiseau des
Muses, Μυσάων ὄρνιθες.

C'est à ce titre sans doute qu'il fut consacré à Apollon, le dieu
de la musique, et qu'il est placé au pied d'une de ses statues con-
servée au Capitole. Selon Homère, dans son hymne consacrée
à ce dieu, le cygne, qui joue sur les ondes du Pénée, chante
Phébus, et fait retentir les échos des louanges du fils de Latone.
Quelques poëtes ont même attaché les cygnes au char de ce
dieu, comme à celui de Vénus. Les artistes devraient employer
cette ingénieuse allégorie, lorsqu'ils veulent représenter le conducteur des Muses, ou le génie qui inspire les pythies, les devins, les hiérophantes et les musiciens : car on a dit aussi que
le cygne, ne chantant qu'au moment de son trépas, avait la faculté de prévoir l'avenir, et qu'en cette qualité il était consacré
à Apollon. Que les sculpteurs et les peintres réservent donc au
soleil le char brillant de rubis et de topazes, les nuages dorés,
les rayons de lumière, et les coursiers aux naseaux embrasés ;
mais que le paisible Apollon Musagète, que la douce et bienfai-
sante divinité de Délos, soient portés sur un char simple et mo-
deste, et traînés par les chantres mélodieux du Caïstre et du
Méandre.

Leur consécration à Vénus et l'agréable fonction de conduire
en tout lieu la mère des amours ont été célébrées par les poëtes
anciens et modernes. Bocace (*Genealog. Deor.*) en a cherché la
cause dans les jouissances physiques. Sans revenir sur des ta-
bleaux que la décence éloigne, ne trouverait-on pas plus naturellement cette cause dans les grâces que les cygnes déploient en
chantant ? Celle qui possède la ceinture des Grâces, la déesse qui
a confié le soin de ses atours à ces trois divinités, doit attacher

à son char des oiseaux qui joignent la beauté des attitudes à la douceur du chant. Vespasien Stroza, poète italien, les a peints avec autant de fidélité que d'élégance dans les vers suivans :

> Cantatu pariter, pariter plaudentibus alis,
>   Aerias cygni corripuere vias.

Vénus, d'ailleurs, est née du sein de l'onde, et les cygnes habitent cet élément de préférence aux autres ; c'est pourquoi on les lui a consacrés. De là ces volatiles sont devenus d'un bon augure. La déesse de Chypre les montre à Énée, après la tempête qui avait dispersé les vaisseaux, pour le rassurer sur leur sort :

> Aspice bis senos lætantes agmine cygnos ;
> Ut reduces illi ludunt stridentibus alis,
> Et cœtu cinxere polum, cantusque dedere :
> Haud aliter puppesque tuæ, pubesque tuorum,
> Aut portum tenet, aut pleno subit ostia velo.
>
> ÆNEID., lib. 1.

Virgile est, dans ce bel endroit, conforme à la tradition, ainsi que nous l'apprennent deux vers cités par Servius :

> Cygnum in auguriis nautis gratissimus ales ;
> Hunc optant semper, quia numquam mergitur unguis.

La hauteur du vol du cygne sauvage a été parfaitement connue des anciens. Nous avons vu plus haut Hésiode l'appeler ἀεροιπότη ; Virgile dit de Varus que doivent chanter les poètes :

> Cantantes sublime ferent ad sidera cygni.

Quand on découvrira quelque troupe nombreuse de cygnes sauvages, on vérifiera ce que Pline a écrit de leur manière de voler. Il assure que la troupe se forme toujours en angle, comme le bataillon des Romains appelé *cuneus*. Les grues, les oies sauvages et autres espèces voisines du cygne, cherchent, par cette forme aiguë, à fendre l'air avec plus de facilité. Sans doute que celui-ci aura été également guidé par son instinct à voler en bataillon aigu : mais ce serait trop accorder à cet instinct, que de dire du cygne, avec Ovide (*Métam.*, II) :

> . . . . Nec se cœloque, Jovique
> Credit, et injuste missi memor ignis ab illo,

Stagna petit, patulosque lacus, ignemque perosus,
Quæ colit, elegit contraria flumina flamma.

Au reste, la mort du cygne sauvage de Chantilly, écrasé par la foudre, en 1774, sur les bords du bassin de la ménagerie, aurait démenti ce poète, si l'on pouvait croire qu'il eût dit sérieusement que le cygne habitait les endroits marécageux, pour être sûr d'éviter le tonnerre.

Dans quelle contrée étaient situés ces endroits marécageux, recherchés du cygne chantant? Les anciens en nommaient plusieurs. Ils parlent des bords du Caïstre, du Méandre, du Strymon, du Pô, de la Charente dans les Gaules, de l'Océan, de la mer d'Afrique, de l'île de Paphos, etc., etc. Appliquons à tous ces lieux divers ce que Pline a dit du passage des cygnes en général. Après avoir parlé des cigognes, il avoue qu'on ignore l'endroit précis de leur retraite, et il ajoute *simili anseres et olores ratione commeant.*

C'est ainsi qu'à l'aide de recherches aussi agréables qu'utiles, j'ai retrouvé dans les écrits des anciens presque tout ce que l'observation m'a appris du cygne chantant. Ce chant des cygnes, ce fameux κύκνειον ἆσμα, qui était passé en proverbe, ne sera plus révoqué en doute : les anciens sont vengés. Puisse ce succès encourager les naturalistes modernes à éclairer du flambeau de l'observation les récits des Grecs et des Romains! Ils verront avec étonnement que leurs connaissances étaient solides et étendues. Pour moi j'embrasse ce travail avec zèle, et je m'y dévoue.

Dans la collection des pierres gravées du baron de Stosch, on voit une cornaline de gravure étrusque. Mercure y est représenté formant une figure dont le corps et le cou ressemblent à un cygne, et dont la tête est celle d'une jeune fille voilée par derrière. Ce sujet est difficile à expliquer ; et Winckelmann en convient.

« Je vais pourtant, dit-il, hasarder mes idées, quoiqu'elles ne me satisfassent pas moi-même. La fable rapporte que (*Hygin. Astron.*, c. VIII, p. 441. *Inter auctores Mythographos ed. Vemstaveren*) Jupiter, n'ayant pu fléchir Némésis, qui l'accablait de refus, persuada à Vénus de se transformer en aigle. Jupiter prit ensuite la figure d'un cygne ; alors Vénus, sous la forme de l'aigle, se jeta sur lui. Mais le cygne tâcha d'échapper à l'aigle, et se réfugia, comme dans un asile, dans le sein de Némésis, où le faux cygne, c'est-à-dire Jupiter, satisfit ses désirs. Némésis accoucha ensuite d'un œuf, que Mercure jeta dans le sein de Léda, et d'où naquit Hélène. Dans cette fable, les amours de Jupiter et de Léda sont bien différentes de celles que l'on raconte ordinairement dans l'histoire de Jupiter ; mais il se peut faire que les graveurs étrusques aient suivi la tradition que je viens d'exposer ; du moins cette figure bizarrement composée y a quelque rapport : Hélène est née de Jupiter transformé en cygne ; ce qui signifierait ici le corps du cygne : Mercure la fit éclore d'un œuf, et sur notre pierre il paraît la modeler et lui donner la forme humaine. »   MAUDUIT.

XXXIV, page 256, ligne 12. *Thebarum tecta subire negantur.* Tiré de quelque poëte inconnu, dont Pline a conservé l'expression. Tacite offre l'exemple d'une semblable licence de style : *Urbem Romam a principio reges habuere......;* et Salluste : *Bellum scripturus sum quod populus romanus.* (*Bell. Jugurth.*)   DOÉ.

Ligne 13. *Nec Bizyæ in Thracia.* Pline a déjà avancé le même fait, liv. IV, ch. 18 ; s'il est vrai, du moins la cause ne l'est pas.

Bizya, aujourd'hui Vize, dans la Romélie, près de la mer Noire.   DOÉ.

XXXVII, page 260, ligne 3. *Confligere ad Memnonis tumulum.* Comme il y a beaucoup d'espèces d'oiseaux qui sont sujettes à de vives querelles, il n'est pas facile de dire quels étaient ces oiseaux de Memnon. Cependant, comme ils arrivaient à des temps fixés pour se battre, et que les divers lieux où l'on a placé le tombeau de Memnon sont tous assez voisins de la mer, il se pourrait que ce conte eût été occasioné par les combattans (*tringa pugnax*, L.; BUFF., enl. 305, 306), oiseaux de rivage si connus par les batailles acharnées que les mâles se livrent chaque printemps.
                                                        G. CUVIER.

XXXVIII, page 260, ligne 8. *Meleagrides.* On ne conçoit pas comment il a pu y avoir du doute sur l'espèce de la méléagride. Athénée en donne (lib. XIV, p. m. 655) une description excellente, tirée de Clytus de Milet, disciple d'Aristote, et qui, d'après cet échantillon de sa manière de décrire devait en être un très-digne disciple. Il en remarque la taille supérieure à celle de la poule ; la protubérance dure et de couleur de buis qui en surmonte la tête, les barbillons charnus qui en garnissent les joues, les petites taches rondes et blanches, semées sur le fond noirâtre de son plumage, enfin jusqu'aux lignes qui marquent les plumes de leurs ailes, et l'absence d'éperons à leurs pieds. Il annonce même qu'elles vivent dans des lieux marécageux et sont peu soigneuses en domesticité de leur progéniture. Il n'est personne qui, à ces traits, ne reconnaisse la pintade, oiseau d'Afrique, comme on voit très-connu des anciens, et qui est redevenu domestique en Europe, depuis les découvertes des Portugais. Ce que dit Pline de son dos saillant ou bossu est encore très-exact ; cependant vingt auteurs ont prétendu retrouver la méléagride dans le dindon, oiseau de l'Amérique septentrionale nécessairement inconnu des anciens, et qui n'offre aucun des caractères qu'ils attribuent à leur méléagride. Linnæus même intitule encore le dindon *meleagris gallo-pavo.* Mais les pintades se battaient-elles précisément sur le tombeau de Méléagre ? Ce sont des oiseaux très-querelleurs qui tourmentent les autres oiseaux de basse-cour et se battent souvent entre eux. Si l'on en élevait près du tombeau de Méléagre, elles devaient s'y battre.   G. CUVIER.

XXXIX, page 260, ligne 14. *Seleucides aves.* Partout où il se montre subitement beaucoup de sauterelles, les oiseaux qui font leur proie des sauterelles se montrent promptement aussi, et l'on a pu les croire être venus à l'improviste : mais comme les espèces de ces oiseaux sont en grand nombre il est difficile, faute de description, de déterminer celle dont il s'agit ici. Elle était petite, à en croire Galien, qui l'appelle d'un nom diminutif ; ainsi ce doit être un oiseau de la famille des piegrièches ou de celle des étourneaux, peut-être le *merle-rose* (*turdus roseus,* L.) qui arrive souvent en troupe et poursuit les insectes.   G. CUVIER.

XLI, page 262, ligne 5. *Sed in secessu acium.* Particularités fort remarquables, mais sur lesquelles nous manquons de bons renseignemens.

Touchant les pies variées à longue queue, Hardouin prétend que ce sont nos pies communes ; ainsi les oiseaux, comme les quadrupèdes, s'étendent de proche en proche. Doé.

Page 262, ligne 17. *Gracculorum... monedularumque, cui soli avi furacitas auri argentique præcipue mira est... Picarum genera, quæ longa insignes cauda variæ appellantur.* Monedula, oiseau noir qui aime à enlever les choses brillantes. Il est à croire que c'est le choucas (*corvus monedula*, L.)

La pie est suffisamment caractérisée dans la troisième phrase. C'est le *corvus pica*, L. G. Cuvier.

Page 264, ligne 7. *Quippe quum Theophrastus tradat.* Il n'est question ici que de l'Asie-Mineure. Hardouin s'appuie mal à propos de l'autorité des livres saints pour élever une difficulté. Au surplus, nous ne savons pas sur quoi l'assertion de Théophraste est fondée. Doé.

XLIII, page 268. *A quindecim diebus paulatim desinunt.* Le rossignol mâle chante pendant quinze jours, temps que dure l'incubation. Albert critique fort injustement Pline en ce lieu.

  Doé.

XLIV, page 268, ligne 17. *Alia ratio ficedulis... melancoryphi vocantur.* L'oiseau indiqué par ces deux noms est très-probablement le gobe-mouche à collier (*muscicapa atricapilla*, L.; Buff., enl. 565), qui est au printemps noir et blanc, et surtout a une calotte noire et un collier blanc, ce qui a motivé son nom de *melancoryphos.* Après la saison des amours, il prend des teintes grises et obscures, et semble un tout autre oiseau. G. Cuvier.

Formam simul coloremque mutant. Pintianus a fait voir que Pline, par une fausse interprétation du texte d'Aristote (liv. IX, chap. 49) rapporte à cet oiseau ce que le philosophe attribue au suivant ; mais l'observation n'est pas plus vraie. Doé.

Ligne 19. *Erithacus hieme, idem phœnicurus æstate.* Le *phœnicurus* ne peut être que le rossignol de muraille (*motacilla phœnicurus*, L., enl. 351), oiseau à corps brun, à queue et poitrine rousses, et à gorge noire, qui niche dans les murs, et se tient par conséquent, en été, près des habitations. Le rouge-gorge (*motacilla rubecula*, L., enl. 361. 1) y vient au contraire pendant l'hiver, et comme il a quelque ressemblance avec le rossignol de muraille, on a pu croire que c'était le même oiseau sous un autre habit. G. CUVIER.

Page 268, ligne 21. *Obscena alias pastu avis.* Inexact de toute manière. Aristote avait dit seulement que la huppe dispose son nid avec le *stercus humanum.* Les villageois, encore aujourd'hui, répètent ce conte qui nous paraît sans aucun fondement. DOÉ.

XLV, page 270, ligne 4. *Chlorion quoque, qui totus est luteus. hieme non visus.* Le chlorion, oiseau jaune qui disparaît en hiver, et qu'Aristote (liv. IX) dit de la grandeur de la tourterelle, ne peut pas être le verdier, qui est de la taille d'un moineau et qui, loin de disparaître en hiver, s'approche alors des habitations. C'est bien plutôt le loriot (*oriolus luteus*, L. , enl. 26), dont le nom français n'est même qu'une altération du grec *chlorion.* G. CUVIER.

Ligne 7. *Merulæ circa Cyllenen Arcadiæ.....* Tiré d'Aristote. La maladie qui produit les albinos affecte les merles comme beaucoup d'autres animaux, et il peut s'en trouver sur le mont Cyllène, en Arcadie, ainsi qu'il s'en voit en France. DOÉ.

.... Nec usquam aliubi, candidæ. Les merles blancs sont une variété individuelle, rare partout, mais qui se rencontre quelquefois dans beaucoup de pays. G. CUVIER.

Ligne 8. *Ibis circa Pelusium tantum nigra est, ceteris omnibus locis candida.* Ce passage, venu originairement d'Hérodote, n'est pas exact; l'ibis noir, ou plutôt vert (*scolopax falcinellus*, L., BUF., enl. 819), habite non-seulement les environs de Péluse, mais tout le midi de l'Europe; l'ibis blanc (*ibis religiosa*, CUV.: BRUCE, *it.*, pl. 35) n'en est pas une variété. C'est une espèce particulière dont nous avons traité amplement. (*Vide supra.*) G. CUVIER.

XLVII, page 270, ligne 16. *Halcyones.* Il en est de l'alcyon comme du phénix; son histoire est fabuleuse, mais on l'a appliquée à un oiseau réel, et cet oiseau, d'après la description fort claire d'Aristote (l. IX), est incontestablement notre martin-pêcheur (*alcedo ispida*, L., enl. 77) : *Non multo amplior passere, colore cœruleo et viridi, et leviter purpureo... rostrum subviride, longum et tenue.* Pline, dont la description paraît empruntée de celle d'Aristote, a mis *collum* pour *rostrum*, ce qui rendrait l'espèce méconnaissable si l'on ne remontait à la source.

Tout ce qui est dit ensuite est faux ou à peu près. Ce que l'on donne comme le nid du martin-pêcheur est un zoophyte du genre nommé *halcyonium* par Linnæus, et du démembrement de ce genre que Lamarck a nommé *géodie.* Sa forme creuse est ce qui a donné lieu de le prendre pour un nid ; mais le martin-pêcheur niche simplement dans les trous du rivage, ou plutôt il y dépose ses œufs sans faire de nid. Il ne pond point en hiver, mais au printemps, et n'a, en un mot, aucun rapport avec le calme des jours appelés alcyoniens.

Il faut remarquer ici qu'Aristote (liv. VIII, chap. 3) distingue deux sortes d'alcyons : un plus petit, qui a de la voix et se tient sur les roseaux, et, un plus grand, qui n'a point de voix. Tous les deux, dit-il, ont le dos bleu ; nous n'en connaissons qu'un en Europe, lequel est assez criard, et même c'est le seul oiseau à dos bleu que nous possédions ; mais on en a pris un près de Smyrne, dont Albin donne la figure (tom. III, pl. 27), et qui est plus grand que le nôtre. C'est probablement la seconde espèce d'Aristote. G. Cuvier.

XLIX, page 272, ligne 17. *Hirundinum.* L'hirondelle de cheminée, nommée mal à propos *hirundo rustica* par Linnæus (Buf., enl. 542, 1). G. Cuvier.

Page 274, ligne 8. *Alterum genus.* L'hirondelle de fenêtres (*hirundo urbica*, L., enl. 542. 2) ou peut-être le martinet (*hirundo apus*, L., Buf., enl. 542. 1). G. Cuvier.

Ligne 22. *Tertium... genus.* L'hirondelle de rivage (*hirundo riparia*, L., Buf., enl. 543. 2). G. Cuvier.

L, page 276, ligne 4. *Vitiparrarum est, cui nidus ex musco, etc.* Ce nid ne peut être que celui du remiz (*parus pendulinus*, L., enl. 618. 3) ou de la moustache (*parus biarmicus*, L., enl. 618, 1 et 2), petits oiseaux dont le nid, en forme de bourse close, excepté une petite entrée sur le côté, est suspendu par sa pointe

au moyen de quelque brin d'herbe. Il est composé, non pas de
mousse, mais de filets d'herbe, et surtout des soies des semences des peupliers, et d'autres arbres aquatiques.   G. Cuvier.

Page 176, ligne 6. *Acanthyllis.* Ce qui est dit ici de l'acanthyllis
ou argathyllis est emprunté d'Aristote (liv. IX, chap. 13); mais
le philosophe ne dit pas que cet oiseau fasse son nid avec du lin;
il dit seulement qu'il ressemble à une poupée de lin; et cela me
ferait croire que l'acanthyllis, ou l'argathyllis d'Aristote, est le
même que le vitiparra de Pline.   G. Cuvier.

Ligne 13. *Cinnamolgos.* Cette fable, donnée originairement
avec des détails plus circonstanciés et plus bizarres par Hérodote (*Thalie,* chap. 11) et Aristote (liv. IX, chap. 20), réduite
à la forme sous laquelle Pline la reproduit, est une de celles que
les marchands de choses éloignées inventaient pour donner plus
de prix à leurs marchandises; nous en avons vu d'autres exemples
dans le VIIe livre.   G. Cuvier.

Ligne 15. *In Scythis avis, etc.* Je ne connais aucun fait propre
à expliquer ce récit, déjà donné par Aristote (liv. IX, chap. 33).
Si ce n'est pas un de ces contes que les Grecs qui commer-
çaient en Scythie avaient coutume de faire, c'est peut-être un
trait individuel dont on a fait, en l'enjolivant, l'instinct d'une
espèce.   G. Cuvier.

LI, page 278, ligne 4. *Merops.* Le guépier (*merops apias-
ter,* L.). Il niche, comme le dit Pline, au fond d'un canal de six
pieds de longueur, qu'il creuse dans la berge d'une rivière. Les
petits y demeurent avec leurs parens assez long-temps après
qu'ils ont appris à voler, et à pourvoir eux-mêmes à leur nourriture. C'est ce qui a fait dire qu'ils nourrissent leurs parens.

Ligne 5. *Superne cyaneo.* Quoique cette expression soit prise
d'Aristote (liv. IX, chap. 20), il est certain que c'est la partie
inférieure du guépier qui est bleue, et la supérieure qui est
rousse.   G. Cuvier.

Ligne 8. *Perdices spina et frutice.* Le mot *perdices* doit s'entendre des perdrix rouges, *tetrao rufus.*   Doe.

LII, page 284, ligne 3. *Pariunt autem post solstitium.* En contradiction avec ce passage du chapitre LXXIX, 58, même livre, *nec plus quam bis vere pariunt*. Avant Hardouin on lisait *fere*. Au livre XVIII, chap. 68, Pline dit très-expressément que le solstice est passé à l'époque de l'incubation du ramier.   DOÉ.

Page 284, ligne 17. *Tinnunculus*. Pline a pris dans Columelle (liv. VIII, ch. 8) ce secret de retenir les pigeons dans le colombier, mais l'explication qu'il en donne paraît être à lui, et n'est guère probable; car un oiseau de proie, quel qu'il soit, doit être un mauvais protecteur pour des pigeons.

Le *tinnunculus* est, selon Columelle, un oiseau de proie qui niche dans les édifices. Gaza emploie ce nom comme répondant au *cenchris* d'Aristote, oiseau de proie, dont le philosophe dit qu'il est un des plus féconds de sa classe, et qu'il pond quatre œufs.

Le nombre d'œufs, et l'habitation dans les murs, se rencontrant dans notre cresserelle, on a jugé qu'elle doit être le tinnunculus et le cenchris (C'est le *falco tinnunculus*, L., enl. 401 et 471). Pline ne paraît pas avoir cru à cette synonymie; car il nomme le cenchris (liv. X, chap. 73, et liv. XXIX, chap. 6), sans aucune mention du tinnunculus.   G. CUVIER.

LV, page 290, ligne 2. *Apodes, quia careant usu pedum : ab aliis cypselli*. Le martinet (*hirundo apus*, L., enl.).

LVI, page 290, ligne 11. *Caprimulgi*. L'engoulevent (*caprimulgus europœus*, L., enl.).

Ligne 15. *Platea*. La spatule (*platalea leucorodia*, L., enl.).

LVIII, page 292, ligne 14. *Sittacen vocat, viridem toto, etc.* On voit, par cette description, que des nombreuses espèces de perroquets que les Indes produisent, celle qui a été la première connue des Grecs et des Romains, est la perruche verte à collier (*psittacus Alexandri*, L. enl.).   G. CUVIER.

LIX, page 294, ligne 12. *Quœ glande vescantur : et inter eas facilius, quibus quini sunt digiti in pedibus*. Il s'agit du geai (*corvus glandarius*, L., enl. 481). Mais il n'y a que des geais monstrueux

qui aient cinq doigts aux pieds. Ils sont excessivement rares, et
rien ne peut faire croire qu'ils aient plus de facilité que les autres
pour apprendre à parler.   G. Cuvier.

LXI, page 298, ligne 20. *Diomedeas præteribo aves : Juba cata-
ractas.* Nous ne connaissons d'oiseaux ayant des dentelures au
bec que les oies et canards (*anas*, L.), les harles (*mergus*, L.),
et les fous (*sula*, N.). De tous ces oiseaux, celui dont l'industrie
approche le plus de celle qui est décrite dans ce passage est le
tadorne (*anas tadorna*, L.), qui niche dans des trous souterrains.
D'un autre côté, Ovide décrit les diomedea comme ayant les
ongles et le bec durs et pointus, ce qui pourrait faire penser, soit
à quelque pétrel (*procellaria*), ou à quelque goëland (*larus*), soit
au héron blanc ou garzette (*ardea garzetta*), mais ces oiseaux n'ont
pas le bec denté et ne nichent pas sous terre. Il y aura eu ici
quelque confusion d'espèces, comme cela est arrivé pour presque
tous les oiseaux mythologiques, chacun ayant prétendu les retrouver dans l'espèce qui lui a paru ressembler davantage à ce
qu'il en avait lu. Linnæus a transporté le nom de *diomedea* à
l'albatros (*diomedea exulans*, L., enl. 237), grand oiseau des mers
antarctiques, qui ne peut pas avoir été connu des anciens, et qui
bien certainement n'est pas leur diomedea.   G. Cuvier.

LXIII, page 302, ligne 4. *Porphyrio.* C'est le *fulica porphyrio* de Linnæus, ou la *poule sultane* (enl. 810). Son bec et ses
pieds rouges, l'habitude de porter ses alimens au bec avec le pied,
la font aisément reconnaître.   G. Cuvier.

LXIV, page 302, ligne 10. *Hæmatopodi.* Voici un oiseau
dont la description pourrait s'appliquer à deux espèces, qui ont
toutes les deux les pieds rouges et divisés seulement en trois
doigts; l'huîtrier ou pie de mer (*hæmatopus ostralegus*, L.,
enl. 929), et l'échasse (*charadrius himantopus*, L., enl. 878).
Plusieurs éditions de Pline ont *himantopus* au lieu d'*hæmatopus*;
ce qui semble signifier, pieds en cordons, ce qu'on explique par
des tarses flexibles: alors il n'y aurait plus d'équivoque; il ne s'a-
girait que de l'échasse. On pourrait aussi être porté à le croire par

l'opposition que Pline met entre la petitesse de son corps et la longueur de ses jambes.

Dans tous les cas, *pabulum muscæ* est une faute de copiste. Ni l'huîtrier ni l'échasse ne vivent de mouches. Il faut plutôt lire *musculi* (des moules), et alors on reviendrait à l'huîtrier qui vit presque exclusivement de coquillages.   G. Cuvier.

LXV, page 302, ligne 16. *Inter aquaticas, mergi solliciti sunt devorare, quæ ceteræ reddunt.* C'est ce que fait surtout le labbe (*larus parasiticus*, Gm., enl. 762).   G. Cuvier.

LXVI, page 302, ligne 19. *Olorum similitudinem onocrotali.* Le pélican (*pelecanus onocrotalus*, L., enl. 87) est de la taille d'un cygne, d'une belle couleur blanche, teintée de rose, et a, sous un long et large bec, un sac membraneux dans lequel il porte les poissons dont il fait sa proie.   G. Cuvier.

LXVII, page 304, ligne 8. *Quarum plumæ ignium modo colluceant noctibus.* Daléchamp croit que cette assertion se rapporte au jaseur (*ampelis garrulus*, L., enl. 279), oiseau des montagnes d'Allemagne, qui a en effet les bouts de certaines plumes de son aile dilatés et de couleur de vermillon ; mais c'est une grande exagération de dire qu'elles brillent la nuit comme du feu.

G. Cuvier.

Ligne 11. *Phalerides.* La phaléride était une espèce de canard, comme on le voit (Varr., III, 2 ; et Colum., VIII, 15), qui, à ce que dit Pline, venait du pays des Parthes, et était excellente au goût. Varron la nomme après la sarcelle, ce qui pourrait faire croire qu'elle était de petite taille. On voit par Aristophane (*Acharn.*, act. IV, scèn. 1) qu'on les vendait communément au marché. Quelques-uns ont cru que c'était la foulque (*fulica atra*, L., enl. 197) ; d'autres la piette (*mergus albellus*, L., enl. 449), mais ni l'une ni l'autre ne sont d'origine étrangère. Serait-ce la sarcelle de la Chine (*anas galericulata*, L., enl. 805 et 806) que les Parthes auraient reçue de contrées plus orientales ? Je n'y verrais pas plus de difficulté qu'au faisan doré, et au faisan cornu.   G. Cuvier.

Page 304, ligne 12. *Phasianæ in Colchis geminas ex pluma aures submittunt, subriguntque.* Le mâle du faisan commun a de chaque côté, au dessus de l'oreille, une petite houpe de plumes.

G. CUVIER.

Ligne 13. *Numidicæ.* La poule numidique, dit Columelle (liv. VIII, chap. 2), est semblable à la méléagride, si ce n'est que son casque et sa crête sont rouges, tandis qu'ils sont bleus dans la méléagride. C'était donc une variété dans l'espèce de la pintade (*numida meleagris,* L., enl. 108). G. CUVIER.

LXVIII, page 304, ligne 20. *Attagen.* L'attagen est décrit comme un oiseau un peu plus grand que la perdrix de couleur rousse, à dos varié de taches de différentes couleurs (ATHÉN., VII, page 387). On lui compare la bécasse pour le plumage (ARIST., *Hist.,* liv. IX, chap. 26). On lui donne l'épithète de varié, peint (ARISTOPH., *Oiseaux.* v. 250 et 762). C'est un oiseau lourd à ailes courtes, et qui se roule dans la poussière comme les poules (ARISTOT., IX, ch. 49 ; et ATHEN., *loco cit.*). Son nom est une imitation de sa voix ordinaire (ÉLIEN, IV, 42). Le coq l'avait pour ennemi (*id.,* VI, 45). Il ne s'apprivoise point et ne rend aucun son dans la captivité (ATHÉN., *loco cit.*). Cependant on en vendait au marché (ARISTOPH., *Acharn.,* v. 875); et même on trouve dans les *Géoponiques* (liv. XIV, chap. 19) la manière de le nourrir dans les basses-cours. Sa chair était excellente (ATHÉN., *loco cit.*). Il était commun dans la Mégaride (*idem, ibid.*); il y en avait en Lydie, d'où l'on en avait transporté en Égypte (*idem, ibid.;* et ÉLIEN, XV, 27).

Lorsque Pline dit que l'attagen d'Ionie était autrefois le plus vanté, il fait sans doute allusion à ces vers d'Horace (*Epod.* II, vers 54) :

> Non attagen ionicus
> Jucundior, quam lecta de pinguissimis
> Oliva ramis arborum.

Néanmoins, ajoute-t-il, on en prend maintenant dans les Gaules, en Espagne et dans les Alpes. Dans tous ces témoignages, il n'y a rien qui annonce un oiseau de marais. Le scholiaste d'Aristophane seul dit , sur le vers 250 des *Oiseaux* , que l'attagen habite les marais , et cela pour expliquer le vers 248, qui n'a pas de rapport à l'attagen.

Nous ne pensons pas que cette autorité suffise pour croire, avec Buffon , que l'attagen est le grouss , ou gelinotte de marais des Anglais (*tetrao scoticus*, GM.); d'autant que cet oiseau ne s'est encore trouvé dans aucun des pays où les anciens placent l'attagen ; et est jusqu'à présent confiné dans les contrées marécageuses de l'Écosse et du nord de l'Angleterre. Il ne reste donc guère que notre gélinotte commune (*tetrao bonasia*, L., enl. 474 et 475) et il le ganga ou gelinotte à queue pointue du midi de l'Europe (*tetrao alchata*, L., enl. 105 et 106) qui puissent être l'attagen. Je donnerais la préférence à cette dernière, parce qu'elle est rare ailleurs que dans le midi de la France et en Espagne ; tandis que la gelinotte commune ne l'est point en Italie ; et parce que les taches noires et bleues du dos du mâle expliquent mieux la plaisanterie d'Aristophane (*Ois.*, v. 762) sur l'esclave fugitif, marqué sur le dos , dont il veut faire un attagen.　　　　G. CUVIER.

Page 306, ligne 2. *Phalacrocoraces.* Ce nom , qui signifie corbeau chauve, s'entendrait naturellement du freux (*corvus frugilegus*, L., enl. 484). Mais comme Pline dit (liv. XI , sect. 47) que le phalacrocorax se nomme autrement corbeau aquatique, les naturalistes appliquent ce nom au cormoran (*pelecanus carbo*, L., enl. 927), oiseau aquatique noir, qui a du nu à la base du bec. Cependant le cormoran n'est pas plus que le freux propre aux îles Baléares.　　　　G. CUVIER.

Ligne 3. *Alpium pyrrhocorax , luteo rostro , niger.* Le chocard des Alpes (*corvus pyrrhocorax*, L., enl. 531).　　　　G. CUVIER.

Ligne 4. *Et præcipuo sapore lagopus.* Le lagopède ou perdrix de neige (*tetrao lagopus*, L., enl. 129); en hiver elle est toute blanche.　　　　G. CUVIER.

Ligne 8. *Est et alia nomine eodem, a coturnicibus magnitudine tantum differens, croceo tinctu.* Le même oiseau dans son habit d'été, qui est jaune de safran avec de petits traits noirâtres enl. 494).　　　　G. CUVIER.

Ligne 9. *Visam in Alpibus ab se peculiarem Ægypti et ibim.* Le courlis vert (*scolopax falcinellus*, L. , enl. 819), qui paraît être le vrai ibis noir des anciens, n'est pas rare en Italie.   **G. Cuvier.**

LXIX , page 306, ligne 13. *Venere in Italiam... novæ aves.* Suivant Hardouin , ce sont les perdrix grises , celles de nos contrées. Elles n'ont guère été connues en Italie qu'après l'arrivée des pies.
                                                                   Doé.

LXX , page 308, ligne 1. *Tragopana , de qua plures adfirmant , majorem aquila , cornua in temporibus curvata habentem , ferruginei coloris, tantum capite phœnicco.* Cette description va assez bien à un oiseau du nord de l'Inde , le napaul ou faisan cornu de Buffon (*penelope satyra*, Gm. ; Edw., 116), grand comme un coq , tout rouge, tacheté de blanc , à tête nue et pourpre , et qui a , sur chaque tempe , une petite corne courbe et charnue. Des commerçans l'avaient peut-être apporté, ou des voyageurs l'avaient décrit, et c'est d'après eux que les naturalistes en auront parlé. Je ne verrais donc rien d'étonnant à ce que cet oiseau ait pu être connu des anciens. Nous avons déjà dit qu'ils devaient connaître le faisan doré , et je trouve dans Élien (liv. xvi , chap. 2) une description que je ne puis appliquer qu'à un oiseau découvert encore bien plus récemment, au lophophore d'Impey (*phasianus impeyanus*, Lath., suppl., pl. 114): « Les Indes, dit-il, produisent des coqs dont la crête n'est pas rouge comme celle des nôtres , mais semble une couronne de fleurs. Leurs plumes de la queue ne se recourbent pas ni ne se relèvent en cercle : mais ils les tiennent comme les paons, lorsqu'ils ne les redressent pas. Leurs plumes sont en partie de couleur d'or, en partie bleues ou couleur d'émeraude. » Rien n'est plus clair que cette description. A la vérité , Pomponius Mela et Solin placent les tragopanes en Éthiopie ; mais l'Inde et l'Éthiopie ont souvent été confondues, quant à leurs productions.   **G. Cuvier.**

LXXIV, page 314, ligne 14. *Feminam edunt , quæ rotundiora.* Aristote dit le contraire, ce qui a donné occasion à une grande controverse entre les érudits. Hardouin pense que le passage d'Aristote a été corrompu.   **Doé.**

Ligne 15. *Umbilicus ovis a cacumine inest , ceu gutta eminens in putamine.* Ce n'est pas l'ombilic qui est décrit ici , mais la *chalase,* petit cordon transparent et gélatineux , qui suspend le jaune comme un globe par ses deux pôles. Le véritable ombilic de l'oiseau , par lequel il tient au jaune , ne peut se découvrir qu'après quelques jours d'incubation.   G. Cuvier.

Page 316 , ligne 9. *Omnibus ovis medio vitelli parva inest velut sanguinea gutta... salit, palpitatque.* Dans un œuf couvé depuis quelques jours , on voit aisément le cœur, comme une petite tache rouge qui palpite ; mais on ne le voit pas avant l'incubation.   G. Cuvier.

Ligne 13. *Animal ex albo liquore ovi corporatur. Cibus in luteo est.* C'est bien le jaune qui fournit la nourriture au petit oiseau ; mais le petit se montre à la surface du jaune, et à mesure qu'il grandit, le jaune lui fait place. Il n'est point exclusivement formé de la substance du blanc.   G. Cuvier.

Ligne 24. *Aliqui negant omnino geminos excludi.* Ils ont tort. On trouve , dans les mémoires de Pétersbourg, un mémoire de Wolf, intitulé *Ovum simplex gemelliferum ,* où de pareils jumeaux sont décrits fort exactement.   G. Cuvier.

LXXIX , page 328 , ligne 5. *Is qui ægolios vocatur.* Tiré d'Aristote comme le reste ; manque dans les manuscrits de Pline.

Dupinet cite en marge la leçon grecque αἰγολιός.   Doé.

LXXXIII , page 336 , ligne 3. *Vulpes informia etiam magis.* Absurde.

Page 336 , ligne 24. *Vivunt annis senis.* Inexact. Le chat, à la connaissance de tout le monde , vit beaucoup plus long-temps. Il faut remarquer que, chez les anciens , il n'était pas aussi domestique ou familier qu'il l'est devenu depuis.   Doé.

XCIII , page 354 , ligne 14. *Serratorum dentium carnivora sunt omnia.* Le résultat de l'énoncé de cette phrase n'est pas juste , car on ne doit considérer , des animaux ayant leurs dents en forme de scie , que la canine d'un ours fossile , qu'on nomme *ursus arvensis ,* et une partie de la canine de quelques *felis ,* le milandre , le requin , etc.

Les mammifères que Pline regarde comme ayant les dents en scie , sont les chiens , les chats , etc. On ne peut considérer ces dents que comme tuberculeuses , dont les tubercules sont plus ou moins développées ; d'ailleurs , ces tubercules n'étant pas rangées sur une ligne régulière, on ne peut les considérer comme étant en forme de scie.   EM. ROUSSEAU.

XCIV, page, page 356, ligne 2. *In potu autem , quibus serrati dentes , lambunt : et mures hi vulgares , quamvis ex alio genere sint.* D'après ce que nous avons dit sur les dents en scie, on voit qu'il y aurait peu d'animaux qui devraient avoir la faculté de boire en lapant ; cependant elle appartient à une très-grande quantité de mammifères , tant carnassiers que rongeurs.   EM. ROUSSEAU.

XCV , page 358 , ligne 9. *Icneumones vespæ et phalangia. Ranæ aquaticæ , etc.* Nous avons préféré cette leçon à celle qui est adoptée par plusieurs éditeurs , et qui est la suivante, *aquaticæ , anates et gaviæ ;* car il est à remarquer, d'abord, qu'aucun manuscrit n'offre le mot *anates*, et qu'ensuite le mot *aquaticæ* seul ne peut avoir aucun sens.

XCVIII , page 364 , ligne 7. *Est autem somnus nihil aliud , quam animi in medium sese recessus.* La pensée de Pline paraît empruntée à Lucrèce , dans le beau morceau où ce poète décrit le sommeil (liv. IV, vers 914 et suiv.). Nous allons citer ici quelques-uns de ces vers , tirés de la traduction de M. de Pongerville :

> Dans les bras du sommeil l'être enfin se repose.
> Lorsque dans tous nos sens l'âme se décompose ,
> Une partie échappe en son rapide essor ;
> Dans le corps abattu , l'autre réside encor.
> Chaque membre, cédant à la douce mollesse ,
> Succombe, se délie , et flotte avec souplesse.
> L'âme conserve alors un vague sentiment,
> Dans les lieux d'alentour vole légèrement :
> Mais lorsque sa substance est plus loin repoussée ,
> Un voile nébuleux absorbe la pensée :

Tout entière pourtant elle ne s'enfuit pas,
L'être serait glacé par l'éternel trépas.
De l'âme il ne pourrait garder quelque étincelle
Qui, pareille à ce feu que la cendre recèle,
Éveillant tout à coup quelque désir nouveau,
Des sentimens éteints rallumât le flambeau.

FIN DU SEPTIÈME VOLUME.